An Understanding of Geography

지리의 이해

An Understanding of Geography

지리의 이해

세계는 어떻게 다르고, 왜 비슷한가?

이윤·도경수 지음

창해

지리를 넘어서

세계가 안방으로 들어온 시대에 살고 있다. 우리가 외국을 나가는 일도 많아졌고, 우리나라에 외국 사람도 많이 살고 있다. 또 텔레비전 등을 통해 외국에 대한 정보도 많이 접하고 있다. 그런데 과연 우리는 세계를 잘 알고 있을까? 외국이나 외국 문화에 대해 경험도 많이 하고, 정보를 많이 안다는 것을 넘어서 정말 차이를 이해하는 것일까? 그렇지 않을 수도 있다는 생각이 든다. 이 책에서는 외국이나 외국 문화의 차이를 이해하는 틀을 찾아보려고 한다.

코로나 팬데믹 이전에 추석이나 설날 같은 명절에는 해외로 나가는 관광객들로 공항이 북새통이었다. 2005년 1천만 명을 돌파한 한국인의 해외여행자 수는 지속적이고 빠르게 증가하여 2018년, 2019년에는 매년 2,800만 명대에 달했다. 미국, 중국, 독일, 영국 및 프랑스에 이어 세계에서 6번째로 많았다고 한다. 우리보다 인구가 두 배 반에 달하고 경제 규모도 그 이상 차이 나는 이웃 나라 일본을 제칠 정도이니, 우리나라 사람들의 해외지역에 관한 관심과 동경은 유별나다고 할 수 있다.

텔레비전에서 소개되는 해외 관련 프로그램도 다양해졌다. 처음에는 세계 문화의 중심인 프랑스 파리, 고대 유적으로 유명한 이탈리아의 로마와 같이 널리 알려진 관광명소에 대한 탐방에서 시작했지만, 아프리카 케냐의 대자연과 브라질 아마존강 유역의 오지에 이르기까지 대상이 다양해졌다. 또 그냥 보는 것을 넘어서 인기 연예인들이 험지나 오지에서 벌이는 생존 프로그램이 인기를 끌기도 했다. 최근에는 식문화에 대한 사람들의 높은 관심을 반영하여 소위 '먹방' 프로그램도 성행하면서 외국의 음식문화에 대한 갈증을 해소하여 주고 있다.

 이제 우리 사회는 해외 여러 지역을 단순히 수박 겉핥기식 관광의 대상으로 보는 단계를 벗어나고 있는 듯하다. 관광도 해당 지역에 대한 역사와 문화 및 전통에 대한 이해를 바탕으로 좀 더 자신에게 의미 있는 관광을 하려고 한다. 해외여행도 처음에는 역사 시간에 배웠거나 TV로 보았던 외국의 유명 관광지에서 사진을 찍어 추억거리나 자랑거리로 삼으려는 의도가 다분하였다. 그러다 보니 소위 '깃발'을 든 가이드가 안내하는 대로 가능한 한 빨리 여러 곳을 헤집고 다니는 것이 예사였다. 관광을 즐겼다기보다는 관광도 일처럼 했다. 하지만 여행의 패턴도 많이 바뀌고 있다. 정신없이 바쁘게 돌아다니기보다는 어떤 지역에 며칠 동안 머물면서 여유 있게 쉬며 주변 지역을 둘러보는 여행도 늘어나게 되었다. 한술 더 떠서 최근에는 한두 달씩 현지에 머물면서 현지인처럼 살아보려는 사람들도 점차 늘어나고 있다.

외국을 경험하는 방식이 달라지면서 예전에는 그냥 피상적으로 그러려니 하고 무심코 보았던 현지의 모습이 실제로는 전혀 다르더라는 사람들의 얘기도 종종 듣게 된다. 나아가 해외지역에 대한 피상적 이해를 넘어서서 종종 외국 사람들은 어떻게 저렇게 살까 하고 의아해하기도 하고, 때로는 우리가 살아가는 방식과 큰 차이가 없음을 알고는 재미있다고 느끼거나 놀래기도 한다. 그리고 사람들은 그러한 모습들을 어떻게 이해해야 할지 나름대로 생각해보면서 관련 서적을 찾아보거나 인터넷을 뒤져보곤 한다. 외국에 관한 책들은 대부분 외국의 관광지를 소개하는 데 그치고 있고, 전문연구기관에서 나온 해외지역 관련 학술 서적들은 너무 이론적이거나 실무적이어서 아쉽게도 아직 이러한 요구를 충족하기는 매우 어렵다.

이 책의 가장 큰 목표는 일반인들이 해외지역에 대해 심층적으로 이해하는 것을 도와주는 것이다. 어떤 대상에 대해 심층적으로 이해하려면 이해의 틀이 있어야 하는데, 이해의 틀은 궁극적으로 자기가 만들어야 한다. 이때 누군가가 틀을 알려주고, 내용이 친숙하며, 스스로 확인해볼 수 있으면 그 과정이 훨씬 쉬워진다. 그래서 이 책에서는 세 가지에 주안점을 두었다. 첫째, 여러 지역을 아우르는 일반적이고 체계적인 틀을 제공하려고 하였다. 우리가 어떤 대상에 대해 심층적으로 이해하려면 전문가의 답을 기다리지 않고 스스로 판단하는 데 필요한 지식이 있어야 한다. 그러려면 관련된 사실에 대한 지식뿐만 아니라 그 사실들을 체제화하는 틀이 필요하다. 우리는 이 책에서 해당 지역에 관한 사실들을 체제화하는 틀로 특수성과 일반성을 제안하였다.

특수성은 특정 국가나 지역에서만 나타나는 독특한 행동을 가리키는 것으로서, 지리나 기후와 같은 자연지리 요인, 역사와 제도로 대표되는 인문지리 요인, 그리고 홀과 홉스테드 등이 제안하는 문화특성의 세 가지 요인을 기저요인으로 설정하고, 이 요인들을 이용해서 설명하려고 하였다. 일반성은 여러 나라나 지역에서 사람들의 행동이 외양으로는 달라도 그 기저에는 공통으로 작동하는 원리가 있다는 것으로서, 경제발전 정도를 일반성의 원리라고 생각했다.

특수성의 기저요인들을 밝히면 그다음에 해야 할 것이 이 요인들이 어떤 행동에 관련되어 있는지 밝혀내는 일일 것이다. 우리는 마지막의 〈나가며〉에서 개인의 행동을 이해하는 데 유용한 매슬로의 욕구 이론을 이용하여 어떤 기저요인이 어떤 유형의 행동과 밀접하게 연관될 수는 있는지 설명해보려고 하였다.

둘째, 기존의 학술 서적들은 대부분 이론적이거나 실무적이어서 읽기가 쉽지 않았다. 이 책에서는 비교적 잘 알려진 사례들을 이용해서 흥미를 돋우고 평소 생각하던 것과 다른 방식으로 사례들을 살펴볼 기회를 제공함으로써 독자들의 지적 호기심 해소 욕구에 부응할 뿐만 아니라 읽는 재미를 더할 수 있게 하였다.

셋째, 이해를 돕는 효과적인 방법의 하나는 기존의 틀을 이용하여 새로운 사례에 대해 예측해 보는 방법이다. 4부에서는 특수성과 일반성의 틀을 문화와 비즈니스, 그리고 앞으로의 발전 방향에 대해서 적용해 보았다. 한국 사회의 곳곳에서 최근 들어 더욱 크게 불거져 나오고 있는 신뢰와 공정의 문제에 대해서도 진단하고 예측해 보려 하였다.

이 책은 비즈니스 현장에서 실용적 목적에도 부응하고자 하는데, 해외지역별 마케팅 전략을 수립하는 데 유용한 시사점을 제공하는 틀로 이용할 수 있다. 특수성의 기저요인과 일반성의 두 측면을 고려하면, 특정 지역에서 나타나는 현상을 통합적이고 체계적으로 이해할 수 있을 것으로 기대한다. 특히 해외지역의 문화특성을 고려해서 지역별 특수성을 고려한 마케팅 전략 수립에 유용하게 활용될 수 있기를 바란다.

이제 2년여에 걸쳐 지구 곳곳의 사람들을 공포의 도가니에 몰아넣었던 코로나바이러스의 위력이 점차 잦아들고 있다. 폐쇄와 단절에서 벗어나 세계가 새롭게 하나로 연결되는 세상으로 되돌아가고 있는 것으로 보인다. 이전보다 더욱 소중하고 정감 있게 다가온 해외지역에 대한 여러분들의 요구와 기대에 이 책이 작으나마 부응할 수 있기를 소망한다. 마지막으로 기꺼이 출판을 맡아주신 창해의 황인원 대표님, 그리고 책을 읽기 쉽게 편집해주고 디자인해주신 지 윤 실장님, 정태성 실장님께도 깊이 감사드린다.

차례

제1부 세계는 어떻게 이해해야 하나?

━━ 1장 해외지역연구 방법론

━━ 2장 특수성의 기저요인

제2부 세계는 어떻게 다른가?

━━ 3장 자연지리 요인에서 비롯되는 특수성

제3부 세계는 정말 다를까?

━━ 6장 상식 깨기 : 일반성으로 해석해 보기

잠깐만! | 역사적인 사건에 적용해보기

지리의 이해 ────────────────

지리의 이해 :
세계는 어떻게 다르고, 왜 비슷한가?

지금까지 국내에서 이루어진 해외지역에 관한 연구서는 크게 두 가지 유형이다. 하나는 국책 연구기관을 비롯한 전문연구기관에서 한국 경제나 기업의 필요에 부응하기 위해 수행된 것으로 그 수가 많다.

또 하나는 대학에서 학생들을 위한 해외지역연구 교재용으로 집필된 것으로 이런 연구서도 수가 적지 않다. 그에 반해 일반 독자들을 위하여 교양 수준에서 이루어진 연구는 비교적 드문 편이다.

그간의 연구들은 연구 성격에 따라 다음과 같이 네 가지 범주로 나누어볼 수 있다. 첫 번째 범주는 중국지역연구, 미국지역연구, 일본지역연구, 유럽지역연구, 러시아(구소련)지역연구, 그리고 아세안지역연구와 같은 특정 지역에 관한 연구이다. 이 유형의 연구에서는 해당 지역의 역사, 문화, 사회, 정치, 경제 및 한국과의 관계에 이르기까지 다방면에 걸쳐 소개하곤 한다. 가장 숫자가 많으며, 대학의 교재로서도 널리 활용된다. 특정 해외지역 사정을 소상히 이해하는 데 유익하다는 이점을 갖는다.

두 번째 범주는 지역 개발이나 한국과의 경제협력의 대상으로 특정 지역에 관하여 알아보는 연구이다. 해당 국가의 경제적 특성에 초점을 맞추고, 현지의 인건비나 외국인 투자 유치정책 등 경제적 여건을 고려하여 한국의 효과적인 진출방안을 제안하는 데 주안점을 둔다. 한국경제가 도약하고 산업·무역구조가 선진화하면서 해외 직접투자와 교역이 급증하는 데 따른 현실적 요구에 부응하는 이점이 있다. 전문 연구기관들이 수행하는 연구에 흔하다.

세 번째 범주는 국가와 국가 간의 관계라는 관점에서 이루어진 연구이다. 초기의 해외지역 연구가 주로 정치학자들을 중심으로 이루어지다 보니 국제정치적 관점에서 서술하는 경우가 많다. 특정 해외지역에서 국가와 국가 사이의 분쟁과 갈등에 초점을 맞추고 그 요인을 설명하며 해법을 제시하고자 시도하는 경우가 많다.

네 번째 범주는 세계화와 관련하여 그 연장선에서 이루어진 지역 연구이다. 20세기 후반 세계화가 확대되면서 그 영향에 초점을 둔 것이다. 세계화의 진전에 따라 중심과 주변이라는 양극화 문제가 이슈가 되면서, 양극화가 어떻게 해외 여러 국가에서 나타나고 있는가도 주요한 주제의 하나이다. 주로 사회학이나 정치학 및 지리학 분야와 관련된다.

이러한 연구들은 특정 지역을 이해하거나 지역과 지역 간의 차이를 설명하거나 특정한 목적에 부응하는 긍정적 면이 있지만, 세계의 여러 지역을 아우르는 일반적이고 체계적인 틀을 제공하지는 못하고 있다. 게다가 연구자들을 위한 것이어서 일반인들이 접근하기도 쉽지 않을 뿐만 아니라, 전문성이 높다 보니 이해하는 데 한계가 있다. 또 대중들의 흥미를 끌 만한 이슈들을 다루지 못하고 있다는 점도 한계이다. 한마디로 보통 사람들이 흥미를 갖고 해외 여러 지역을 편하게 이해하기가 쉽지 않다는 얘기다.

우리는 해외 여러 나라나 지역에서 나타나는 현상을 쉽게 이해하는 데 유용한 틀을 제공하려는 목적에서 이 책을 쓰게 되었다. 이 책에서는 "세계는 어떻게 다른가?"와 "세계는 왜 비슷한가?"라는 두 가지 질문에 답하고자 하였다.

첫 번째 질문은 지역연구에서 다룰 법한 전형적인 질문으로 특정 국가나 지역에서만 나타나는 독특한 행동에 작동되는 원리에 대해 살펴보자는 의미이다.

두 번째 질문은 지역연구에서 다루는 질문으로는 의아하게 들릴 수 있는데, 우리는 세계 여러 나라와 지역들에서 나타나는 사람들의 행동이 외양으로는 달라 보여도 그 기저에는 공통으로 작동되는 간단한 원리가 있는지, 있다면 그게 무엇인지 알아보자는 의미이다.

이 두 질문은 각기 지역연구에서는 많이 사용하는 특수성과 보편성의 문제라고 생각할 수도 있다. 그런데 보편성이라는 표현은 여러 가지 대상들에서 공통으로 나타나는 현상을 가리키는 의미로 많이 사용된다. 그렇다 보니 행동이 외양으로는 달라도 그 기저에 공통으로 작동되는 원리가 있는 경우를 서술하는 데 혼선을 빚을 수 있어 보편성이라는 용어는 적합한 용어가 아닐 수 있다. 우리는 외양으로는 달라도 그 기저에 공통으로 작동되는 원리가 있는 경우를 일반성이라고 부르기로 했다. 그리고 경제발전 정도를 일반성의 원리라고 생각했다.

"수염이 석 자라도 먹어야 양반이다", "광에서 인심 난다"라는 속담에서 볼 수 있듯이 우리는 나라나 지역에 상관없이 경제 상태가 사람들의 행동에 상당한 영향력을 행사한다고 생각했다. 그래서 **경제발전 정도가 비슷한 단계에 있는 지역에서 공통으로 나타나는 유사한 현상을 가리키는 의미로 일반성이라는 용어를 사용하기로 했다. 반면에 경제발전 단계가 비슷함에도 불구하고 다른 지역에서는 나타나지 않고 해당 지역에서만 독특하게 나타나는 현상을 특수성으로 보기로 했다.**

특수성은 그 이유가 다양할 수 있다. 그래서 특수성을 제대로 이해하려면 기저에 깔린 요인을 파악할 필요가 있다. 이를 위해 특수성의 기저요인으로 지리나 기후와 같은 자연지리 요인, 역사와 제도로 대표되는 인문지리 요인, 그리고 홀과 홉스테드 등이 제안하는 문화특성의 세 가지를 설정하고, 이 요인들과 연관해서 특수성을 설명하려고 한다. 특수성의 기저요인들을 밝히면 그다음에 해야 할 것이 이 요인들이 어떤 행동에 관련되어 있는지 밝혀내는 일일 것이다. 이 요인들이 모든 행동에 같은 정도로 영향을 미칠 수도 있지만 특정 요인은 특정 유형의 행동과 더 밀접하게 연관될 수도 있다. 우리는 이 책 마지막의 〈나가며〉에서 개인의 행동을 이해하는 데 유용한 매슬로의 욕구 이론을 이용해서 어떤 기저요인이 어떤 유형의 행동과 밀접하게 연관될 수 있는지 설명해보려고 한다.

이렇게 하면 특정 지역에서 나타나는 현상을 주로 상황 정보에 의존해서 해석함으로써 자칫 개별 사례연구로 남기 쉬운 해외지역 연구의 수준을 조금은 업그레이드시키고 통합적으로 이해할 수 있게 할 것으로 기대한다. 그리고 이를 해외지역별 마케팅 전략을 수립하는 데에 유용한 시사점을 제공하는 틀로 사용할 수 있어서 실무적 요구에도 부응할 수 있을 것으로 생각한다. 나아가 사람들이 일상에서 종종 마주하는 이슈들을 주제로 선정해서 독자들의 흥미를 돋우고 궁금증을 해소하는 즐거움 또한 선사하고자 한다.

이 책은 4부로 구성하였다. 1부에서는 해외지역을 이해하는 기본 틀로 일반성과 특수성을 제시한다. 특히 지역 차이를 체계적으로 설명하는 틀로 사용하는 특수성의 기저요인에 대해 서술한다. 2부에서는 자연지리 요인, 인문지리 요인, 그리고 문화특성 요인의 3가지 특수성의 기저요인에서 비롯된 특수성의 사례로 여겨지는 개별 사례들을 제시한다. 3부에서는 일견 특수성의 사례로 생각하는 몇 가지 사례들을 일반성의 관점에서 해석한다. 마지막 4부에서는 문화와 비즈니스의 관계를 이론과 사례를 들어 설명하고, 나아가 한국 사회에서 최근 큰 이슈가 되고 있는 신뢰와 공정에 대하여 시사하는 바를 제시한다.

책을 시작하기 전에 이 책의 한계에 대해 미리 양해를 구한다. 이 책에서는 일반성과 특수성의 사례들을 주로 미국과 아시아 및 유럽에서 찾고 있다. 일부 사례들은 절대적으로 판단하기 어려운 것들도 있다. 특수성이나 일반성이나 어느 정도는 상대적 관점에서 살펴볼 필요가 있음을 미리 밝혀 둔다.

제1부

세계는
어떻게 이해해야 하나?

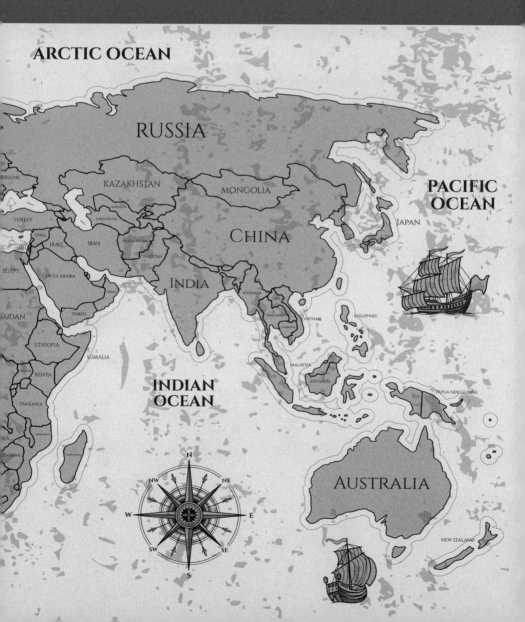

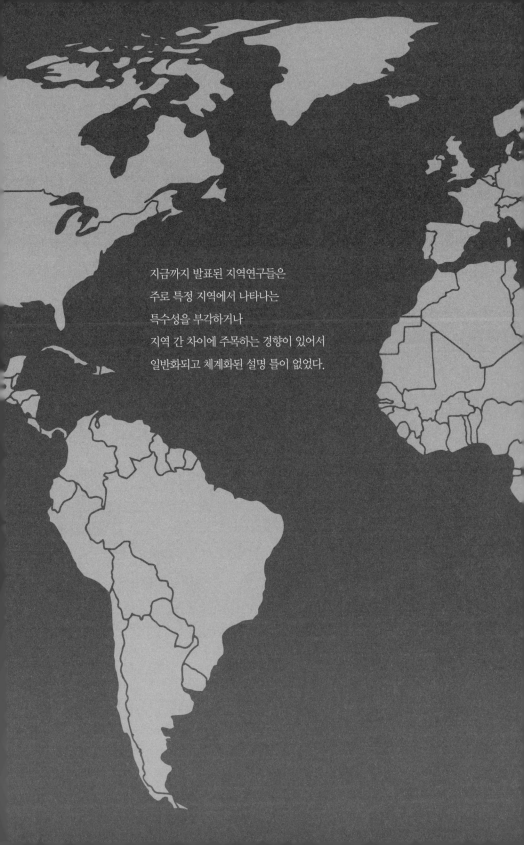

지금까지 발표된 지역연구들은
주로 특정 지역에서 나타나는
특수성을 부각하거나
지역 간 차이에 주목하는 경향이 있어서
일반화되고 체계화된 설명 틀이 없었다.

1장

해외지역연구
방법론

1. 개요

지구상에는 국제연합에 가입한 나라만도 190여 개에 달한다. 대만과 같이 국제연합에 가입하지는 못하였지만 독자적으로 통치권이나 자치권을 행사하는 나라들을 포함하면, 실제로 많게는 250개 가까이 된다고 한다.[1] 개중에는 러시아, 캐나다, 미국 및 중국처럼 한반도의 50배 내외로 면적이 큰 나라도 있지만, 바티칸처럼 아주 작은 나라도 있다. 큰 나라들은 땅덩어리가 큰 만큼 지역별로 식생이나 삶의 환경도 한 나라라고 보기 어려울 정도로 다양하다. 작은 나라들도 정도의 차이야 있겠지만 지역 간에 차이가 있기 마련이다.

또 지구상에는 약 80억 명이나 되는 많은 사람들이 살고 있다. 그들은 어디서건 매우 비슷한 형태의 삶을 살고 있을까? 아니면 지역

---

[1] 국제연합은 푸에르토리코, 버뮤다, 그린란드 및 팔레스타인 등과 같이 종종 국가로 불리지만 다른 나라의 지배를 받는 영토와 북아일랜드, 스코틀랜드, 웨일스 및 잉글랜드 등 영국의 구성 요소들이지만 어느 정도의 자치권을 누리고 있는 종속영토를 포함하여 총 241개 국가와 영토를 인정한다. https://www.thoughtco.com/number-of-countr-es-in-the-world-1433445. 또한 국제표준화기구(ISO)의 국가 약호 목록엔 주권 국가 외에 거의 독립적인 속령, 해외 식민지, 무인도, 심지어 남극대륙도 개별적인 국가 약호를 갖고 있는데 총 249개 나라가 등재돼 있다. 〈연합뉴스〉, 2018-02-19 17:06 https://www.yna.co.kr/view/AKR20180219125000009.

마다 다양한 형태의 삶을 살고 있을까? 거기에 사는 사람들의 행동, 또는 그로부터 비롯된 생활 양태는 어떻게 이해하여야 할까? 지역마다 시대마다 제각각일까, 아니면 그들을 이해하는 어떤 공통의 잣대가 있는 것일까? 공통의 잣대가 있다면 그것은 무엇일까? 공통의 잣대로 이해할 수 없는 것이 있다면 어떻게 이해해야 할까?

만약 지역마다 시대마다 사람들의 행동양식이 제각각이라면 우리가 학습을 통해 세계 여러 지역을 이해하는 데에는 한계가 있게 된다. 하나하나의 지역과 시대마다 별도의 학습을 하여야 하니 참으로 오랜 시간이 필요할 것이기 때문이다. 소위 경영학에서 많이 하는 개별적인 사례연구(case study)와 다르지 않게 된다. 하지만 그들의 행동을 이해하는 어떤 기본 틀이 있다면 얘기는 달라진다. 학습을 통해 단기간 내에 세계 여러 나라와 지역들을 이해하고 전체를 볼 수 있어서 매우 효과적이기 때문이다.

세계 여러 나라 사람들의 행동 양식은 지역이나 시대에 따라 처음에는 모두 다르게 보일 수도 있다. 하지만 그들의 행동과 그 요인을 꼼꼼하게 들여다보면, 뜻밖에도 그들을 관통하는 어떤 공통의 잣대를 발견하게 된다. 지역이나 시대와 관계없이 공통으로 해석할 수 있는 부분이 있다는 얘기이다. 우리는 흔히 이를 일반성으로 이해한다.

하지만 모든 현상을 일반성으로만 해석할 수는 없다. 지역마다 시대마다 다른 지역이나 시대에서는 나타나지 않기에 다른 지역이나 시대의 관점에서는 이해하기 어려운 면도 있다. 우리는 이를 특수성이라고 간주한다.

우리는 지역 차이를 공통의 잣대에 해당하는 일반성과 그런 잣대로는 해석하기 어려운 특수성이라는, 두 가지 틀로 접근해보고자 한다. 국립국어원《표준국어대사전》에 따르면[2] 일반성은 "전체에 두루 해당하는 성질"을 말하는데, "모든 것에 두루 미치거나 통하는 성질"인 보편성과 비슷하다. 즉, 대상과 관계없이 적용 가능한 성질을 말한다. 반면 특수성이란 일반성이나 보편성과 대립하는 개념으로서, 특정한 대상에게만 적용 가능한 성질이라고 할 수 있다. 1장에서는 일반성과 특수성에 대하여 살펴보고자 한다.

2] 국립국어원, https://stdict.korean.go.kr/main/main.do.

2. 일반성과 특수성

지역 차이를 공통의 잣대에 해당하는 일반성과 그런 잣대로는 해석하기 어려운 특수성이라는, 두 가지 틀로 접근해보고자 한다고 했는데, 어디까지를 일반성으로 보고 어디부터를 특수성으로 볼까?

먼저 일반성에 관해 살펴보기로 한다. 사람들의 행동에는 국적이나 지역과 관계없이 비슷하게 나타나는 것들이 있다. 누구나 살기 위하여 무언가를 먹고자 하고, 안락한 주거환경에서 지내고자 하며, 좋은 옷을 입고자 한다. 의식주와 관련된 행동은 많은 부분 생물학적인 생존과 연결되어 있다. 그런가 하면 생물학적 생존을 넘어서는 행동이지만 보편적으로 나타나는 행동도 있다. 누군가와 사랑을 하고 결혼을 해서 가족을 이루고 혈육의 정을 나누고자 하며, 외로움을 달래기 위해 사람들과 만나고 언어로써 소통하며 친하게 지내기를 좋아한다. 이렇게 보면 세계 여러 나라 사람들 사이에 차이는 없어 보인다. 가장 보편적으로 나타난다는 점에서 '넓은 의미의 일반성'이라고 해석할 수 있다. 비교문화론에서 말하는 보편성이 여기서 말하는 넓은 의미의 일반성과 비슷하다고 볼 수 있다.

그렇지만 인간 삶의 많은 영역에서 나라나 지역에 따라 사람들의 행동 양식이 다른 경우도 종종 있다. 생명에 대한 존중이나 목숨값, 시간의 가치, 건강, 교육 및 환경에 대한 자세, 그리고 소비양태 등이 그러하다. 예를 들면, 최근에도 중동의 어느 분쟁지역에서는 수백 달러에 목숨을 걸고 자살폭탄 테러에 뛰어드는 젊은이들의 소식이 들리는 반면, 다른 어떤 나라에서는 인질로 잡힌 한 사람의 몸값으로 수백만 달러를 요구하는 테러범의 요구에 정부가 전전긍긍한다는 소식도 들린다. 그만큼 사람의 목숨값이 다르다는 얘기다.

인도나 남미 및 아프리카의 일부 나라에서는 시간에 둔감하거나 시간이 그다지 중요하게 여겨지지 않는다. 개인 간의 약속은 물론이고 외국인과의 상담 시간에 늦는 것조차 그다지 문제로 인식하지 않은 채 예사롭게 지나가는 경우가 허다하다. 반면, 미국이나 서유럽에서는 시간을 지키는 것이 불문율처럼 돼 있는데, 그만큼 시간의 가치가 높다는 얘기이다.

심지어 같은 나라에서도 시간의 가치는 시대에 따라 다르게 평가되기도 한다. 현재 한국에서는 시간이 매우 소중한 것이라는 데 이견이 없을 뿐만 아니라 시간을 지키지 않으면 친구나 애인 간에도 관계가 유지되기 어려울 정도가 되기도 한다. 하지만 1960년대만해도 한국에서는 '코리안 타임'이라는 유행어가 있었다. 약속 시간에 반 시간이나 한 시간 정도 늦게 도착하는 것이 예사라는 말로서 시간이 그다지 중요하지 않았다는 얘기이다.

마찬가지로 과거 중국인들을 종종 만만디(慢慢地 : 느리게 느리게)

라고 불렀다. 좋게 보면 매사에 여유가 있다는 말이기도 하지만 사람들의 행동이 그만큼 느리다는 것일 뿐만 아니라 시간의 가치를 고려하지 않았다는 얘기다. 하지만 최근 중국인들의 행동을 보면 콰이콰이더(快快地 : 빠르게 빠르게)라는 표현이 오히려 제격일 정도로 빨라졌다. 그만큼 시간의 가치가 과거보다 높아진 것이다.

건강과 교육 및 환경에 대한 자세도 나라마다 적지 않게 다르다. 어떤 나라에서는 환경오염이 그다지 문제가 되지 않으며, 따라서 그에 따른 건강의 문제도 자연히 소홀하게 취급된다. 반면 서유럽이나 북미 및 대양주의 대부분 나라에서는 환경오염이 심각한 문제로 인식되며, 그만큼 건강한 삶에 대하여 부여하는 가치 또한 매우 높다.

건강과 교육 및 환경에 대한 자세 역시 한 나라 안에서 시기에 따라 다르게 나타나기도 한다. 한국도 과거와 현재 사이에 큰 차이를 보이는 나라 중의 하나이다. 요즈음 한국에서는 이전과는 달리 기온, 비 및 바람에 더해 미세먼지가 일기예보에 포함된다. 사회적으로 사람들의 큰 관심을 끄는 이슈가 될 정도로 환경오염에 대한 인식이 매우 강해졌다는 얘기다. 전반적으로 환경오염 정도가 이전보다 많이 개선되었음에도 불구하고 말이다.

1980년대만 해도 한국의 미세먼지는 지금보다 훨씬 심각한 수준이었다. 1988년 가을 한국에서 서울올림픽이 열렸을 때, 몇몇 나라 선수들이 한국이 아니라 일본에서 전지훈련을 해서 이슈가 되었다. 일부 외국 육상 선수들은 "공기 오염이 심한 서울에서는 연습을 못하겠다"며, "공기가 맑은 일본에서 훈련하다가 경기가 열리는 날에만 한국으로 와서 경기를 치르겠다"는 말을 대놓고 할 정도였다.[3] 지금이라면 심각한 사회 이슈가 될 법하지만, 당시 한국에서는 이러한 이슈에 관심이 그다지 높지 않았기에 신문 한구석의 가십거리가 될 뿐이었다.

1) 일반성

세계 여러 나라 사이에서뿐만 아니라 한 나라에서조차 시기에 따라 이처럼 다르게 나타나는 사람들의 삶에 대한 행동 양식이나 자세의 차이는 어떻게 해석할 수 있을까? 아주 달라 보이는 현상들을 비교적 단순하면서도 명백히 관련성이 높은 잣대로 해석할 수 있다면 유용할 것 같은데, 공통적인 설명을 가능하게 하는 잣대는 없는 것일까?

우리는 그러한 잣대를 인간 행위의 가장 기초적인 조건에서 찾고자 한다. 의(衣), 식(食), 주(住)가 가장 기초적인 삶의 조건인데, 이러한 조건을 충족시켜주는 것은 결국 경제적 조건이다. 그래서 우

3】 1990년대 초 세계보건기구(WHO)와 국제연합환경계획(UNEP)이 발간한 지구환경감시체계(GEMS) 보고서가 1980~1984년 세계 31개국 50개 도시에 대하여 아황산가스 농도가 0.05ppm 이상인 날짜를 조사해서 발표한 자료에 의하면, 서울은 87일로서, 중국의 공업 도시 선양과 이란의 테헤란에 이어 3번째로 오염이 심한 도시였다. "'연습 못하겠다, 日 가겠다' 88올림픽 때 서울 공기는", 〈중앙일보〉, 2018.02.15 https://www.joongang.co.kr/article/22373189.

리는 한 나라나 사회의 경제적 조건을 결정짓는 경제발전 단계를 그러한 잣대로 사용하기로 했다.

세계에는 경제발전 단계가 다른 여러 나라가 공존한다. 북유럽의 몇 나라들에서는 사람들이 높은 소득과 적은 근로 시간 덕분에 장기 휴가를 쓰면서 인생을 즐기려는 반면, 아프리카 일부 나라에서는 일자리가 턱없이 부족한 가운데 인구의 상당수가 기아의 굴레를 벗어나지 못하고 있다. 바이오와 항공우주 등 최첨단 산업이 주종을 이루는 선진국이 있는 반면, 여전히 전통적인 농업과 수산업이 주력 산업인 저발전 국가들이 있다. 저발전 국가 중에는 봉제와 단순 조립이라도 제조업에 특화하여 비교적 빠르게 발전하는 나라가 있는가 하면, 그나마도 신통치 않은 나라도 있다.

여기서 우리는 경제발전 단계에 따라, 해외 여러 지역에서 그리고 같은 지역이라도 시간의 경과와 관계없이, 인간 행동이 일정한 특징을 공유하며 변화한다고 주장한다. 각국의 경제발전 단계를 구분하는 기준은 다양한데, 여기서는 1인당 실질소득수준과 경제 및 산업구조의 고도화 정도 등으로 이해하고자 한다. 나아가 경제발전 단계가 유사하면, 시간의 가치(효율성), 목숨값, 건강이나 환경의 중요성과 같은 삶의 질, 교육의 질, 사람의 기본 소양, 그리고 소비 양태 등이 유사하게 나타난다고 생각한다.

경제발전 단계를 구분하기 위하여 몇 가지 범주로 구분하는 것이 바람직한지, 소득수준은 어느 정도를 기준으로 구분하는 것이 바람직한지는 여기서 중요하지 않다. 우리가 주목하는 것은, 세계에는 다양한 발전단계에 있는 나라들이 있으며, 유사한 발전단계에 있는 나라들은 사람들의 행동 양식에 유사한 특징이 공유된다는 점이다.

즉, 경제발전 단계가 낮으면 사람들의 소득이 낮고 일자리도 없는 경우가 많아서 미래에 대한 희망도 없는 경우가 빈번할 것이기에 목숨값도 그만큼 낮아질 수 있는 것이 아닐까? 마찬가지로 달리 할 일도 없고 설사 일을 한다 해도 그다지 벌이가 시원치 않은 상황이니 시간의 가치가 낮고, 그래서 약속 시간에 좀 늦어도 그리 문제가 되지 않게 될 수 있지 않을까? 먹고 살기 급급하다 보니 공기 질이 나쁘다고 해도 거기에 신경 쓸 여유도 없고 당장 문제가 되지 않으니 참을 만한 것일 수 있지 않을까?

만만더(慢慢地)라 하여 시간 보내는 것에 무신경한 듯 보였던 중국 사람들이 콰이콰이더(快快地)로 보이는 것도 따지고 보면, 경제가 발전하고 그에 따라 시간의 가치가 높아짐에 따라 시간을 아껴서 일하며 돈을 벌 수 있게 된 데 기인한 것일 수 있다. 시간을 효율적으로 사용하게 되는 데 따른 자연스러운 현상이라고 볼 수 있다.

이처럼 경제적 관점에서 경제발전의 단계에 따라 지역이나 시기와 관계없이 보편적으로 나타나는 현상을 '좁은 의미의 일반성'이라고 부르기로 한다. 우리가 이 책에서 말하고자 하는 일반성은 바로 이것이다. 그러니까 경제발전 단계가 비슷한 지역들, 좀 더 구체적으로 비슷한 소득수준에 속한 지역들은 시간의 가치, 목숨값, 건강 및 사람의 기본 소양 등 삶의 기초적인 면에서 유사한 특성을 보인다고 말할 수 있다.

세계화(globalization)의 확산에 따라 이러한 일반성은 좀 더 폭넓게 해석할 필요가 있다. 과거 국가나 지역 간에 정보의 전달이 원활하지 않고 해외여행도 활발하지 않아 국가 간 교류가 빈번하지 않았던 시기에 비해 지금은 세계화가 확산함에 따라 상호 간에 이해가 넓어지고 있다. 특히 후발 개발도상국의 경우 선진국의 삶의 행동 양식을 접할 기회가 많아지면서, 선진사회의 삶에 대한 동경과 바람이 커질 수 있고, 그에 따라 삶의 양태도 경제발전 단계가 높은 나라의 삶의 양태에 근접해갈 수 있기 때문이다. 서로 보고 듣고 경험하고 함께 생활해가는 가운데 좋은 것을 닮아가게 되는 자연스러운 현상이다.

따라서 세계화가 진전됨에 따라, 경제발전 단계가 유사하다면 일반성의 확산을 더욱 촉진하여 비슷한 양태가 더욱 빠르게 나타나고, 경제발전 단계가 다소 차이가 나는 경우도 예전보다 삶의 양태가 좀 더 유사해지지 않을까 한다. 즉, 유사성이 나타나는 경제발전 단계의 범위가 예전보다 넓어지고 나라나 지역 간 유사성이 나타나는 시차도 줄어든다고 볼 수 있다.

2015년에 필자가 미국의 대학에서 본 한국인, 일본인 및 중국인은 10여 년 전보다 국적을 구분하기가 한층 어려워졌다. 언어를 듣지 않고는 구분하기 매우 어려웠다. 그 이유는 무엇일까?

그 이유는 무엇보다도 세 나라 간의 경제발전 수준의 격차가 현격히 줄었기 때문이다. 우선 일본과 한국은 소득의 차이가 거의 없어지게 되었다. 일본과 한국의 1인당 소득은 1988년 서울올림픽이 열리던 때만 해도 일본이 한국보다 약 6배에 달했지만, 2006년에 2 배 수준으로 줄어든 후 최근에는 격차가 더욱 줄어들어서 양국 모두 3~4만 달러 대의 거의 비슷한 수준으로 접근하였다.

중국은 2008년 북경올림픽 개최 당시 1인당 소득이 4천 달러도 되지 않았으나, 최근까지 매년 거의 10% 가까운 고도성장을 구가하면서 2019년에는 1만 달러를 넘어서게 되었다. 일본이나 한국과의 격차를 크게 줄여서 양국의 1/3 수준에 도달한 것이다. 이처럼 소득수준의 격차가 급격히 줄어든 것이 세 나라 사람들의 행동 양식에 직접적 영향을 미쳤다고 보인다. 거기에 세계화가 진전되면서 이를 더욱 촉진한 것으로 볼 수 있다.

2) 특수성

세계 여러 나라나 지역에서는 우리에게 낯설게 보이는 다양한 행동들이 나타난다. 다른 지역과 비교해서 독특하다 못해 전혀 다르다고 느껴지기도 한다. 소득수준이 비슷한 지역들에서 통상 유사하게 나타나기 마련인 양태와도 사뭇 다르다. 경제발전단계가 유사한 나라나 지역에서 공통으로 나타나는 양태들을 토대로 일반화하여 해석할 수 없다는 얘기이다. 이러한 현상들을 우리는 특수성으로 해석하고자 한다.

특수성이 발생하는 이유는 여러 가지로 생각할 수 있다. 대표적으로 자연지리 요인을 들 수 있다. 지리나 기후와 같은 자연지리 요인은 사람이 살아가는 데 가장 기초적인 환경으로서, 지역마다 다른 자연환경은 사람들에게 영향을 미치기 마련이다. 《지리의 힘》의 저자인 팀 마샬(Tim Marshall)은 지리적 요인이 한 국가의 특성에 아주 큰 영향을 미친다고 주장하였다.[4]

사람들이 모여 살면서 형성되는 역사나 제도와 같은 인문지리 요인 또한 독특한 영향을 미치곤 한다. 제러미 리프킨(Jeremy Rifkin)은 《유러피언 드림》에서 미국인들이 신천지로 가게 된 동기와 미주 대륙에 정착하면서 겪은 경험이 미국인과 유럽인 사이에 생각의 차이를 만들어냈다고 본다.[5]

인문지리 요인으로도 볼 수 있지만 고맥락문화나 집합주의문화와 같은 문화특성도 특수성의 요인이 된다. 정치학자 새뮤얼 헌팅턴(Samuel Huntington)은 《문명의 충돌과 세계 질서의 재편》에서 무역형태가 문화형태에 의하여 결정적으로 영향을 받을 것이라고 주장하였다.[6] 또 홉스테드(Geert Hofstede)는 개인주의−집합주의와 같은 문화특성을 제안해서 다른 문화적 배경을 갖는 나라나 조직 등의 행동 차이를 설명하였다.[7]

---

[4] 팀 마샬 저, 김미선 역, 《지리의 힘》, 사이, 2016.

[5] 제러미 리프킨 지음, 이원기 옮김, 《유러피언 드림》, 민음사, 2009.

[6] 새뮤얼 헌팅턴 저, 이희재 역, 《문명의 충돌》, 김영사, 2016.

[7] Geert Hofstede · Gert Hofstede · Michael Minkov, Cultures and Organizations, 3rd ed., 《세계의 문화와 조직: 정신의 소프트웨어》, 차재호 · 나은영 공역, 학지사, 2014.

여기서 미리 말해둘 것은 세 종류의 기저요인 중 한 가지만 영향을 미치는 것이 아니라 여러 가지가 겹쳐서 특수성이 나타나는 경우가 많다는 점이다. 게다가 자연지리 요인과 인문지리 요인은 상호 무관하지 않다.

대체로 자연지리 요인이 인문지리 요인을 형성하는 데 직접적 영향을 미칠 수 있다. 하지만 유사한 자연지리 조건에서도 서로 다른 인문지리 요인들이 나타나기도 한다. 역사적으로 발생한 우연 사건(역사적 우연)이 새로운 사회경제적 조건들을 발생시키고, 그 속에서 사람들 간의 이해관계들이 서로 영향을 미치면서 새로운 행동들이 나타나기도 한다. 시간이 지나면서 누적된 효과(누적적 인과 효과)에 의하여 그러한 행동들이 더욱 강고해지기도 하지만, 때로는 새로운 양태로 변화되기도 한다.

지금까지 발표된 지역연구들은 주로 특정 지역에서 나타나는 특수성을 부각하거나 지역 간 차이에 주목하는 경향이 있어서 일반화되고 체계화된 설명 틀이 없었다. 이어지는 2장에서는 특수성의 기저요인에 대해 설명한다. 여기서는 지역의 특성을 유발하는 기저요인을 자연지리 요인, 역사와 제도 등의 인문지리 요인, 그리고 문화특성의 3가지로 유형화하고 체계화한다.

2장

특수성의 기저요인

지역의 특성을 유발하는 기저요인으로

지리나 기후와 같은 자연지리 요인,

역사나 제도로 대표되는 인문지리 요인,

그리고 문화특성과 같은 문화 요인의 3가지를 들 수 있다.

2장에서는 이 세 가지 요인들에 대해 알아본다.

1. 자연지리 요인

나라나 지역마다 지리적 위치와 지형, 기후 및 기온, 식생 등과 같은 자연지리 요인들이 다르다. 이 차이는 그 지역에 사는 사람들이 생존하는 데 기본적인 제약 요인이 되기 때문에 이 요인의 영향으로 인해 지역 간 차이가 발생할 수 있다. 팀 마샬은 널리 알려진 《지리의 힘》이라는 책을 통해 지리적 요인이 한 국가의 특성에 아주 큰 영향을 미친다고 주장하였다.[8]

1) 지리적 위치와 지형

지리적 위치가 대륙인가, 섬인가, 아니면 반도인가에 따라서 거기에 사는 사람들의 행동 양식이 영향을 받는다고 볼 수 있다. 대륙은 육지를 통하여 교류가 빈번하다 보니 다른 지역과의 비교를 통하여 자신을 객관화하고 상대적으로 보는 경향이 있다고 한다. 반면, 섬은 바다를 통하여 여러 지역에 개방되어 있어서 개방적이라

8]팀 마샬 저, 김미선 역, 《지리의 힘》, 사이, 2016.

고 할 수도 있지만, 육지보다 교류 여건이 좋지 않다. 따라서 대체로 고립성이 강하며 자기중심적이고 주관적 성향이 강하다고 볼 수 있다.

반도는 말 그대로 '반은 육지이고 반은 섬'이기에, 양자의 중간에 속하는 성향이 강해서 좋게 말하면 유연성이 뛰어나고 나쁘게 말하면 쉽게 돌변한다고 한다. 우리가 흔히 대륙 사람들은 선이 굵다든지, 섬나라 사람들은 얄팍하다든지, 혹은 한국과 이탈리아 같은 반도 국가들은 쉽게 변하는 성향이 있다든지 하는 얘기들은 이와 맥락이 닿아있다고 볼 수 있다.

또 지형에도 영향을 받는다. 산악지형은 아무래도 물산이 풍부하지 않아서 곤궁하고 투박하며 고립적일 뿐만 아니라 호전적 성향이 강하다고 볼 수 있다. 반면에 **평야지형은 물산이 풍족하여 여유롭고 원만하며 세련될 뿐만 아니라 개방적이라고 평가된다. 자연히 음식 문화도 다양하고 풍요롭다.** 중국뿐만 아니라 한국에서도 지역별로 사람들의 특성이 다르다고 하는데, 이러한 지형적 특성과 관련이 깊다.

2) 기후

기후 또한 영향을 미친다. 해양성기후(서안기후)는 연교차는 적지만 하루 안에서는 변화가 크다. 아침에는 눈이 내려서 코트를 입고 출근해서, 낮에는 맑은 태양 빛이 작열하여 코트를 벗고 안의 반소매 셔츠를 입고 다니다가도, 오후에는 비가 와서 우비를 입어야 하는 등 변덕스러운 날씨를 보이기 일쑤이다. 그러다 보니 거기 사는 사람들은 하루에도 여러 가지 변화를 겪는 데 익숙하게 되어, 좋게 말하면 유연성이 높고, 나쁘게 말하면 변덕이 죽을 끓는다는 얘기도 종종 듣는다.

한편, 지중해성기후는 연교차가 적으면서도 여름은 건조하고 겨울은 따뜻하며 비가 내리곤 한다. 덕분에 작물과 과일이 잘 자라서 풍요로울 뿐만 아니라 지구상에서 가장 건강에 좋은 장수 음식 문화로서 사람들이 자주 추천하는 지중해식 식단의 배경이 되기도 한다. 그 결과 해당 지역 사람들의 비만도가 다른 지역에 비하여 낮게 유지되는 데 영향을 미치기도 한다.

기후와 관련해서 "열대지방에 선진국은 없다"라는 말이 있다. 선진국은 대체로 위도상 중위도 이상에 위치하며 열대지방에는 없다는 것이다. 열대지방은 사막지대를 제외하면 대체로 작물의 생산성이 높고 수확이 연중 가능하여 저축의 필요성이 크지 않다 보니 부지런하게 노력할 필요가 적은 것이 원인이지 않을까 생각해볼 수 있다.

반면, 중위도 이상에서는 겨울과 같이 기후 여건상 일정 기간 경제활동을 할 수 없어서 생존을 위해서는 경제활동이 가능할 때 가능한 한 많은 생산물을 생산하고 저축하여야만 한다. 그러다 보니 사람들의 몸에 부지런함이 배어 있어서 이것이 경제발전을 촉진한다고 볼 수 있다. 그만큼 기후 여건이 경제발전에 미치는 영향이 크다.

3) 식생과 기온

자연지리 조건이 다르다 보니 식생도 다르게 마련이고, 먹고사는 기초적인 삶의 조건들도 달라진다. 그로 인해 해당 지역 사람들에게 고유한 생활 양태가 생겨나고 다른 지역 사람들이 이해하기 어려운 현상도 나타나기 쉽다. 예를 들면, 인도 같은 나라에서는 손으로 밥을 먹는 수식 문화가 발전하였다. 무엇보다도 주식인 쌀이 찰지지 않아서 잘 뭉쳐지지 않기에 젓가락을 사용해서는 먹기 어렵기 때문이다.

기온에 따라 사람들의 행동도 영향을 받는다. 앞의 기후 여건에서 보았듯이, 지역의 평균 기온의 절대적 수준이 사람들의 행동에 미치는 영향은 매우 크다. 그뿐만 아니다. 기온의 상대적 체감도, 즉, 같은 기온이라고 하여도 그것을 피부로 느끼는 정도는 지역마다 차이가 나며, 일교차와 연교차 등이 미치는 영향 또한 주목할 필요가 있다.

예를 들면, 대만이나 태국에서는 겨울에 동사하는 사람들 얘기가 종종 기사화된다.[9] 물론 겨울이니 추워서 죽을 수 있겠지만, 그 지

9] "영하 10도 이하의 날씨도 이겨내는 한국인에겐 의아할지 몰라도 아열대 지방에선 영상 8~10도의 추위(?)에 얼어 죽는 사람도 생긴다. 이번 춘절(중국 설) 연휴에도 대만과 홍콩에서만 49명이 추운 날씨 때문에 숨졌다. 홍콩 〈문회보(文匯報)〉는 "찬바람이 대만을 기습하면서 44명이 이번 춘절에 동사(凍死)했다"고 20일 보도했다. 춘절 연휴 끝물인 17~19일 대만 전역에 차가운 대륙의 기단이 덮치면서 일부 지역엔 차가운 비까지 내려 44명이 기온 강하에 따른 심혈관 질환으로 '졸사(猝死·졸지에 사망)했다'는 것이다. 18일에도 홍콩의 대

역의 겨울 평균 기온은 영상 10도 이상이다. 약간 춥다는 느낌은 들지만 그렇다고 얼어 죽을 정도라고 생각하는 사람들은 거의 없을 것이다. 요즈음은 이런 날씨에 겉옷 안에 반소매 셔츠를 입고 다니거나 그냥 반소매 셔츠만 입고 다니는 건강한 젊은 친구들도 주변에서 심심찮게 보기까지 한다. 우리 상식으로는 쉽사리 이해하기 어렵다. 소득수준이나 경제발전 단계로 해석하기도 물론 어렵다.

그러나 해당 지역의 관점에서 보면 생각은 달라질 수 있다. 아열대 기후인 대만과 태국은 겨울철에도 습도가 높아 체감온도는 한국보다 크게 낮다. 따라서 영상의 기온이더라도 한국보다 춥게 느껴지고 동사자가 발생할 수도 있다. 마찬가지로 러시아나 몽골과 같은 지역은 한국보다 겨울철 습도가 낮아서 영하 30~40도까지 떨어진다고 해도 체감온도는 같은 기온에서의 한국보다 높다고 할 수 있다.

습도를 제외한다 해도, 대만이나 태국에서 겨울에 영상 10도 이하의 기온이 나타나는 경우는 매우 드물다. 따라서 영상 10도 이하가 되면 사람들이 춥게 느끼는 것은 당연하다. 게다가 이러한 나라에서는 겨울에 영상 10도 이하로 떨어지는 날이 드물다 보니 우리의 온돌이나 서양의 난로나 히터와 같은 난방기구가 별로 갖추어져 있지 않다. 그래서 한국에서 영하의 날씨에 동사한 사람들이 발생했다는 뉴스가 특별한 것이 아닌 것처럼 이 지역에서는 영상 10도

부분 지역이 영상 10도 이하로 떨어지면서 86세 할머니 등 노인 3명이 동사했다고 홍콩 언론들이 보도했다." 〈조선일보〉, 2010.02.21. https://www.chosun.com/site/data/html_dir/2010/02/21/2010022100720.html.

에서 큰 추위를 느끼고 얼어 죽는 것이 특별한 것이 아닐 수 있다.

사하라사막, 아라비아사막 및 모하비사막 등과 같은 열대사막[10]에서도 비슷한 현상이 나타난다. 사막에서는 건조한 상태에서 태양이 내리쬐다 보니 낮에는 기온이 무척 높지만 해가 진 뒤에는 기온이 급격히 떨어진다. 사하라사막에서는 한낮 기온이 40도 가까이 올라가고 특히 태양열을 머금은 모래 온도는 쉽게 80도에 이르지만, 밤에는 13~20도까지 떨어진다고 한다.[11]

물론 밤 기온이 영하까지 떨어지는 경우는 거의 없어서 우리 생각으로는 그리 춥지는 않은 것으로 생각하기 쉽다. 영상 10도 이상에서는 반소매 옷을 입고 다니는 게 제격이라는 사람도 있으니 우리는 그렇게 생각할 수도 있다. 하지만 낮과 밤의 기온 차가 30도 내외로 크다 보니 사막에 사는 사람들이 영상 10도에 대해 느끼는 체감온도는 우리의 상상을 뛰어넘을 정도로 무척 낮다. 1970년대 한국의 종합상사맨들이 중동에 난로를 팔 수 있었던 이유이기도 하다.

기온 자체가 기준이 아니라 사람들이 느끼는 추위와 그에 대한 반응이라는 점에서는 대만이나 사하라사막이나 한국이나 다를 게 없다. 이 사례는 각 지역 사람들이 느끼는 추위의 정도는 온도 그 자체만으로 판단할 수 없으며 해당 지역이 처한 기후환경과 난방체계 등을 고려하여 종합적으로 판단하는 것이 합리적임을 보여준다.

10] 주로 남·북위 5~30° 내외에 걸쳐 분포한다. https://en.wikipedia.org/wiki/Tropical_desert
11] https://en.wikipedia.org/wiki/Sahara#Temperature.

2. 인문지리 요인

사람이 혼자 산다면 자연지리 요인의 영향을 극복하거나 이용하기만 하면 생존하는 데 큰 문제가 없을 수 있다. 그러나 사람들이 모여서 살게 되면 서로 이해가 충돌하는 일이 일어날 수 있어서 여러가지 제도나 규율이 필요하게 된다.

그런데 한 번 만들어진 규율이나 제도는 계속해서 사용되고 웬만해서는 바뀌지 않는 특성을 보인다. 이러다 보니 역사적 사건이나 제도나 규율과 같은 것이 사람들의 행동에 계속 영향을 미치게 된다. 여기서는 인문지리 요인으로 민족과 종교, 역사와 제도, 그리고 역사적 우연 사건과 이에서 비롯되는 누적적 인과 및 경로의존성에 대해 알아본다.

1) 민족과 종교

인문지리 요인도 자연지리 요인 못지않게 특수성에 영향을 많이 미치는 것으로 알려져 있다. 인문지리 요인으로 가장 먼저 떠올리는 것이 민족과 종교이다. 한족, 슬라브족, 라틴족, 게르만족 및 앵 글로색슨족 등 각 민족은 비록 역사적으로 볼 때 근대에야 형성된 것이 여럿이지만, 지연이나 혈연의 동질성을 기반으로 형성되어 오랜 기간 생활을 영위하다 보니 서로 유사한 면이 많다. 그 결과 민족들 간의 생활양식은 적지 않게 다르다.

기독교, 불교, 이슬람교 및 힌두교 등 종교도 생활양식에 영향을 미친다. 종교마다 율법이나 의식도 다르고 일상생활도 차이를 보인다. 예를 들어 이슬람교에서는 돼지고기를 금지하고, 힌두교는 소고기를 금지하는 등 식생활에서도 영향을 미친다. 또 민족종교의 하나인 유대교는 모계 전통과 교육을 강조하는 등 독특한 생활양식을 보이기도 하며, 일본은 다른 나라에서는 유례가 없는 독특한 유형의 신도(神道)가 대종을 이룬다.

2) 역사와 제도

역사도 여러 나라나 지역 사람들의 행동 양식을 이해하는 데 무시할 수 없는 요인이다. 역사는 한 나라의 자연지리 여건과 정치, 경제, 사회 및 문화적 환경 속에서 지역 내 주체들 사이의 상호 작용이 누적되어 나타난 결과로 볼 수 있다. 특히 중국이나 인도와 같은 나라는 오랜 역사를 거치면서 자리 잡은 전통이 매우 강고하며, 그러한 전통은 쉽게 바뀌지 않을 뿐만 아니라 사람들의 행동에 미치는 영향 또한 매우 크다고 볼 수 있다.

반면 비교적 신생국가인 미국이나 호주와 같은 나라에서는, 역사가 짧은 만큼 전통이 미치는 영향이 중국이나 인도와 같은 나라에 비하여 상대적으로 적다. 전통에 구애받지 않고 당면한 현실에 대응할 수 있는 개연성이 커지게 되고, 그에 부응하여 새로운 질서와 제도가 비교적 쉽게 도입된다. 자연히 역사보다 제도가 사람들의 행동에 미치는 영향이 상대적으로 클 수도 있다.

하지만 역사가 길다고 해서 전통의 영향력이 절대적으로 크고 변하지 않는 것은 아니다. 때로는 제도의 변화가 전통의 영향력을 줄이는 데 영향을 미치기도 한다. 인도에서 오랜 전통으로만 여겨지는 카스트제도가 변화하고 있는 현실이 이를 방증한다. 역으로 비록 오래지 않은 역사에도 불구하고 단기간에 형성된 역사적 전통 또한 사람들의 행동에 미치는 영향이 마냥 작은 것으로만 볼 수는 없다. 뒤에서 얘기하겠지만, 역사가 짧은 미국에서 홈리스(homeless)가 유난히 많은 것이나 입양문화가 활발한 것이 대표적이다.

3) 역사적 우연과 누적적 인과 및 경로의존성

역사적으로 우연한 사건이 사회·경제 환경에서 누적적인 인과관계를 낳으면서 새로운 특수성을 낳는 경우도 종종 있다. 미주 대륙과 같은 신대륙의 경우, 이주민들은 갑자기 당면한 사회경제적 조건 속에서 새로운 삶을 꾸려나가야 했다. 사회경제적 환경의 변화는 사람들의 삶의 행동에 영향을 미칠 수밖에 없고, 이런 것들이 시간이 흐르면서 누적적 인과관계를 만들어 하나의 문화로서 고착

되면 다른 지역과는 확연히 다른 특수성을 낳을 수도 있게 된다.

예를 들면, 미국에서는 총기 사고가 빈번히 발생하고 있음에도 불구하고, 총기 소유권(gun right)이 유지되고 있다. 1인당 소득에서 미국과 큰 차이가 없는 유럽에서 총기 소유를 허용하는 나라가 없는 것을 보면 소득수준과는 무관한 행동이라는 얘기이다. 미국의 화장실 구조 또한 사방이 터져 있어서, 밀폐된 한국과는 완전히 다르다. 현재 한국이 미국보다 1인당 소득이 낮아서 그러리라 생각할 수도 있지만 앞으로 미국의 수준에 도달한다고 해도 한국이 그러한 구조를 가질 것이라고 예상하기는 쉽지 않다.

때로는 역사적 우연에 의하여 형성된 사건이 합리적 근거 없이 오랜 시간 이어져 내려오다가 경로의존성(path dependency)을 유발함으로써 굳건하게 자리잡은 경우도 있다. 경로의존성은 경제학과 사회과학에서 과거의 사건이나 결정이 이후의 사건이나 결정을 구속하는 과정을 가리키는 개념이며, 제도, 기술 표준, 경제나 사회의 발전 패턴 및 조직 행동 등을 설명하는 데 사용된다.[12] 한번 의존성이 형성되면 설령 환경의 변화로 인하여 불합리하게 되었다 할지라도 유지되는 현상을 가리킨다. 경로의존성의 예로 좌측통행과 우측통행을 들 수 있다.

12] Wikipidia, https://en.wikipedia.org/wiki/Path_dependence.

3. 문화와 문화이론

인문지리 요인과 분리해서 문화와 문화이론을 따로 두는 이유는 사람의 행동에 영향을 미치는 명시적인 문화와 암묵적인 문화를 구분하기 위해서이다. 앞서 인문지리 요인으로 살펴보았던 역사와 제도 등은 넓은 의미의 문화의 한 부분인데, 명시적인 성격이 강하다. 제도가 잘 습득되었다면 의식하지 않고도 그 제도에 맞는 행동을 할 수도 있지만, 제도를 의식하며 행동을 하는 경우도 많다. 그래서 제도 등은 명시적인 문화라고 볼 수 있다. 그렇지만 우리가 의식하지 못하는 가운데 우리 행동에 영향을 미치는 암묵적인 문화도 있다.

다른 문화권에 파견되는 직원 교육을 오랫동안 담당했던 인류학자 에드워드 홀(Edward Hall)은 문화마다 시간, 공간, 그리고 일을 하는 규율 등에 대한 암묵적인 지식이나 규칙이 있기에 문화 간 소통이 어렵다는 점을 강조하면서 문화를 소통으로 이해하자고 제안하였다. 홀은 문화가 다르면 암묵적인 문화가 다르다는 사실을 인지하는 사람도 많지 않고, 다른 문화권의 암묵적인 문화의 내용을 알기도 어렵다고 설파하였다. 여기서는 문화 요인으로 언어, 문화, 그리고 문화이론에서 잘 드러나는 문화특성에 대해 알아본다.

1) 언어

언어도 중요한 인문지리 요인의 하나이다. 같은 언어권에 속하는 경우 원활한 소통이 가능해짐에 따라 사람들의 행동 양식이 유사해질 수 있기 때문이다. 그런 점에서 언어를 넓은 의미에서 문화의 일부로 볼 수 있다. 언어가 문화에 영향을 미치는 것인지, 아니면 문화가 언어에 영향을 미치는 것인지에 대해 여러 가지 이론이 제기되었지만, 그와는 상관없이 언어 표현의 차이를 통해 그 언어를 사용하는 사람들의 세계를 이해하는 방식의 차이를 읽어볼 수 있다는 점은 분명하다.

우리는 성적이 좋거나 대회에 나가서 우수한 성적을 거두어 수상하는 경우 "상(賞)을 받는다"라고 한다. 영어로 직역하자면 "receive a prize"이다. 그러나 영어로는 "win a prize"라고 한다. 영어에서는 내가 적극적으로 노력한 결과로 상을 쟁취한다는 의미이다. 상은 좋은 것이니 누구나 그것을 갖고자 경쟁하기 마련이며, 따라서 상은 누가 주어서 받는 것이 아니라 터놓고 경쟁하여 쟁취하는 대상이라는 것이다. 현실을 직설적으로 표현하는 서구인들의 행동 방식이 확실하게 드러난다. 상을 받기 위해 열심히 노력하고도 상을 주니까 받게 되었다고 소극적으로 표현하는 우리와는 사뭇 다르다.

한국 사람들이 '우리 집', '우리나라'라고 할 때 쓰는 '우리'라는 표현은 서구 사람들에게서는 찾아보기 힘들다. 그들에게는 어디까지나 '내 집(my house)'이고 '나의 나라(my country)'일 뿐이다. 서로 낯설기는 매한가지다. 이러한 용어 사용의 차이는 뒤의 문화이론에서 살펴보게 될 '집합주의'와 '개인주의'라는 문화특성의 차이로 이해할 수 있다.

중국어도 마찬가지다. 예를 들어 날씨가 나쁘거나 몸의 상태 또는 기분이 나쁘다고 할 때, '나쁘다'는 의미로 화이(坏) 또는 차(差) 등의 단어들이 있지만 이보다는 '좋지 않다'는 의미인 부하오(不好)라는 말을 주로 쓴다. 상태나 마음을 직접 표현하기보다는 에둘러서 간접적으로 표현하기 좋아하는 습성을 반영한 것으로 볼 수 있다.

또 외국인과 대화하다 보면, 단어 자체는 알겠는데 상대방이 의미하는 바는 이해하기 어려운 경우가 종종 있다. 단어가 갖는 다양한 뜻을 이해하지 못하는 데 따른 것이기도 하지만, 대부분은 단어가 갖는 사회·문화적 맥락이나 연관을 이해하지 못하는 데에서 발생한다. 외국어를 공부할 때 언어만을 공부하는 것만이 아니라 그 나라의 문화와 관습 등을 함께 공부해야 하는 이유이기도 하다.

세계에는 다양한 언어권이 있다. 대표적으로 중국·대만 및 홍콩의 중어권, 영국·북미·대양주의 영어권, 유럽의 독일어권, 프랑스어권, 아프리카의 프랑스어권, 영어권, 아랍어권, 동구의 슬라브어권, 중동의 아랍어권, 동아시아의 일본어권 및 한국어권에 이르기까지 다양하다. 이들 언어권은 대개 한 나라의 영역을 뛰어넘는 경우가 적지 않다. 같은 언어권은 언어권별로 차이는 있지만, 나름 일정한 범위에서 같은 문화권을 형성한다고 볼 수도 있다. 한편 벨기에처럼 한 나라임에도 불구하고 불어, 네덜란드어 및 독일어 등 여러 언어가 공존하는 경우도 있다.

2) 문화

지역 차이를 설명할 때 자주 등장하는 것 중의 하나가 문화가 다르다는 것이다. 문화는 종종 종교와 연계되어 유교문화권, 불교문화권, 기독교문화권 및 이슬람 문화권 등으로 불리기도 한다. 그러나 문화는 종교보다 역사가 더 오랠 뿐만 아니라 나라나 지역별로 보면 세부적인 면에서 정도의 차이는 있지만 다소 다르다. 종교가 같다고 해서 같은 문화권으로만 보기 어려운 이유이다.

문화는 종교, 역사, 제도 등 여타 인문지리 요인뿐만 아니라 기후나 식생과 같은 자연지리 요인들의 영향을 받은 결과로 볼 수도 있다. 그러나 이런 요인들의 산술적인 합으로 설명하기 어려운 부분이 있다. 문화는 삶의 기본양식을 표현하는 것이기에 '집단적 유전자'라고도 불리어 왔다. 한 나라나 지역 사람들의 행동에 미치는 영향이 그만큼 지대하다는 얘기다. 대표적 사례로 핀란드의 기업 노키아의 성공과 실패 사례를 들 수 있다.

노키아는 1990년대에는 휴대폰 사업에서 세계 1등 기업이었지만 2000년대 들어 세계시장에서 거의 자취를 감추어 버렸다. 글로벌 헤드헌터 기업 러셀 레이놀즈 어소시에이츠(Russell Reynolds Associates)의 매니징디렉터였던 카이 하메리크(Kai Hammerich)는 그 이유로서, 노키아가 핀란드식 기업 문화를 바탕으로 세계 최고의 휴대폰 기업이 됐지만, 역설적으로 핀란드식 문화에 발목을 잡혀 몰락하였다고 평가한다.[13] 한마디로 기업이 뿌리를 두고 있는 해당 국가의 문화가 집단적 유전자로서 기업의 생존을 좌우했다는 얘기다.

노키아가 1991년 휴대폰 사업에 뛰어들어 1등 기업으로 부상하게 된 비결은 시수(sisu, 핀란드어에서 유래된 말로 인내와 장기적 시각을 의미함), 신뢰 및 성실성과 같은 핀란드의 문화적 가치에 대한 자부심, 그리고 디자인을 중시하는 전통과 같은 문화적인 요인 덕이었다.[14] 그러나 2000년대 들어 애플에 무너지게 된 이유 역시 아이러니하게도 핀란드의 문화적 특성인 외부인에 대한 냉소적인 시각과 '혼자 하자'는 특성때문이었다.[15] 즉, 외부와의 감정적 접촉을 꺼리는 문화로 인하여 고객과의 거리가 멀어졌고, 구성원들은 좁은 목표에 매몰되다 보니 위기에 직면하자 급한 불을 끄는 데만 급급해서 기업 문화의 혁신이 제대로 안 먹혔기 때문이라는 것이다.

따라서 기업이 뿌리를 둔 국가의 문화는 기업의 자산이기도 하고 부채이기도 한, 일종의 양면성을 띠고 있다. 한 나라의 문화는 기업의 문화에 그대로 내재해 있기 마련이고, 그 문화가 기업의 흥망성쇠를 설명하는 열쇠가 된다고 볼 수 있다. 이 책에서는 이런 요

13] 집단적 유전자와 노키아 사례는 "노키아 '국민성' 때문에 흥하고 무너졌다", 〈매일경제〉, 2014.5.23. https://www.mk.co.kr/news/business/view/2014/05/799709을 참조하였음.

14] "노키아 '국민성' 때문에 흥하고 무너졌다", 〈매일경제〉, 2014.5.23. https://www.mk.co.kr/news/business/view/2014/05/799709.

15] "노키아 '국민성' 때문에 흥하고 무너졌다", 〈매일경제〉, 2014.5.23. https://www.mk.co.kr/news/business/view/2014/05/799709.

소들을 문화특성으로 부르기로 한다. 이어지는 절에서는 문화특성에 관하여 다룬 대표적인 이론인 홀의 이론과 홉스테드의 이론을 비롯한 몇 가지 이론을 간략히 소개한다.

3) 문화이론

나라나 지역마다 독특한 문화, 즉 특수성을 설명하기 위해 적지 않은 이론들이 제기되었다. 특정 문화의 특징을 몇 개의 문화코드로 찾아내려고 한 라파이유, 그리고 여러 문화의 차이를 몇 개의 차원으로 설명하려고 한 홀, 홉스테드, 트롬페나스와 햄튼터너 등 세 연구팀의 연구가 널리 알려져 있다. 이들에 대해 간단하게 알아보자.

(1) 라파이유의 문화코드[16]

라파이유(Clotaire Lapaille)는 한 문화에서 나타나는 행동들의 배후에 있는 참된 의미를 찾아내는 것이 그 문화를 이해하는 것을 도와준다고 주장했다. 예를 들어 미국인은 넓은 개척지에 대한 강렬한 문화적 경험이 있고, 프랑스인과 독일인은 전쟁과 점령에 대한 강렬한 문화적 경험이 있기에, 지프차라는 같은 대상을 보고도 무의식 차원에서 그 대상에 부여하는 의미가 다를 수밖에 없다고 본다. 그

16] 라파이유의 문화코드에 대해서는 클로테르 라파이유 저, 김상철·김정수 역, 《컬처코드》, 리더스북, 2007.을 참조하였음.

는 특정 문화에서 일정한 대상에 부과하는 무의식적 의미를 문화코드라 불렀다.

그는 무의식적인 문화코드를 밝혀내기 위해 다른 행성에서 지구를 방문한 사람이라고 상상하도록 한 다음 특정 대상에 관해 이야기하게 하거나, 가위와 잡지를 주고 특정 대상에 대한 단어들을 뜯어 붙이게 하거나, 아주 편안한 상태에 있게 한 다음 어린 시절로 되돌아가서 그 대상에 대한 기억이나 감정을 말하게 했다. 이런 의미탐색 활동을 통해 특정 문화의 문화코드를 찾아낼 수 있다고 주장하였다. 그리고 이렇게 문화코드를 찾아내서 제품 디자인이나 광고 등에서 성공을 거두었다고 보고하였다.

라파이유의 문화코드 접근은 특정 문화의 특징을 찾아내는 방법론을 제공하였다. 무의식 상태에 근접한 상황을 만들어서 특정 대상에 대한 무의식적 의미를 뽑아내는 방법을 제안하였다. 라파이유의 문화코드는 특정 문화에서 특정 대상을 특징지으려는 실용적인 목적이 있는 상태에서는 유용하게 사용할 수 있는 방법이 될 수 있지만, 문화들 사이의 차이를 체계적으로 설명하는 이론으로는 미흡해 보인다. 라파이유의 문화코드와 유사한 것으로 개넌(Martin Gannon)의 문화메타포라는 개념도 있다.[17]

17] 마틴 J. 개논 지음. 최윤희 등 옮김, 《세계 문화 이해》, 커뮤니케이션북스, 2003.

(2) 홀의 이론[18]

홀(Edward T. Hall)은 미국에서 정부와 기업을 위하여 해외에 파견되는 요원들을 훈련하는 일에 종사하게 되면서 문화를 본격적으로 연구하기 시작하였다. 그는 서로 다른 문화에 사는 사람들이 언어만으로는 제대로 소통하기가 매우 어렵다는 사실을 경험하고, 문화를 소통의 관점으로 접근할 것을 제안하였으며, 다른 문화를 이해하는 데 중요한 범주로 시간, 공간 및 맥락의 세 가지를 열거하였다.

a. 시간에 대한 태도 : 단성문화 대 다성문화

홀은 문화에 따라 시간을 이해하고 사용하는 방식이 크게 다르다고 주장하였다. 그는 시간을 사용하는 방식에 따라 단성문화(monochronic cultures)와 다성문화(polychronic cultures)로 구분하였다. 단성문화는 단일시간형 문화로 풀어쓸 수도 있는데, 사람들이 한 번에 한 가지 일을 하는 것을 중요하게 생각하는 문화를 뜻한다. 단성문화에서는 시간을 중요한 자원으로 생각해서 치밀하게 계획하고 일정을 관리하는 것을 가정하며, 일을 완수하는 것을 중시한다.

　다성문화는 중다시간형 문화로 풀어쓸 수 있는데, 사람들이 한 번에 여러 가지를 하는 것이 습관화된 문화를 뜻한다. 다성문화에

18] 홀의 이론에 대해서는 에드워드 홀 저, 최효선 역, 《침묵의 언어》, 《숨겨진 차원》, 《문화를 넘어서》, 《생명의 춤》(한길사, 2013) 및 http://www.changingminds.org/explanations/culture/hall_culture.htm. 등을 참조하였음.

서는 일보다 인간관계를 중시한다. 그래서 정한 시간 내에 한 가지 일을 마무리하고 다른 일을 하는 게 아니라 한 가지 일을 하다가 중간에 전혀 다른 것처럼 보이는 일을 하기도 한다.

단성문화인 북유럽과 북미 사람들은 한 번에 하나의 행사를 계획하는 경향이 있다. 이들은 오전 8시에 시작하는 약속은 오전 8시에 시작하며 늦어도 8시 5분에는 시작한다. 이사회든 가족 소풍이든 정해진 시간에 시작할 것으로 기대하며, 시간은 질서를 강요하는 수단이 된다. 회의를 마치는 시간도 확고한 편이어서, 안건이 끝나지 않더라도 일단 회의를 끝낸다. 그리고 마무리하지 못한 안건은 별도의 다른 회의 일정을 잡아서 마저 끝내는 것도 전혀 이상한 일이 아니다. 그러나 유럽 문화에서도 차이가 있다. 미국이나 독일은 단성문화가 아주 강하지만 프랑스는 상대적으로 덜하다.

시간보다 사람과의 관계를 더 중요하게 생각하는 다성문화에서는 일을 공동체와의 더 큰 상호 작용의 일부로 간주하며, 어떤 안건이 완전히 논의되지 않았다면 정해진 시간이 지났다고 해도 회의를 끝내지 않고 계속할 가능성이 크다. 라틴아메리카나 중동에서는 통상 여유로운 일정을 가지고 사는 경향이 있다. 사람들은 세 가지 일을 한꺼번에 처리하면서 대수롭지 않게 여길 수도 있으며, 줄을 서서 기다리지 않고 바로 모임에 합류할 수도 있다. 약속된 시간이 훨씬 지나서 회의나 파티에 들어오는 것도 모욕으로 여겨지지 않는다. 사람과의 관계가 우선이니 그럴 수도 있다고 보는 것이다.

b. 영토권으로서의 공간 : 짧은 거리 대 긴 거리

홀이 주장한 문화 차이의 두 번째 범주는 공간이다. 여기서 공간은 사람들이 서로 얼마나 가까이 다가가는지부터 직장이나 그 밖의 환경에서 자신의 영역이나 경계를 어떻게 표시할지에 이르기까지 공간에 대한 이해와 활용에 관련된 모든 것을 말한다. 홀은 공간을 지각하고 사용하는 방식에서의 문화적 차이가 문화 간의 갈등 요인이 되기도 한다는 것을 파악하고, 인간이 공간을 구조화하고 사용하는 방식에 문화가 미치는 영향을 근접학(proxemics, 혹은 근접공간학)이라는 용어로 서술하였다.

홀은 포유류와 조류 같은 무리 간에 제각기 점유하고 방어하는 영역으로서 '영토권'이 있듯이, 인간에게도 영토권이 존재한다고 본다. 더욱이 인간은 영토권을 고도로 발달시켰으며 문화에 따른 차이도 상당히 크다고 주장한다. 인간도 공간에서 자신의 신체적인 경계를 가지며, 외부인을 대할 때 안전하고 편안하게 느끼는 거리도 문화마다 다르다.

예를 들어, 우리는 다른 사람과 상호 작용할 때 편안하게 느끼는 구역을 설정한다. 사람들은 상대가 안전하다고 느끼는 거리가 있는데, 누군가가 그 거리 이내로 다가서면 불편하게 느낀다. 이 거리가 얼마가 되는지는 어느 나라에서 왔는지, 그리고 상대가 누구냐에 따라 다르며, 이 거리를 의식적으로 자각하지 않고 암묵적으로 안다.

사람들이 마주 서서 접촉하는 거리는 문화에 따라 다르다. 라틴계, 스페인계, 그리고 300년 동안 스페인 식민지로 있으면서 스페인 문화의 영향을 받은 필리핀계 사람들은 사업상 만남에서도 사람 간의 거리가 상당히 가까운 편이다. 영토에 대한 필요성이 낮은 문화의 사람들은 직장, 사무실 및 기차 좌석 등 생활의 많은 부분에서 개인 간의 거리가 더 짧은 경향이 있다.

c. 메시지 전달 방식에 따른 차이 : 고맥락문화 대 저맥락문화

홀은 메시지가 전달되는 방식에 따라 문화를 고맥락문화(high-context cultures)와 저맥락문화(low-context cultures)로 구분한다. 인간이 서로 소통할 때 사용하는 몸짓, 관계, 신체 언어(body language), 언어 메시지 또는 비언어 메시지 등의 여러 가지 상징적인 표현들이 의사소통에 어떻게 도움이 되는가에 근거해서 내린 구분이다.

고맥락문화에서는 작은 몸짓 하나도 의미를 전달하며 간접적인 메시지에도 많은 의미를 부여한다. 고맥락문화에서는 간접적인 언어 표현이나 비언어적 의사소통을 많이 한다. 직접적인 메시지보다 간접적인 메시지로 의사소통하며 서로 메시지의 암묵적인 부분을 해독하기를 기대하는 경향이 있다. 메시지를 보내는 사람은 세심한 주의를 기울여서 메시지를 작성하고, 메시지를 받는 사람은 상황에 맞게 메시지를 해석할 것으로 기대된다. 그 메시지는 저맥락문화에서 기대할 수 있는 언어적 명확성이 결여되어 있을 수 있다.

저맥락문화는 사람들이 대체로 의사소통에 명시적이고 직접적인 경향이 있다. 미국과 대부분의 북유럽 국가들이 저맥락문화에 속한다. 저맥락문화에서는 "무슨 뜻인지 명확히 말하라", "돌려 말하지 마라"와 같은 말이 큰 저항 없이 사용되며, 오해나 의혹의 여지를 최소화하는 것이 의사소통에서 기본이다. 한마디로 저맥락의 의사소통은 직설적이기를 요구한다.

따라서 고맥락문화에 속한 사람과 저맥락문화에 속한 사람이 대화할 때, 서로 혼란을 느끼며 소통이 원활하게 이루어지지 않을 수 있다. 비즈니스를 위한 상담에서 저맥락문화의 사람들은 상대방이 말하는 단어만 들을 뿐 신체언어는 인식하지 못하는 경향이 있다. 그 결과 저맥락문화의 사람들은 고맥락문화 사람들이 특정 문제에 대해 더 많은 것을 말해주고 있는 중요한 단서를 놓치기 십상이다.

d. 특수성의 설명으로의 가능성

'시간'과 '공간'은 우리가 일상의 삶을 계획하고 그 계획을 실행할 때 사용하는 가장 기본적인 잣대에 해당한다. 우리는 시간과 공간은 어디에서건 동일하고 균질적인 물리적 실체라고 생각한다. 그런데 문화에 따라 시간과 공간을 인식하는 방식이 다를 수 있다는 것을 홀이 밝힌 것은 아주 중요하고 유용한 성취이다. 우리는 다른 문화를 이해하고, 다른 문화에 속한 사람과의 관계에서 이를 활용할 수 있다.

지역 간의 차이에 대해 이해하려고 할 때 시간과 공간의 문화 차이보다 더 널리 활용되는 구분이 맥락의 차이에 근거한 구분이다.

고맥락문화에서는 사람들과의 관계가 중시되기에 비언어적이고 암묵적인 소통이 주를 이룬다. 반면에 저맥락문화에서는 각 개인이 명확한 의사소통을 하며 책임의 주체로서 행동한다. 이런 점에서 보면 홀의 이론은 특수성을 설명하는 데 유용해 보인다. 특히 문화 간 소통에 관련된 문제를 설명하는 데 적합한 것으로 보인다.

(3) 홉스테드의 이론[19]

네덜란드 심리학자 홉스테드(Geert Hofstede)는 IBM유럽의 인사 연구 부서를 설립하고 1967년부터 1973년까지 IBM의 전 세계 자회사 직원들을 대상으로 국가 가치 차이에 대한 설문조사를 하였다. 그는 117,000명의 IBM 직원들의 답변을 요인분석이라는 통계처리를 해서 서로 다른 문화적 배경을 갖는 나라나 조직 등의 행동 차이를 설명하였다. 그러니까 설문조사의 결과를 토대로 각각의 차원마다 각국의 점수를 수량화해서 상호 비교가 가능하도록 하였다.

홉스테드와 연구팀은 처음 연구에서는 각국의 문화적 가치를 분석할 수 있는 네 가지 차원을 제안했다. 즉, '권력 거리 : 평등 문화와 불평등 문화', '개인주의 문화와 집합주의 문화', '남성적 문화와 여성적 문화' 및 '불확실성 회피 문화와 불확실성 수용 문화'의 네 차원이 그것이다. 이후 다른 연구자들과 함께 추가 연구를 통해 '장

19] 홉스테드의 이론에 대해서는 주로 Geert Hofstede·Gert Hofstede·Michael Minkov, Cultures and Organizations, 3rd ed., 《세계의 문화와 조직 : 정신의 소프트웨어》, 차재호·나은영 공역, 학지사, 2014. 등을 참조하였다.

기 지향 문화와 단기 지향 문화', 20] '자적 문화와 자제 문화'21] 등 두 가지 차원을 추가하였다. 여기서는 처음 제안한 네 가지 차원을 중심으로 설명한다.

이후 홉스테드의 문화이론을 특정국에만 적용해서 그 나라의 문화적 특성을 설명하려는 시도들도 있었다. 한 예로, 베트남은 큰 권력거리, 집합주의 및 낮은 불확실성 회피의 특징을 가지고 있으며, 홀이 제시한 고맥락문화의 특징을 나타내고 있다고 본다. 22] 즉, 큰 권력거리는 호칭과 권위를 중시하는 형태로 나타나고, 집합주의 문화는 인간관계를 우선하는 의사소통방식과 함께 개인의 의견보다 전체의 의견을 따라가는 형태로 나타난다. 낮은 불확실성 회피 성향은 의사소통의 불명료함을 발생시킨다.

a. 권력 거리: 평등 문화와 불평등 문화

권력 거리(power distance)는 모든 사회에 불평등은 존재하는데, 어떤 사회는 다른 사회보다 그 정도가 상대적으로 크다는 점에 착안한

20] 과거가 현재 및 미래의 행동이나 도전에 연관되는 것과 관련된다. 단기 지향 문화에서는 전통이 존중되고 유지되지만 꾸준함에 가치가 두어지며, 장기 지향 문화에서는 적응과 상황에 맞는 실용적인 문제 해결을 필수로 본다.

21] 사회적 규범이 인간의 욕망을 충족시키는 데 있어 시민들에게 주는 자유의 정도와 관련된다. 자적 문화는 삶을 즐기는 것과 관련된 인간의 기본적이고 자연스러운 욕망을 비교적 자유롭게 향유하도록 하지만, 자제 문화는 욕구의 충족을 통제하고 엄격한 사회규범을 통해 그것을 규제한다.

22] 베트남 사례에 대해서는 민상희, "베트남의 문화가치와 의사소통방식 – 홉스테드의 문화 차원과 홀의 문화요인을 중심으로 –", 〈베트남연구〉, 18(1), 2020, pp.3~32.

것이다. 권력 거리는 힘없는 구성원들이 국가나 기관이나 조직에서 권력의 불평등한 분포를 예상하고 수용하는 정도로 정의된다. 권력 거리가 먼 것은 위계질서가 명확하게 확립되고 권위가 별 저항 없이 실행된다는 것을 나타내고, 권력 거리가 가까운 것은 사람들이 권위에 의문을 제기하고 권력을 분배하려고 한다는 것을 의미한다.

아시아의 말레이시아와 필리핀, 방글라데시 및 중국, 동유럽·구소련권의 슬로바키아, 러시아 및 루마니아, 그리고 중남미의 과테말라, 파나마 및 멕시코 등이 권력 거리가 먼 나라로 보고되었고, 북서유럽권에는 거의 없다. 오스트리아, 덴마크, 뉴질랜드, 스위스, 영국 및 독일 등 대부분 북서유럽권에 속한 나라는 권력 거리가 가까운 나라로 보고되었다.

b. 개인주의 문화와 집합주의 문화

개인주의-집합주의는 사람들이 어느 정도까지 집단에 통합되는지를 가늠한다. 개인주의 문화는 개인 간의 구속력이 느슨하고 타인과의 유대관계도 느슨하다. 그들은 '나'를 강조한다. 집합주의 문화에서는 개인보다는 '우리'라는 인식이 우선된다. 사람들은 친척, 당파 및 조직 등과 같은 강력하고 단결된 집단에 통합되어 있으며, 집단에 충성하는 대가로 그 집단이 개인을 보호해준다고 생각한다. 내집단(자기가 속한 집단)과 외집단(자기가 속한 집단이 아닌 다른 집단)은 엄격하게 구분된다.

개인주의가 높은 나라는 미국, 호주, 영국, 캐나다, 네덜란드 및 뉴질랜드 등 대부분 북서유럽권에 속한다. 동아시아나 중남미에는 거의 없다. 개인주의가 낮은 나라에는 중남미의 과테말라, 에콰도르, 파나마, 베네수엘라 및 콜롬비아와 이슬람계의 파키스탄, 그리고 동아시아권의 인도네시아, 대만 및 한국 등이 있다.

개인주의와 집합주의는 사람들이 정보를 처리하는 방식, 즉 세계를 이해하는 방식에서도 차이를 보이는 것 같다. 미시간대학교 니스벳 교수는《생각의 지도》라는 책을 통해 개인주의 문화에서는 대상에만 집중하는 분석적인 정보처리를 하고, 집합주의 문화에서는 맥락을 고려하는 총체적인 정보처리를 하는 경향이 있다고 주장하였다.[23] 미국 대학생들과 일본 대학생들에게 물고기가 연못에서 헤엄치는 애니메이션을 보여주고 설명하게 했더니, 미국 대학생들은 물고기에 관해 설명하고 수초 등에 대해서는 거의 언급하지 않은 데 반해, 일본 대학생들은 배경에 있는 수초의 움직임 등에 대해서도 언급하였다. 일본 대학생들이 그만큼 집합주의 문화에 가깝다는 얘기이다.

C. 남성적 문화와 여성적 문화

그 사회 안에서 지배적인 가치가 어느 정도로 남성다운가 또는 여성다운가를 가리킨다. 남성성은 '사회에서 성취, 영웅주의, 주장성

23] 리처드 니스벳 저, 최인철 역,《생각의 지도》, 김영사, 2004.

및 성공에 대한 물질적 보상에 대한 선호' 등으로 정의되며, 여성성
은 '협동, 겸손, 약자에 대한 배려 및 삶의 질에 대한 선호' 등을 의
미한다.

여성은 문화에 따라 서로 다른 가치를 드러내는 경향이 있다. 여
성성 문화에서는 여성들이 남성과 동등하게 겸손하고 배려하는 시
각을 공유한다. 남성성 문화에서는 여성들이 어느 정도 적극적이
고 경쟁적이지만 남성들보다는 확실히 덜하여서, 여전히 남녀 가치
관의 괴리를 인식하게 한다. 즉, 남성성 문화에서는 남성과 여성의
성 역할을 뚜렷하게 구분하는 반면, 여성성 문화에서는 남성과 여
성의 성 역할을 뚜렷이 구분하지 않는 것으로 추정해 볼 수 있다.

남성성지수가 높은 나라는 동유럽의 슬로바키아와 헝가리, 동아
시아의 일본과 중국, 서유럽의 오스트리아와 스위스, 아일랜드 및
영국, 중남미의 베네수엘라, 멕시코 및 자메이카, 그리고 남유럽
의 이탈리아 등 비교적 여러 대륙에 걸쳐 고르게 나타난다. 남성성
지수가 낮은 나라는 북유럽의 스웨덴, 노르웨이, 네덜란드 및 덴마
크, 구소련·동구권의 라트비아, 슬로베니아, 리투아니아, 에스토
니아 및 러시아, 그리고 중남미의 코스타리카와 칠레 등이 속한다.
아시아권에서는 태국과 한국 및 베트남이 비교적 낮다.

d. 불확실성 회피 문화와 수용 문화

한 문화의 구성원들이 불확실한 상황이나 미지의 상황으로 인해
위협을 느끼는 정도를 표시한다. 불확실성을 회피하는 문화는 행

동 코드, 지침 및 법률 등이 엄격하고, 절대적인 진리 또는 하나의 진실이 모든 것을 지시하고 사람들은 그것이 무엇인지 안다는 믿음에 의존한다. 불확실성을 수용하는 문화에서는 다른 생각이나 아이디어를 잘 수용하며, 사회는 규제를 덜 부과하는 경향이 있다. 사람들은 모호함에 익숙해져 있다,

불확실성회피지수가 높은 나라에는 남유럽의 그리스, 포르투갈 및 몰타, 중남미의 과테말라, 우루과이 및 엘살바도르, 서유럽의 벨기에, 구소련·동구권의 러시아, 폴란드, 세르비아, 루마니아 및 슬로베니아, 그리고 아시아권의 일본 등이 속한다. 불확실성회피지수가 낮은 나라에는 동아시아의 싱가포르, 홍콩, 베트남, 중국, 말레이시아 및 인도, 서유럽의 덴마크, 스웨덴, 아일랜드 및 영국 등이 속한다.

e. 차원들 사이의 상관성

홉스테드 모형의 4가지 차원은 국가 사이의 문화 차이를 이해하는 데 설명력이 있어서 자주 인용된다. 여기서 한 걸음 더 나아가 차원들 사이의 관계에 대하여 주목해 보면 더욱 흥미롭다. 각 차원에서 나타난 지수를 다른 차원에서 나타난 지수와 상호 비교해 보면 일부 차원들 사이에 연관성이 드러난다.

가장 두드러진 것은 권력 거리 차원과 개인주의 차원 간의 관계이다. 즉, 〈그림 Ⅱ-1〉에서 알 수 있는 바와 같이, 권력거리지수가 높은 나라는 대체로 개인주의지수가 낮으며, 권력거리지수가 낮은

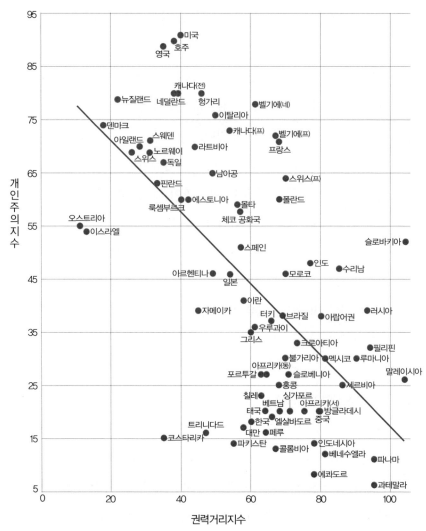

자료: Geert Hofstede·Gert Hofstede·Michael Minkov, Cultures and Organizations, 3rd ed., 차재호·나은영 공역, 《세계의 문화와 조직 : 정신의 소프트웨어》, 학지사, 2014, pp.83~84, pp.120~122.의 자료를 참조하여 작성하였음.

〈그림 II-1〉 개인주의지수와 권력거리지수 간의 상관성

나라는 개인주의지수가 높게 나타났다. 권력거리지수와 개인주의 지수 사이에 음(陰)의 상관관계가 드러난다. 달리 말하여, 권력거리 지수가 크면(권력 거리가 멀면) 집합주의 경향이 강하고, 권력거리지수가 작으면(권력 거리가 가까우면) 개인주의 경향이 강해진다.

이러한 관계는 두 차원의 특성을 고려하면 쉽게 이해할 수 있다. 개인주의 성향이 강하고 권력거리지수가 작은 경우와 집합주의 성향이 강하고 권력거리지수가 큰 경우는 각각 양 차원 간 부합도가 높아 이 조합들이 많이 나타나는 것은 더 설명할 필요가 없어 보인다. 개인주의 성향이 강한데 권력거리지수가 크다면, 권력의 압력이나 부당한 남용을 수용하기 어려우니까 사회가 불안정해질 가능성이 있다. 따라서 이 조합은 나타나기 어려울 것으로 보인다. 그러나 권력 거리가 개인주의에 영향을 미치는 것인지, 아니면 개인주의가 권력 거리에 영향을 미치는 것인지, 그 인과관계를 확인할 수는 없다.

다른 차원들에서도 상관성이 나타났다. 여러 나라에서 남성성과 불확실성 회피 간에 상관이 나타났다. 즉, 남성성이 강할수록 불확실성을 회피하고 여성성이 강할수록 불확실성을 수용하는 경향이 있는 것으로 보였다. 불확실성 회피와 권력 거리 간에도 약한 상관성이 나타났다. 권력거리지수가 클수록 불확실성을 회피하고 권력거리지수가 작을수록 불확실성을 수용한다. 하지만 그와 상반된 상관관계를 보이는 나라들도 있어서, 불확실성 회피와 권력 거리 간의 상관 정도는 권력 거리와 개인주의 간의 상관보다는 훨씬 약

했다. 그밖에 남성성 대 개인주의, 남성성 대 불확실성 회피, 그리고 개인주의 대 불확실성 회피 간의 관계에서는 상관이 없는 것으로 나타났다.

f. 특수성의 설명으로의 가능성

홉스테드는 문화를 다양한 차원의 조합으로 서술하는 틀을 제안해서 어떤 문화의 특수성이 발현되는 이유를 찾기 쉽게 해 준다. 또 문화 차원들을 이용해서 문화 간 차이도 비교적 쉽게 설명할 수 있게 해 준다. 특히 개인주의-집합주의 차원은 경영학이나 심리학 등에서 수행하는 비교문화 연구에서 문화 차이 요인으로 많이 다루어진다.

(4) 트롬페나스와 햄든터너의 이론[24]

네덜란드의 폰스 트롬페나스(Fons Trompenaars)와 영국의 찰스 햄든터너(Charles Hampden-Turner)는 100개국 이상에서 경영자와 관리자 8만 명 이상의 자료를 수집해서 문화 차이를 설명하는 문화 차원을 파악해내었다(이 데이터베이스의 크기는 계속 확장되고 있는데, 1993년에는 5만 5천 명 정도이던 것이 2012년에 발간된 3판에서는 8만 명 이상의 자료

24】 폰스 트로페나스, 찰스 햄든터너 저, 포스코경영연구소 역, 《글로벌 문화경영》, 가산출판사, 2014.와 https://en.wikipedia.org/wiki/Trompenaars%27s_model_of_national_culture_differences.를 참고하였음.

라고 되어 있다).

이들은 문제 해결 방식의 차이로 인해 문화들이 구별된다고 보고 딜레마 상황을 해결하기 위해 선택한 해결책으로부터 일곱 가지 차원을 파악해내었다. 문화권에서 직면하는 문제는 인간관계, 시간 및 환경이라는 세 가지 항목으로 구분할 수 있다고 보았는데, 일곱 가지 차원 중에서 다섯 개는 인간관계와 관련이 있고, 나머지 두 가지는 시간, 환경과 관련된 것이다.

인간관계와 관련된 다섯 가지 차원은 보편주의-특수주의, 개인주의-공동체주의, 감정절제-감정표현, 관계한정-관계확산, 그리고 성취주의-귀속주의이다. 시간과 관련된 차원은 순서적-동시적 시간 관리이고, 환경과 관련된 차원은 내적통제-외적통제이다. 일곱 가지 차원 이름에서 예상할 수 있듯이, 트롬페나스와 햄든터너의 문화차원은 홀이나 홉스테드의 문화차원과 비슷한 것들이 있다. 각 차원을 간략하게 알아보자.

a. 보편주의-특수주의

보편주의 문화에서는 원칙이나 관행은 별다른 수정 없이 모든 상황에 보편적으로 적용된다고 본다. 반면에 특수주의 문화에서는 관계를 중시하는 문화로 상황에 맞추어 원칙이나 관행이 융통성 있게 적용되어야 한다고 본다. 이 차원은 홀의 고맥락문화-저맥락문화 차원과 유사한 차원으로 볼 수 있다.

미국, 캐나다, 영국, 호주, 독일 및 스웨덴 등이 보편주의 문화를 보이는 나라이고, 베네주엘라, 인도네시아, 중국, 한국 및 구소비에트연방이 특수주의 문화를 보이는 나라로 기술되었다.

b. 개인주의-공동체주의

이 문화차원은 홉스테드의 개인주의-집합주의 차원과 유사한 차원이어서 추가로 설명할 것이 별로 없다. 다만 자료를 수집하는 방법이 다르다 보니 차이를 보이는 나라들이 있다. 멕시코가 개인주의 문화로 분류되었다는 점과 프랑스가 공동체주의로 분류되었다는 점이 눈길을 끈다. 멕시코의 경우에는 NAFTA 가입을 계기로 글로벌 경영을 하게 된 것이 분기점을 이룬 것으로 보인다. 프랑스는 서유럽국가이지만 가족 위주의 생활을 영위하는 전통이 강하기 때문일 것으로 보인다.

c. 감정절제-감정표현

이 차원은 감정 표현을 절제하는 문화이냐 아니면 감정을 드러내 놓고 표현하는 문화이냐와 관련되어 있다. 비즈니스 관계를 목적 달성을 위한 도구적인 관계로 보는 북미와 북서유럽에 속한 나라들이 감정절제 문화에 속한다. 감정표현을 절제하는 문화로 영국과 일본이 대표적이다. 남미와 남유럽에 있는 나라들은 감정표현 문화에 속하는데, 멕시코, 이탈리아 및 스페인 등이 대표적이다. 감정표현 문화에서는 협상 도중에 회의장을 박차고 나오는 것도 비즈니스의 일부라고 간주한다.

d. 관계한정–관계확산

비즈니스 관계를 인간적인 관계로 확산하는 것을 허용하느냐와 관련된 문화 차원이다. 영국, 미국, 스위스 및 기타 북유럽 국가들은 비즈니스 관계는 비즈니스 관계일 뿐 이를 인간관계로 확산하는 것을 내켜 하지 않는 경향을 강하게 보인다. 반면에 중국이나 네팔 등 아시아 국가와 나이지리아 등 아프리카 국가들은 관계확산 문화를 보인다. 이 차원도 홀의 고맥락문화–저맥락문화 차원과 유사한 차원으로 볼 수 있다.

e. 성취주의–귀속주의

성취주의 문화는 개인의 성취 정도에 따라 현재의 지위를 부여하는 문화이다. 반면에 귀속주의 문화에서는 나이, 성별, 계급 및 학력 등에 따라 지위를 판단한다. 미국, 오스트리아, 이스라엘, 스위스 및 영국 등이 성취주의 문화에 속하고, 베네주엘라, 인도네시아 및 중국 등이 귀속주의 문화에 속한다.

f. 순서적–동시적 시간관리

이 차원은 홀의 시간 차원과 아주 유사해서 추가로 설명할 게 별로 없다. 홀의 시간 차원을 서술할 때에도 나왔듯이 대부분의 북유럽과 북미 사람들은 순서적 활동을 많이 하지만 프랑스 사람들은 상대적으로 덜 하다. 트롬페나스와 햄든터너의 시간 차원에서 또 하나의 지표는 과거에서부터 미래까지 얼마나 긴 기간을 고려하는지를 의미하는 시간의 지평이다. 스웨덴, 홍콩, 한국 및 프랑스 등은 시간의 지평이 길지만, 영국과 미국 등은 상대적으로 짧았다. 시간의 지평은 비즈니스 계획을 세울 때 과거를 얼마나 고려하는지, 그리고 미래를 얼마나 멀리까지 생각하는지와 관련이 있는 지표이다. 당장 눈앞의 성과만을 중시하는지, 아니면 과거와의 연속성이나 장기적인 성과를 고려하는지를 알 수 있는 지표인 셈이다.

g. 내적통제–외적통제

이 차원은 우리가 환경을 통제한다고 생각하는 문화(내적통제 소재)이냐 아니면 환경의 통제를 받는다고 생각하는 문화(외적통제 소재)이냐는 구분이다. 자연환경에 대한 문항에서는 내적통제 경향이 나라에 상관없이 전반적으로 높지는 않다. 그러나 개인과 관련된 내용으로 물으면 내적통제 경향이 전반적으로 높게 나온다. 개인과 관련된 내적통제는 미국과 프랑스를 비롯한 대다수 유럽 국가에서 높게 나왔다. 반면에 러시아와 중국 등에서는 낮게 나왔다.

h. 특수성의 설명으로의 가능성

트롬페나스와 햄든터너의 문화 차원은 경영에서 나타나는 문제를 해결하는 데 초점을 둔 연구라서 경영현장에서 사용할 수 있는 도움도 제공하고 있다. 그러나 지금 서술한 바를 토대로 판단해보면, 홀이나 홉스테드의 문화 차원과 비슷한 것들이 많다. 그래서 홀의 고맥락문화–저맥락문화, 홉스테드의 개인주의–집합주의, 그리고 불확실성 회피 차원을 중심으로 5장에서 문화특성과 관련된 특수성을 다루도록 하겠다.

2장에서는 특수성에 영향을 미치는 기저요인들을 자연지리 요인, 인문지리 요인, 그리고 문화특성 요인의 세 유형으로 나누어 각 유형별로 특수성에 자주 영향을 미치는 요인들에 대해 알아보았다. 이어지는 2부에서는 세 개의 장에 걸쳐 특수성에 관해 알아본다.

제2부

세계는 어떻게 다른가?

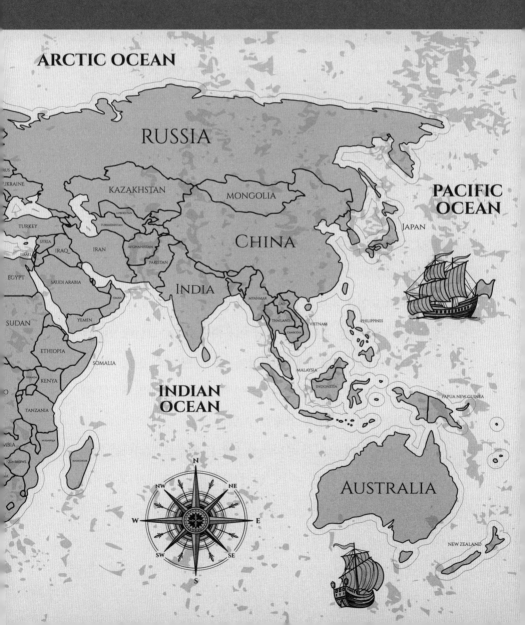

이제 특수성에 대해 알아보자. 2부에서는 3가지 특수성 기저요인 별로 장을 달리해서 소개한다. 그런데 어떤 요인부터 시작할까? 사람들이 처음 겪는 일을 당하면 왜 이런 일이 일어났을까 궁금해하는 것이 인지상정이다. 그럴 때 제법 유용한 방법이 관련성이 높은 정보를 찾아보는 방법이다. 그런데 문제는 내가 거기에 대해 아는게 별로 없다 보니 관련성이 높은 정보가 무엇인지 모른다는 것이다(이래서 전문가들이 대접받으며 사는 것인지도 모른다. 전문가들은 관련된 정보가 무엇인지 잘 아니까). 관련 정보가 무엇인지 모를 때 사람들이 흔히 쓰는 방법은 내가 궁금해하는 것과 비슷해 보이는 사례를 뒤져보는 것이다. 그런데 처음 보는 현상이다 보니 비슷해 보이는 사례도 없을 가능성이 크다. 차선책으로 사람들이 쓰는 방법은 관련될 것으로 보이는 정보 중에서 입수하기 쉬운 정보부터 탐색하는 방법이다.

자연지리 요인은 지형, 기후 및 식생 등이 대표적인데, 이 요인들은 외부로 드러나는 것이어서 그냥 이용하면 된다. 그런데 이들은 우리가 변화시킬 수 없기에 그 지역에 사는 사람들의 삶의 기본적인 제약 조건이 된다. 우리는 사람들이 이 요인들에 어떻게 적응했는가를 찾아보면 특수성을 이해할 수 있다.

반면에 인문지리 요인과 문화특성 요인은 외부로 드러나는 것이 아니어서 어떤 정보가 있는지도 알기 어렵고, 그 정보가 특수성과 연관된 요인인지 밝혀내는 게 쉽지 않다. 그런 경우 연관될 듯싶은 요인들을, 정보를 얻기 쉬운 것부터 찾아보는 방법을 취할 수 있다. 자연지리 요인과의 연관성이 잘 떠오르지 않는다면, 그 지역에서 통용되고 있는 제도에 대해 알아보는 것이 그다음으로 쉬운 방법일 수 있다. 제도에서도 찾지 못한다면 역사를 뒤져보고, 마지막으로 그 지역의 문화특성을 고려해보는 것이 순서일 것 같다. 3장에서는 '자연지리 요인'에 의한 특수성, 4장에서는 역사와 제도 등 '인문지리 요인'에 의한 특수성, 그리고 5장에서는 '문화특성 요인'에 의한 특수성에 대해 알아본다. 겉으로 드러나는 자연지리 요인에서 비롯되는 특수성부터 살펴보기로 하자.

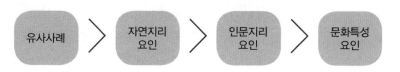

특수성의 관련 정보를 모를 때 사용할 수 있는 방안

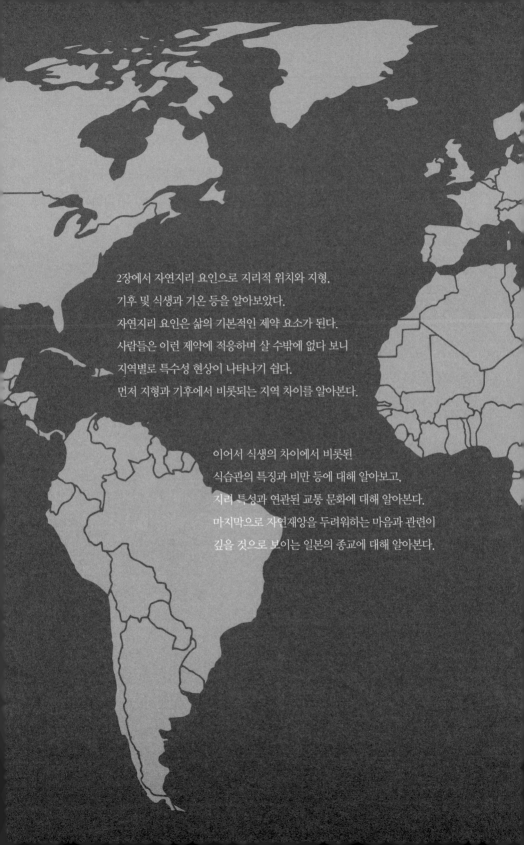

2장에서 자연지리 요인으로 지리적 위치와 지형,
기후 및 식생과 기온 등을 알아보았다.
자연지리 요인은 삶의 기본적인 제약 요소가 된다.
사람들은 이런 제약에 적응하며 살 수밖에 없다 보니
지역별로 특수성 현상이 나타나기 쉽다.
먼저 지형과 기후에서 비롯되는 지역 차이를 알아본다.

이어서 식생의 차이에서 비롯된
식습관의 특징과 비만 등에 대해 알아보고,
지리 특성과 연관된 교통 문화에 대해 알아본다.
마지막으로 자연재앙을 두려워하는 마음과 관련이
깊을 것으로 보이는 일본의 종교에 대해 알아본다.

3장

자연지리 요인에서
비롯되는 특수성

1. 중국의 남방과 북방, 베트남과 한국의 지역 :
지형과 기후에서 비롯되는 지역 차이

산맥이나 강과 같은 지형은 식생뿐만 아니라 상호 교류가 쉬운지를 결정하는 주요한 요인 중의 하나이다. 그래서 산맥이나 강을 기준으로 지역이 나누어지고 섭생과 같은 기본적인 생활 양태가 지역에 따라 달라질 수 있다.

중국을 생각해보자. 중국은 한반도의 43배, 남한의 96배에 달하는 큰 나라이다. 사람 수도 14억여 명에 달하는 세계 최대의 인구 대국일 뿐만 아니라 중국 정부의 공식 통계에 따르면 역내에 거주하는 민족의 수만 56개에 달한다. 하나의 나라이지만 지역마다 같은 사고방식과 풍속을 가지고 비슷하게 행동할 것으로 생각하는 게 애초부터 무리일 듯하다.

나라가 크다 보니 지역에 따라 지형과 기후가 크게 다를 수밖에 없고, 구할 수 있는 음식이나 주거환경이 달라 생활 습관도 차이가 났을 것이다. 그리고 오랜 기간 이런 차이가 누적되고 이어져 와서 사고방식이나 풍속의 차이가 눈에 드러날 정도로 굳어지게 되었다고 볼 수 있다. 중국에서는 "백리부동풍, 천리부동속(百里不同风, 千

里不同俗)"이라는 말이 전해져 내려온다. 100리마다 유행이 다르고 1,000리마다 습관이 다르다는 것이다. 지역마다 생활 전반에 걸쳐 풍속이나 행동이 다르다는 얘기다.

중국은 나누는 방식이 여러 가지이지만 흔히 남방과 북방의 두 개의 문화권으로 나누는데, **전통적으로 진령산맥과 회하를 경계로 삼았다.[25] 즉 양자를 잇는 선, 즉 '진령회하일선(秦岭淮河一线 ; 친링 화이허이셴)'을 기준으로 그 북쪽은 북방, 남쪽은 남방이라 부른다.** 진령산맥은 중국의 중부를 가로지르는 큰 산맥이며, 회하는 하남성(河南省) 서부에서 안휘성(安徽省)을 거쳐 강소성(江蘇省)으로 이어지는데, 장강(長江)과 황하(黃河)의 중간에 있는 강이다. 우리는 내륙의 큰 물줄기를 모두 강(江)이라고 부르지만, 중국에서는 물줄기의 길이에 상관없이, 물길이 구불구불하게 흐르면 하(河)라고 부르고, 곧게 흐르면 강(江)이라고 부른다. 따라서 명칭도 각각 황하와 장강으로 다르게 된다.

여러분들도 이전에 한두 번쯤은 "귤이 회하 남쪽에서 자라면 귤이 되지만, 회하 북쪽에서 자라면 탱자가 된다(橘生淮南則爲橘 生于淮北爲枳)"는 표현을 들었을 것이다. 중국 고대《안자춘추(晏子春秋)》에 나오는 고사로서, 제나라의 재상 안자가 귤과 탱자를 비유로

25】陳榴, 이기연(번역), "中國의 地域文化 形成과 差異", 〈地域社會〉, 1996년 봄호(통권23호), 한국지역사회연구소, 1996, p.79. 중국의 북방(베이징)과 남방(상하이)의 특성을 유형화하여 심층 분석한 것으로는 양둥핑 저, 장영권 역(2008),《중국의 두 얼굴 : 영원한 라이벌, 베이징 VS 상하이 두 도시 이야기》, 펜타그램, 2008. 참조.

들어 남방과 북방의 식생에 차이가 있음을 표현한 말이다. 회하(淮河)가 이미 2천 5백 년전 춘추시대부터 지역을 가르는 경계로 사용되었음을 의미하며, 진령회하일선을 남방과 북방을 가르는 경계로 삼아왔다는 것을 시사한다.

주력 산업인 농업에 물이 필수였기에 남방과 북방 모두 강을 중심으로 발전해왔다. 북방은 황하가 중심이 되고, 남방은 흔히 양자강이라 부르는 장강이 중심이 되었다. 명나라와 청나라 시대에 접어들면서 남방과 북방의 경계선은 장강 유역으로 남하한 것으로 보인다.[26] 처음에는 황하를 중심으로 문명이 발전하고 사람들이 모여 살았지만, 북쪽에서 수많은 전란이 터지면서 남쪽으로 대규모 이주가 발생한 것과 관계가 깊지 않나 싶다. 송나라가 남쪽으로 천도하여 남송으로 정착한 것이 대표적이다. 다른 한편으로는 귀주성(貴州省), 광서장족자치구(廣西壯族自治區), 운남성(雲南省) 및 광둥성(廣東省)등 남쪽 화남지역 주강(珠江) 유역의 비옥한 토지와 편리한 수운 덕분에 경제가 발전하기 유리한 여건을 갖추게 된 것도 남방과 북방의 경계선이 남하하게 되는 데 큰 영향을 미쳤을 것으로 생각된다.

남과 북을 가르는 '진령회하일선'은 연간 강수량 1,000mm의 경계선과 거의 비슷하다. 기후도 북쪽은 대체로 온대 기후대에 속하

26] 陳榴, 이기연(번역), "中國의 地域文化 形成과 差異", 〈地域社會〉, 1996년 봄호 (통권23호), 한국지역사회연구소, 1996, pp.79~80.

지만, 남쪽은 아열대 기후대에 속한다. 자연스럽게 강수량이 적은 북쪽은 밀 중심의 밭농사가 대종을 이루고, 강수량이 많고 따뜻한 남쪽은 쌀 중심의 논농사가 대종을 이룬다. 그러다 보니 북방 사람들은 밀로 만든 면을, 남방 사람들은 쌀로 만든 밥을 주식으로 하며 살아왔다.

지형과 기후, 그리고 식생이 다르다 보니 남방과 북방 간에는 여러 면에서 차이를 보인다. 그중 하나가 북방 사람과 남방 사람이 말하는 '밥(饭)'의 개념이다.[27] 북방 사람이 "밥을 먹자"고 말한다면, 밥이든 면이든 죽이든 관계없이 먹는 것이라면 무엇이든 밥에 포함된다. 반면, 남방 사람이 말하는 "밥"은 문자 그대로의 "(쌀)밥"을 의미하며, 면을 먹는 경우는 따로 "면을 먹자(吃面)"고 말한다고 한다.

심지어 목욕문화도 달라서 "북방사람이 남방에 가면 원래 하루 한 번 씻는다는 것을 깨닫고, 남방사람은 북방에 가서야 이틀에 한 번 씻는다는 것을 깨닫는다(北方人来了南方才知道原来一天要洗一次澡, 南方人来了北方才知道原来可以两天洗一次澡)"는 말도 있을 지경이다.[28] 아마도 기후가 상대적으로 더운 남방이 북방보다 땀이 많이 나니 자주 씻을 수밖에 없는 여건을 잘 설명한다고 볼 수 있다.

중국같이 큰 나라에서만 지역 간에 사람들의 행동 방식이 다른

---

27) 이에 대해서는 "'바퀴벌레' 크기 대결 베이징 vs. 상하이 승자는", 〈중앙일보〉, 2019.12.07. https://news.joins.com/article/23651238. 참조.

28) 이에 대해서는 "'바퀴벌레' 크기 대결 베이징 vs. 상하이 승자는", 〈중앙일보〉, 2019.12.07. https://news.joins.com/article/23651238. 참조.

것은 아니다. 한반도의 면적과 비슷한 베트남도 크게 다르지 않아서, 남쪽과 북쪽 간에는 사람들 간의 행동 방식에 상당한 차이가 있다고 한다.[29] 우선, 기후 차이로 인하여 주거 형태가 다르다. 즉, 북쪽은 사나운 태풍과 홍수로부터 자신을 보호하기 위하여 돈을 벌면 집부터 벽돌로 짓지만, 온화한 열대성 기후의 남쪽에서는 부자인 농부라도 나무나 짚으로 집을 짓는다고 한다.

기후 차이는 나아가 사람들의 경제활동에도 영향을 미치는 것으로 보인다. 즉, 북쪽의 농부들은 태풍, 홍수 및 추운 기후로부터 타격을 받기에 저축을 해야 하지만, 남쪽에서는 쌀을 생산하고 물고기를 잡는 일이 쉽기에 농부들이 저축할 필요가 없다고 한다. 그러다 보니 "북쪽 농부가 물고기를 잡든지 병아리를 키우면 시장에 가서 팔지만, 남쪽 사람이 물고기를 잡거나 병아리를 키우면 포도주를 한 병 사서 잔치에 친구를 초대한다"는 말도 있을 지경이다.

주거의 분포나 집적 형태 역시 차이가 난다. 북쪽의 집들이 대나무 울타리에 둘러싸인 마을 안에 밀집하여 집단을 형성하고 사는 반면, 남쪽의 주거들은 메콩강 지류를 따라서 흩어져 있다. 그러다 보니 북쪽은 대나무 울타리가 경계가 되어, 마을 사람들은 울타리 안으로, 외부 사람은 울타리 밖으로 구분하고 격리하게 됨으로써 폐쇄적이고 다소 집단주의적 성격이 강하게 된다. 이에 반해 남쪽

29] 베트남에 관한 내용은 대한전기협회, "베트남의 남과 북", 〈전기저널〉, 1994.11, issue 11, no.215, 대한전기협회, p.78.를 참조하였음.

은 울타리가 없는 만큼 제한이 없고 자유롭기에 더 생산적이라는 평가도 있다.

이로 인해 북쪽 사람들은 남쪽 사람들이 지나치게 돈벌이에만 혈안이 된 수전노라고 비판한다. 반면 남쪽 사람들은 그들 나름대로 북쪽 사람들이 일도 제대로 하지 못하면서 정치 권력이나 장악하여 자신들이 벌어놓은 것이나 탐낸다는 얘기도 종종 한다. 남이나 북이나 피차 상대 쪽이 불만스럽고 못마땅하기는 매한가지이다. 그만큼 지역 간 행동 방식의 차이로 인해 감정의 골도 깊다.

한국도 별반 다르지 않다. 일찍이 조선시대로 거슬러 올라가 보면, 중기의 대표적 지리학자 이중환은 자신의 명저 《택리지》에서 지리와 인심이 서로 관계가 있음을 지적하고 있다. 즉, 조선에 대하여 "동쪽과 남쪽, 서쪽이 모두 바다이고, 북쪽 한 길만이 여진의 요동 심양과 통한다. 산이 많고 들이 적으며, 백성은 유순하고 부지런하지만 도량과 기상이 좁다"고 평가한다.[30]

나아가 조선의 영역을 팔도(八道)로 구분해 팔도 지역별로 그 역사와 지세 및 인물에 대하여 논한 뒤, 그에 따른 해당 지역 사람들의 특성을 '인심'이라는 표현으로 개관하였다.[31] 이중환이 개관한 지역별 인심 중에는 쉽게 수긍이 가지 않는 면도 있고, 지역적 특성을 사람들의 성격에 과도하게 일반화시킨 면이 있어서 동의하기

30】이중환, 《택리지》, 안대회·이승용 외 옮김, 《완역정본 택리지》, Humanist, 2018, p.62.
31】이중환, 《택리지》, 안대회·이승용 외 옮김, 《완역정본 택리지》, Humanist, 2018, p.244.

어려운 면도 있다. 하지만 지역적 특성과 사람들의 행동 방식이 밀접하게 연관되어 있음을 충분히 시사한다. 한국에서도 지역 간에 사람들의 행동 방식이 다르다는 주장이 오래전부터 전해져 내려오고 있음을 알 수 있다.

이 사례들은 서로 다른 위도, 지형 및 기후 조건들의 차이로 인하여 지역이 나누어지고, 사람들의 식문화, 주거문화, 경제활동 및 인심 등이 달라지며 그 영향이 오랫동안 이어져 내려옴으로써 한 나라 내에서도 지역 간에 사람들의 행동에 큰 차이가 발생할 수 있음을 보여준다.

2. 인도와 동남아의 수식문화 :
식생의 차이로 인한 먹는 방법의 차이

음식을 먹는 방법은 나라나 지역마다 차이가 크다. 지리적 위치와 기후 등에 따라 자연에서 얻을 수 있는 먹거리가 다르니까 음식을 먹는 방법이 다를 수 있다. 식문화는 크게 음식을 손으로 집어 먹는 수식(手食)문화, 숟가락이나 젓가락을 이용하는 젓가락(箸食)문화, 그리고 나이프, 포크 및 스푼을 쓰는 문화의 세 가지로 나눌 수 있다.[32]

우리에겐 깨끗하지 않은 것처럼 보이지만, 세계적으로 보면 수식문화가 40%로 가장 큰 비중을 차지하고 있다. 포크문화와 젓가락문화는 각각 30%를 차지하고 있는데, 그중 젓가락은 한국과 중국, 일본, 베트남, 싱가포르 및 몽골 등 동아시아지역에서 사용하고 있다. 특히 한국, 일본 및 중국 세 나라가 젓가락문화 인구의 80% 이상을 차지한다고 한다.

포크문화는 유럽에서 주로 정착되었는데, 육류를 즐겨 먹다 보니

---

[32] 식문화에 대해서는 주로 이훈희 외 8인, 《세계의 음식문화》, 지구문화, 2016.을 참조하였음.

이를 자르고 찍어서 먹기에 편한 포크와 나이프를 사용하게 된 데에서 기인하는 것으로 보인다. 포크가 어떻게 유래되고 대중화되었는지에 대한 설은 여러 가지이지만 역사는 비교적 짧은 편이다. 기원전 100년경 중동 왕실에 처음 등장한 이후 비잔틴제국의 공주가 베니스 총독의 아들에게 시집갈 때 혼수로 가져가 유럽에 전파되었지만, 종교적 이유로 300년간 사용하지 않다가 18세기가 되어서야 대중적 식사 도구가 되었다는 설도 있다.[33]

수식문화는 인도, 중동, 아프리카 및 동남아에서 특히 발달하였다. 수식문화의 기원은 도구가 없었던 시기에 손으로 먹을 수밖에 없었던 인류의 가장 오래된 전통에서 비롯된다. 우리는 수식문화를 불결하다고 생각하지만, 이들은 오히려 여러 사람이 사용할 뿐만 아니라 어떻게 씻었는지도 모르는 식기에 담아 먹는 것이 더욱 불결하다고 생각한다. 나름 엄격한 수식 매너도 있어서, 먹을 때는 항상 오른손만을 사용하며, 먹기 전에 깨끗이 씻는 것은 물론이다. 손을 사용함으로써 음식의 촉감을 느낄 수 있는 이점도 있다.

수식문화 역시 젓가락문화와 마찬가지로 쌀이 주식인 지역에서 나타나는데, 가장 큰 차이는 그 지역에서 나는 쌀의 종류가 다르다는 점이다. 우리나라나 일본은 자포니카라는 쌀을 먹지만, 수식문화를 보이는 나라에서는 '인디카'라는 품종을 주로 먹는다. 인디카는 상대적으로 가볍고 끈기가 약해서 먹을 때 흐트러지는 경향이

33] 이훈희 회 8인, 《세계의 음식 문화》, 지구문화, 2016, p.17.

있다. 그러다 보니 수저로 먹기보다는 손을 사용하여 꼭꼭 뭉쳐서 먹는 것이 편리한 데서 수식문화가 발달하게 되었다고 볼 수 있다.

자포니카 쌀이 주로 시원한 지방에서 잘 재배되는 반면, 인디카 쌀은 기온이 고온 다습한 지역에서 잘 자란다. 예전에 베트남전에 참전하거나 동남아 지역을 여행했던 한국 사람들이 소위 '안남미'라는 그곳의 인디카 품종 쌀로 지은 밥을 먹고는 쌀이 훌훌 날린다고 하면서 영양가가 없어서 금방 배가 고프다는 말을 종종 하곤 하였다. 그만큼 인디카 쌀이 한국에서는 인기가 없었다.

하지만 우리가 먹는 쌀인 '자포니카 쌀'은 세계 쌀 총생산량의 20% 정도에 불과하고, 나머지는 대부분 '인디카 쌀'이다.[34] 게다가 자포니카 쌀은 찰져서 밥이나 떡으로밖에 해 먹을 수 없지만, 인디카 쌀은 밥은 물론 면이나 빵으로 가공해 다양한 음식을 만들어 먹는 데 유리하다. 볶음밥도 조리하는 데에 잘 뭉치는 자포니카 쌀보다는 흩어지는 인디카 쌀이 훨씬 유리한다. 그만큼 세계적으로 인디카 쌀의 수요가 많다.

우리나라가 수입하는 쌀도 대부분 가공성이 뛰어난 인디카 품종으로서 대부분 쌀과자나 쌀 관련 식품을 만드는 데 쓰인다. 또 베트남의 쌀국수나 인도의 카레 밥, 이탈리아의 리조토 및 서양의 각종 라이스 요리에도 인디카 쌀이 사용되고 있음은 물론이다. 마산

34] 김명환, "70억이 매년 60kg씩 먹는 식량", 〈나라경제〉, 2008년 11월, KDI경제정보센터, p.69.

수출자유지역에서 휴대폰 생산 등으로 IT신화를 일군 '노키아TMC'의 이재옥 명예회장은 "만약 한국의 남아도는 쌀 100만 톤을 인디카 쌀로 대체 생산할 수 있다면 그것의 가치만 2조 원이고, 나아가 가공 음식을 만들면 총 8조 원의 국부를 창출할 수 있다"고 말할 정도이다.[35]

이 사례는 지역마다 기후의 차이로 인한 식생의 차이가 같은 쌀이라 하여도 다른 품종의 재배로 이어졌고, 이것이 불가피하게 음식을 먹는 방식의 차이를 가져오면서 오랜 기간 문화로서 정착되어 내려왔음을 보여준다.

---

35) http://www.busan.com/view/busan/view.php?code=20090303000191.

3. 한·중·일 젓가락의 재질과 길이 :
식생에서 비롯된 식탁문화 차이

동북아시아의 세 나라 한국과 중국 및 일본은 지리적으로 인접해 있어서 오래전부터 빈번하게 교류해 왔다. 위도상으로도 비슷한 지역들이 있다 보니 자연조건이 비슷하고 그로 인해 유사한 농작물이 자라면서 식문화도 적지 않게 공유한다.

한국, 일본 및 중국의 남방지역이 모두 쌀을 주식으로 삼고 있는 점도 그중의 하나다. 게다가 한국과 일본은 물론 중국의 남방과 북방 지역 모두 음식을 먹을 때 젓가락을 사용하는 젓가락 문화권에 속한다.

그렇지만 세 나라가 사용하는 젓가락의 길이나 형태 및 재질에는 차이가 있다. 중국과 일본은 한국과 달리 나무 재질을 사용하는데 중국은 길고 두껍지만, 일본은 짧고 뾰족하다. 한국은 대륙과 열도의 중간인 반도에 위치하는데, 젓가락 길이 또한 양자의 중간 정도이다. 하지만 재질에서 한국은 이들 나라와는 달리 청동, 놋쇠, 스테인리스스틸 또는 은으로 된 금속젓가락을 사용해 왔다.

이렇게 된 것은 한국, 중국 및 일본 세 나라의 식생과 그로부터

연유된 식탁문화와 관련된다.[36] 중국은 식탁이 둥글고 커서 먼 거리의 음식을 먹으려면 긴 젓가락이 불가피하고, 기름진 음식이 많은 탓에 끝이 뭉툭하고 두꺼울 필요가 있다. 일본은 섬이라는 특성과 불교의 영향으로 육식문화가 덜 발달한 대신 생선과 야채를 주재료로 사용하고 밥상 문화여서, 젓가락만으로 먹기 편한 요리가 발달하였다. 그러다 보니 젓가락의 길이도 짧고 생선 음식을 잘 발라 먹으려면 뾰족할 필요가 있게 된다.

한국이 중국이나 일본과는 달리 금속젓가락을 사용하게 된 이유는 탕(湯)문화와 깊은 연관성이 있는 것으로 알려져 있다. 한국은 다른 나라들과는 달리 따뜻하고 물기가 많은 국이나 죽과 같은 습성(濕性) 음식이 주류를 이루고 있었다. 국이나 죽은 제한된 식자재를 여러 사람이 함께 나누어 먹을 수 있다는 유리한 점이 있는데, 산지가 많고 농지는 부족해 물산이 풍부하지 못했기 때문에 들과 산의 풀과 채소를 식자재로 많이 활용해야 하는 상황과 연관된 것이 아닌가 싶다.

뜨거운 국이나 죽을 뜨기 위해서 숟가락의 필요성이 두드러졌다고 볼 수 있다. 또 습성 음식을 뜨는 데 주로 활용하다 보니 젖으면 특성이 변하기 쉬운 나무보다는 금속류가 주류를 이룰 수밖에 없었을 것이다. 젓가락도 자연스럽게 그에 걸맞게 은이나 놋쇠와 같

36] 이에 대해서는 주로 이승은, 윤민희, "한식 젓가락의 문화적 특성에 관한 연구", 〈한국디자인문화학회지〉, 20(4), 2014.12, pp.484~489.를 참조하였음.

은 금속제가 되지 않았을까 한다. 게다가 금속은 독성에 닿으면 색깔이 변하므로 독극물 섭취를 사전에 방지하는 부차적인 효과도 갖는다.

중국과 일본에서는 숟가락을 굳이 사용할 필요성이 크지 않기에 숟가락의 사용이 줄어든 반면, 숟가락과 젓가락을 병용하는 관습은 한국에서만 독특하게 이어져 내려오게 되었다. 문제는 같은 젓가락이라 하여도 금속제 젓가락이 나무젓가락보다 사용하기 어렵다는 점이다. 나무와 비교하여 금속은 미끄러지기 쉽고 음식과 닿는 면의 마찰력도 적기 때문에 사용하는 데 더 큰 노력이 필요하다. 그만큼 손의 섬세한 근육운동이 요구된다.

흔히 젓가락을 사용하는 손은 제2의 두뇌라고 할 정도인데, 뇌의 활동과 밀접한 관련을 맺는다.[37] 젓가락 사용이 뇌에 미치는 영향을 상징적으로 보여주는 것이 '호먼큘러스'이다. 호먼큘러스는 신경외과 의사인 펜필드 박사가 운동과 감각을 담당하는 뇌 영역에 해당 신체 부위를 그린 모형인데, 3D로 투영해보면 손이 차지하는 영역이 뇌에서 가장 크게 나온다. 손의 감각과 운동이 정밀한 조정을 필요로 한다는 것을 의미한다.

젓가락을 사용하면 손가락에 있는 30여 개의 관절과 60여 개의 근육이 쓰이는데, 우리 몸을 이루고 있는 206개의 뼈 가운데 4분의 1이

---

[37] 젓가락과 두뇌 발달에 관한 부분은 장래혁, "젓가락과 두뇌발달", 〈브레인〉, 54, 2015.9, 한국뇌과학연구원, p.21.을 참조하였음.

두 손을 구성한다고 한다. 그러니까 젓가락 사용이 손가락 근육의 활용을 촉진하고, 이것이 대뇌에 영향을 주어서 지능을 발달시키고 집중력을 높이는 효과를 볼 수 있다는 얘기이다. 한국인의 IQ가 세계 최고인 사실도 이와 무관해 보이지 않는다.[38]

한국인의 손재주가 뛰어난 것도 이와 관련이 있다고 평가된다. 한국 사람들이 젓가락으로 콩을 집거나 묵을 잘라서 먹는 것을 보면 외국인들은 혀를 내두른다. 금속젓가락은 나무젓가락보다 최소 3배 정도 많은 근육이 동원되며, 정교하고 예민한 손놀림을 요구한다.

한국인은 손재간을 좌우하는 근육인 장장근이 발달해 있다. 반도체와 전자를 비롯한 정밀한 산업들에서 한국이 세계 최고의 경쟁력을 보이는 것도, 이 산업들이 손의 정밀도를 요구하는 것과 관련이 깊다. 일찍이 삼성의 이건희 회장은 한국의 반도체 산업이 발달한 이유가 젓가락 문화와 관련이 깊다고 설파한 바 있다.[39]

38] 한국의 평균 IQ는 홍콩과 싱가포르에 이어 세계 3위인데, 홍콩과 싱가포르가 사실상 도시국가라서 한국이 최고 수준이라고 볼 수 있다. https://brainstats.com/average-iq-by-country.html.

39] 이건희, 《생각 좀 하고 세상을 보자》, 동아일보사, 1997.11. 이건희 회장은 반도체 산업에 뛰어들게 된 배경으로서 "시대 조류가 산업사회에서 정보사회로 넘어가는 조짐을 보이고 있었고, 그중 핵심인 반도체 산업이 우리 민족의 재주와 특성에 딱 들어맞는 업종이라 생각하고 있었다. 우리는 젓가락 문화권이어서 손재주가 좋고 주거생활 자체가 신발을 벗고 생활하는 등 청결을 매우 중요시 여긴다. 이런 문화는 반도체 생산에 아주 적합하다. 반도체 생산은 미세한 작업이 요구되고 먼지 하나라도 있으면 안 되는 고도의 청정 상태를 유지해야 하는 공정이기 때문이다."라고 주장하였다. 〈시사오늘 시사ON〉, 2022.01.19 15:12 http://www.sisaon.co.kr/news/articleView.html?idxno=135473.에서 재인용.

양궁, 사격, 레슬링 및 유도와 같이 한국 사람들이 스포츠 분야에서 세계적으로 두각을 나타낸 분야도 손의 사용과 밀접한 관련이 있다. 의학 분야에서는, 배에 작은 구멍 하나만 뚫고 수술 기구를 집어넣어서 종양과 같은 수술 부위를 잡고 자르고 꿰매어 큰 흉터 없이 처리하는 단일공 복강경 수술만 해도 한국이 세계에서 가장 활발한데, 이는 외국인들과는 비교할 수 없이 빠르고 정교한 한국인들의 타고난 손재주에 힘입은 바가 크다.[40]

병아리 감별사도 마찬가지다. 병아리 감별사는 영화 〈미나리〉에서도 나온 것처럼, 손가락을 써서 갓 깨어난 병아리 암컷과 수컷을 감별하는데, 한국인이 이 분야에 단연 두각을 나타냈다는 사실은 세계 양계업계에서 잘 알려진 상식이다. 부화 후 30시간 이내에 가져온 병아리를 집어 항문 안쪽의 좁쌀 3분의 1만큼밖에 안되는 작은 돌기를 만져서 암컷과 수컷을 재빨리 가려내야 하는 만큼 손가락의 감각이 뛰어나야 한다.[41] 현재 해외에서 활동 중인 한국인 감별사는 80여 개국에 걸쳐 1,800여 명인데, 전 세계 병아리 감별사 인력시장에서 60%를 차지한다고 한다.

이 사례는 식생으로부터 비롯된 식자재와 식탁문화의 차이가 젓

40] "흉터없이 수술… 한국의사 손재주에 외국의사 '엄지 척'", 〈조선일보〉, 입력 2017.05. 19 03:11 수정 2017.05.19.07:53 https://www.chosun.com/site/data/html_dir/2017/05/19/2017051900212.html.

41] 이하 이에 대해서는 "병아리 감별사", 〈부산일보〉, 2021-03-17 18:58:29 http://www.busan.com/view/busan/view.php?code=2021031718520946271.를 참조했음.

가락의 재질과 길이의 차이를 낳고, 나아가 한 나라 사람들의 의학과 산업의 발전뿐만 아니라 운동 역량에까지 영향을 미치는 등 엄청난 파급 효과로 이어질 수 있음을 보여준다.

4. 미국과 이탈리아 :
식생에서 비롯되는 비만도 차이

한국에서 다이어트가 건강의 중심 이슈로 등장하고 수십 년의 세월이 흐른 것 같다. 한국 사람들이 비만해서 다이어트에 관심을 보이는 것일까? 세계 지역 간에 사람들의 비만도는 차이가 클까? 각국의 비만도는 경제발전 수준이나 소득과 관련이 있을까?

경제가 발전할수록 좋은 음식을 먹을 수 있고, 사람들이 건강에 신경을 더 쓴다고 했으니 세계가 놀랄 정도의 속도로 경제가 발전한 한국 사람들이 다이어트에 관심을 보이는 것은 당연한 것처럼 생각될 수 있다. 하지만 세계 각국의 비만도를 살펴보면, 소득과 비만도 간에 상관관계가 거의 없다는 것을 볼 수 있다.[42]

여기서 비만의 기준은 체중(킬로그램)을 키(미터)의 제곱으로 나눈 수치인 BMI (Body-Mass Index)가 30을 넘는 것인데, 2016년 현재 세계 각국의 성인 비만자의 비율을 보면, 소득이 높은 유럽과 북미

---

[42] 세계 여러나라의 비만도에 대한 아래의 내용에 대해서는 Hannah Ritchie and Max Roser (2017) – "Obesity". Published online at OurWorldInData.org. Retrieved from: 'https://ourworldindata.org/obesity' [Online Resource]를 참조하였음.

및 호주를 비교해 볼 때 유럽의 나라들이 비만 성인의 비율이 20% 내외로서 조금 높다. 미국은 30%대 후반으로 매우 높으며 호주 또한 30%대로 높다. 하지만 소득수준이 그다지 높지도 낮지도 않다고 여겨지는 중동의 이집트와 리비아는 모두 비만 성인의 비중이 30%를 넘어서 매우 높다.

한국을 비롯한 일본과 중국 및 대부분의 아시아 국가들, 그리고 가봉을 제외한 중부 아프리카인들은 비만의 비중이 매우 낮다. 이들 국가의 소득수준은 그야말로 천차만별이다. 고소득 국가 중의 하나인 일본과 싱가포르 및 한국과 같은 나라도 있지만, 인도나 아프리카의 저소득국들도 있다. 소득과 비만도 간에 상관관계가 거의 없는 것으로 보인다.

비교적 소득이 높은 나라들로 범위를 좁혀보자. **〈그림 Ⅲ-1〉은 세계에서 소위 부자 클럽이라고 불리는 경제협력개발기구(OECD) 국가들의 2015년 전후 비만 성인의 비율을 나타낸다. 이 자료를 보면 이 나라들 사이에서도 비만도에 큰 차이가 있음을 알 수 있다.**[43]

북미에 있는 미국과 멕시코가 비만도가 가장 높고 캐나다 역시 매우 높다. 유럽에서는 영국과 헝가리, 핀란드, 독일 및 아일랜드도 높은 편이다. 유럽에 속하면서도 남부 유럽의 이탈리아는 유럽에서 가장 비만도가 낮고 프랑스나 스페인도 낮다. 그리고 북유럽의 스웨덴과 노르웨이 역시 비교적 비만도가 낮은 편에 속한다. 반

43] OECD, https://www.oecd.org/els/health-systems/Obesity-Update-2017.pdf.

면 아시아의 일본과 한국은 여타 국가보다 압도적으로 비만도가 낮다. 그러니까 비만도는 소득수준과 관계가 없어 보인다.

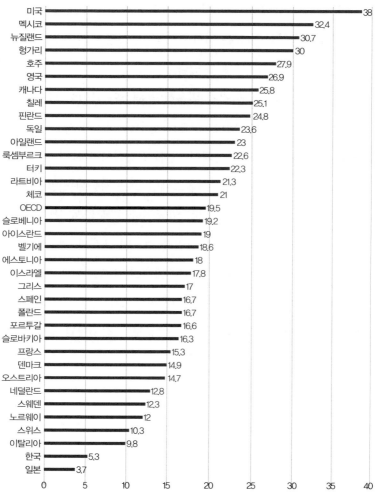

자료: OECD, https://www.oecd.org/els/health-systems/Obesity-Update-2017.pdf.를 참고하고 일부 수정하여 다시 작성하였음(일부 국가는 자체 보고 자료를 활용함.).

〈그림 Ⅲ-1〉 OECD 국가의 성인 비만도(2015년 인접 년도)

비만도와 관계가 깊어 보이는 요인은 식생활이다. 특정 지역의 식생활은 기본적으로 해당 국가나 지역에 풍부한 식재료에 의존하는 경향이 있다. 가까운 주변에서 많이 나는 식재료가 비교적 싸고 손쉽게 확보할 수 있기 때문이다. 이 설명이 맞는다면, 건강에 좋은 식재료가 풍부한 지역은 비만도가 낮고, 그렇지 않은 지역은 비만도가 높을 것으로 예상할 수 있다.

지중해 연안 지역은 토지가 비옥하고 채소와 과일이 잘 자라며 생선을 쉽게 확보할 수 있다. 실제로 신선한 채소와 과일, 저지방 유제품 및 생선 등으로 구성되어, 소위 건강식이라 불리는 지중해식 식단을 즐겨 먹는 이탈리아나 스페인 같은 지중해 연안 국가들이 비만도가 낮다. 비만도가 낮은 한국이나 일본 역시 상대적으로 육류의 소비가 적어서 지방의 섭취가 적으며 생선과 채소의 비중이 높은 식단이다. 반면에 육식 위주에 고열량 고지방의 가공식품을 즐기는 북미와 유럽인들이 대체로 비만도가 높다. 그러니까 특정 지역의 비만도는 그 지역의 소득수준보다 식생활과 밀접한 관련이 있다고 볼 수 있다.

OECD는 가입국들의 비만도가 2030년까지 증가할 것으로 예측했다. 그런데 한국을 스위스와 함께 비만도가 더욱 빠르게 상승할 것으로 예상해서 우리의 눈길을 끈다.[44] 한국에서 육류 소비가 느는

44] OECD, Obesity Update 2017, 2017, https://www.oecd.org/els/health-systems/ Obesity-Update-2017.pdf.

경향을 보이는 것과 관계가 있을 것으로 생각된다. 소득이 증가함에 따라 젊은 층을 중심으로 한국에서 상대적으로 비싼 식자재로 인식되는 고기에 대한 수요가 증가하는 현상과 관련이 깊다. 하지만, 다른 한편에서는 비만에 대한 사회적 우려와 함께 채식주의자의 증가도 나타나고 있어서 앞으로 관심을 두고 지켜볼 만하다.

해당 지역의 식생과 그에서 비롯되는 음식 문화가 비만에 큰 영향을 미치지만, 사회적 요인도 비만도에 영향을 미칠 수 있다. 사람은 사회적 동물이어서 다른 사람이 어떻게 평가하느냐에 의하여 영향을 받는데, 영향을 받는 정도는 어떤 특성이 자기의 행동이나 노력에 따라 달라질 수 있느냐에 따라 다를 수 있다. 아울러 평가가 기준점보다 크냐 작으냐에 그치는 것이 아니라 기준점보다 크거나 작은 사람의 능력이나 자질 등과 연계될 경우 영향을 받는 정도가 더 클 수 있다.

예를 들어, 키와 체중에 대해 생각해보자. 키는 우리의 행동이나 노력에 따라 커지거나 작아질 소지가 별로 없다. 그래서 키의 경우에는 다른 사람이 어떻게 보느냐가 별 영향을 미치지 않는다. 흔히 하는 말로 "그래서 어쩌라고"이다. 하지만 체중은 다르다. 체중은 본인의 노력으로 어느 정도까지는 조절할 수 있다고 생각한다. 먹는 양을 줄이거나 늘리면 달라질 수 있다고 생각한다. 그런데 뚱뚱한 사람이나 마른 사람에 대해 부정적인 평가를 하는 문화도 있을 수 있다. 그렇기에 그 문화권에서 마른 사람이나 뚱뚱한 사람에 대해 사람들이 긍정적으로 생각하는지 아니면 부정적으로 생각하는

지가 사람들의 행동에 영향을 미칠 수 있다.

요약하면 그 지역의 식생이 비만도에 가장 중요한 요인이지만, 그 문화권에서 비만의 기준을 어디로 잡는지, 그리고 마르거나 뚱뚱한 사람에 대해 긍정적으로 보는지 아니면 부정적으로 보는지와 같은 요인들이 복합적으로 작용할 수 있다.

5. 미국에서 신발은 옷 :
지리와 기후에 맞춘 교통수단과 주거시설

여러분은 아침 뉴스 진행자가 자신이 신고 있던 부츠 신발 한 짝을 테이블 위에 올려놓고 이야기를 할 수 있다고 생각해본 적이 있나요? 십중팔구 "그럴 리가?"라며 반문할 것이다. 하지만 이는 필자가 미국의 주요 TV 방송국 중 한 군데에서 실제로 본 장면이다. 필자에게 더욱 놀라웠던 것은 미국 사람들이 이에 대해 비판하거나 놀라지 않더라는 것이었다. 우리로서는 더욱 신기한 일이라고 하지 않을 수 없다.

어떻게 이런 일이 가능한 것일까? 이를 이해하기 위해서는 미국에서 신발이 갖는 의미를 우리의 경우와 비교할 필요가 있다. 우리는 누구나 옷은 깨끗한 것이고 신발은 그것에 비해 더러운 것이라고 생각한다. 옷은 '입다'라고 하고, 신발은 '신다'라고 하는 것을 보면 옷과 신발이 다른 범주에 속한다는 것을 암묵적으로 가정하고 있다고 볼 수 있다. 하지만 영어에서는 '신발을 신다'는 'wear shoes(footwear)'이고, '옷을 입다'는 'wear clothes'라고 한다. 신발과 옷이 같은 범주라는 얘기다.

이러한 차이는 한국과 미국의 주거문화와 출퇴근 문화에서 찾을 수 있다. 우리는 온돌을 기반으로 난방을 하는 구조여서 따뜻한 바닥을 느낄 수 있도록 실내에서는 신발을 신지 않는 게 자연스럽다. 그러다 보니 한국에서 신발은 실외용이다. 그리고 집 밖은 깨끗하지 않은 곳이라는 생각이 보편적이어서 집 밖에서 신는 신발이 깨끗하다고 생각하기 어렵다. 하지만 미국에서는 벽난로나 히터와 같이 공기를 데워서 난방을 하는 경우가 대부분이어서 바닥이 따뜻하지 않다. 그러다 보니 실내에서 생활하는 동안 대부분 신발을 신고 있고 침대에 올라갈 때만 벗는 게 보편적이다. 미국에서 바닥이 카펫으로 되어 있고 주택구조가 나무로 되어 있는 것도 이와 무관하지 않다.

게다가 미국의 지리적 여건 때문에 발달한 자동차 문화도 한몫한다. 미국은 땅이 넓다 보니 뉴욕과 같이 지하철이 운행되는 일부 대도시권을 제외하고는 대중교통 수단이 미흡해서 자가용으로 출퇴근하는 경우가 대부분이다. 또 대도시를 제외하면 많은 경우 단독 주택인데, 단독 주택의 경우 차고가 실내로 바로 연결되어 있다. 직장의 차고지 역시 대부분 실내이다. 건물 밖으로 나가지 않고도 출퇴근이 이루어지다 보니 거실에서 신던 신발을 그대로 회사까지 신고 가도 된다. 신발을 더러운 것으로 볼 이유가 별로 없다는 것이다. 그리고 신발이 실내용이고 방에서 신는 것으로 인식되다 보니 양말을 굳이 신어야 할 필요성도 적어진다. 실내에서 신발을 신지 않는 우리에게 양말이 필요한 것과 대조적이다.

106

서양 사람들이 한국과 같은 온돌문화의 가정에 초대받았을 때 종종 웃지 못할 일도 벌어진다고 한다. 신발을 벗고 들어가다 보니 맨발을 보이기 일쑤이고, 설사 이러한 문화를 알고 양말을 신고 간다고 해도 평소에 양말을 잘 신지 않다 보니 짝짝이를 신거나 구멍이 뚫려서 낭패를 보는 경우가 다반사라고 한다.

동서양의 양말 문화의 차이에 착안하여 매주 양말을 보내주는 서비스를 개발하여 성공한 비즈니스 사례가 이코노미스트 같은 잡지에 소개된 적도 있다. 전혀 다른 문화에 직면하게 된 사람들이 느끼는 특수성이 새로운 수요를 낳게 되고, 이것이 새로운 비즈니스를 창출하는 유용한 모티브가 될 수 있다는 얘기다. 문화와 비즈니스의 관계를 짐작할 수 있게 한다.

이 사례는 지리적 여건 때문에 크게 발달한 미국의 자동차 문화와 지리적 여건과 기후 여건에 의해 구축된 주거문화(난방 방식과 가옥 구조 등)가 결합해서 신발이라는 의복 문화에 미치는 영향을 잘 보여준다. 의식주라는 삶의 기초적인 영역에서 지리나 기후 요인에 의해 삶의 행동 방식에 차이가 발생하는 것을 알 수 있다.

6. 미국 여대생의 픽업트럭 :
지리에 대한 적응에서 비롯된 자동차 문화

2007년 한국과 미국이 자유무역협정(FTA)을 타결하였다. 1989년에 논의를 시작한 것이었으니 무려 20년 가까이 걸린 셈이다. 세계 최대 경제 대국과 맺는 협정인 만큼 중요했을 뿐만 아니라 고려해야 할 요인도 많았다. 상품, 무역구제, 투자, 서비스, 경쟁, 지식재산권, 정부조달, 노동 및 환경 등 무역 관련 거의 모든 분야를 망라한 포괄적 협정이었다. 미국과 한국의 경제 규모를 고려할 때, 북미자유무역협정(NAFTA) 이후 한동안 세계 최대의 자유무역협정이 되기도 하였다.

당시 상품 분야에서는 두 나라 모두 품목 수나 금액 면에서 80% 이상을 즉시 관세 철폐하도록 하였고, 90% 이상을 3년 이내 철폐하는 것으로 합의하였다. 특히 우리나라의 주력 수출품목인 자동차에 대하여 미국은 3,000cc 이하 승용차와 자동차 부품의 관세를 즉시 철폐하고, 3,000cc 이상 승용차는 3년, 타이어는 5년, 그리고 픽업트럭은 10년에 걸쳐 관세를 철폐키로 하였다. 우리 자동차의 미국 진출에 청신호가 켜지게 되었다.

이때 사람들이 의아해하면서 주목했던 품목이 픽업트럭이다. 미국이 다른 자동차들과는 달리 픽업트럭에 대해 관세 철폐 기한을 10년으로 아주 길게 두었기 때문이다. 그 당시 한국 사람들에게 픽업트럭이라는 명칭 자체가 생소했다. 지금은 국내에서도 픽업트럭이 많이 팔리고 있지만, 당시만 해도 그런 자동차는 극히 소량만 생산되고 있어서 이름을 들어보지도 못한 사람이 태반일 정도였다. 그런데 우리는 그다지 관심도 두지 않는 그런 차에 왜 미국이 큰 관심을 보이며 다른 상품들과는 달리 취급하고 있는지가 아주 이상했다.

픽업트럭은 바퀴가 네 개 달리고 앞쪽에는 승용 공간이 있으나 뒤에는 뚜껑이 없는 적재함이 설치된 소형 트럭을 말한다. 픽업트럭은 승용차의 안락함과 트럭의 짐차 기능이 결합된 일종의 복합용도의 자동차라고 볼 수 있다. 한편으로는 승용차라고 볼 수 있고 다른 한편으로는 트럭이라고 볼 수도 있다. 그러나 그 당시 한국에서는 승용차와 트럭이 명확히 구분되어 생산되는 경향이 있어서 이런 유형의 차량은 거의 생산하지 않았다.

미국이 픽업트럭을 10년이나 되는 긴 기간 동안 수입을 억제하고자 한 것은 자국 시장의 규모가 크기 때문이었다. 픽업트럭은 미국의 어디를 가나 쉽게 볼 수 있고 수요도 많다. 2020년 기준 미국 자동차 판매 대수는 1,450만 대였는데, 이 중 300만대가 픽업트럭이었으니 자동차 시장에서의 점유율이 20%를 넘는다.[45]

45] Motor Intelligence, https://tastyrestaurant.tistory.com/178.

수요가 많다는 것은 타는 사람들이 많다는 얘기인데, 특히 주목되는 것은 픽업트럭이 미국 여대생들이 애용하는 차라는 점이다. 잘 알다시피 미국은 차가 없이는 생활하기가 어렵다. 미국에서 차는 발과 같은 것이어서 대학생들은 물론이고 고학년 고교생들까지 대부분 자기 차들을 몰고 다닌다. 우리 통념으로는 미국에서 여대생들은 예쁜 색의 멋진 세단을 몰고 다닐 것으로 기대한다. 물론 세단을 몰고 다니는 학생들도 많지만, 픽업트럭을 모는 여학생들 또한 그에 못지않게 많다.

왜 픽업트럭을 모는 여학생들이 많을까? 첫 번째 이유는 실용성이다. 픽업트럭은 비교적 저렴하고 간단한 구조로 돼 있어서 내구성이 좋다. 또 짐칸도 있어서 기능성도 매우 뛰어나다. 미국에서는 누구나 자기 차를 몰고 다니기에 굳이 여러 사람이 타는 좌석이 필요한 경우가 매우 드물다. 미국의 여대생들은 학교 주변에 살면서 종종 이사하게 되는데, 빌트인으로 옷장이 있는 집들이 많아서 대부분 자신의 옷가지와 책들을 싣고 이사하는 경우가 많다. 집수리도 자기가 하기 마련이다. 여학생에게도 짐칸이 있는 픽업트럭이 제격이다.

또 다른 이유는 기동력이다. 픽업트럭은 트럭인 만큼 크고 기동력도 매우 좋다. 미국 여학생들은 어려서부터 축구를 하면서 성장한다. 미국에서 주말에 학교 운동장에 가보면, 물통과 간식을 싸서 응원하는 엄마들을 보곤 하는데, 운동장에는 아들이 아니라 딸들이 축구를 하고 있다. 다른 나라에서 통상 남자들이 선호하는 축구를 미국에서는 여자들이 즐겨 하는 셈이다. 그러다 보니 미국에서는 축구는 여자가, 미식축구는 남자가 하는 스포츠로 자리 잡혀 있다. 미국의 여자 축구가 세계 정상인 것도 이와 무관치 않다. 축구가 상당한 힘과 기동력을 요구하는 만큼 여성들도 어릴 때부터 그런 기능에 대한 욕구가 강한 편이기에, 자동차에도 그러한 욕구가 반영되었다고 볼 수 있다.

미국 여대생들이 이렇게 된 데는 개척 시대의 자연조건 속에서 나타난 역사적 경험이 크게 영향을 미친 것이 아닌가 싶다. 미국은 유럽의 이주민들이 신대륙으로 이주하여 개척한 나라이다. 거칠고 생소한 자연환경에서 토지를 개간하여 먹거리를 조달하고, 무법지대나 다름없는 환경에서 외부의 침입자들과 목숨을 내걸고 사투를 벌이는 일이 다반사였다. 여자건 남자건 강하지 않으면 살아남기 어렵다. 여성들도 밭을 갈고 농사를 지을 뿐만 아니라 생존을 위해 말을 타며 총을 쏘는 일에 어릴 적부터 익숙해질 수밖에 없었다. 그래서 자동차도 외형이나 디자인보다 실용성이 중시될 수밖에 없었을 법하다.

이 사례는 지리적 환경에 대한 적응과정에서 형성된 인간의 행동 방식이 역사적 경험으로 자리 잡으면서 다양한 영역에서 특수성을 낳고 있는 것으로 이해할 수 있다.

7. 미국엔 인도가 없다 :
지리의 영향으로 인한 도로 구조

밤에 국도를 걷던 70대 노인이 차량 4대에 잇따라 치어 숨졌는데, 노인을 친 뒤 구조에 나서려던 20대 여성 운전자도 뒤에서 오던 차량에 치여 중상을 입었다는 보도가 있었다.[46]

왕복 4차선 도로에서 발생한 일인데 도로를 달리던 SUV차량의 사이드미러에 노인이 부딪혀 넘어진 상황에서 뒤따르던 차들이 연쇄적으로 노인을 치어 발생한 일이다. 가로등도 설치되지 않아 어두웠던 것도 문제지만, 피해자는 인도가 없는 길을 걷다가 피해를 당한 것으로 알려졌다. 국도니까 인도가 없어서 그럴 수 있겠지만, 일반도로에서는 그런 일이 발생하지 않았을 것이라고 생각할 수 있다.

그런데 미국에서는 국도가 아닌 일반도로에 인도가 없다. 믿어지나요? 물론 뉴욕과 같은 대도시의 시내 도로에는 인도가 있다. 하지만 미국 텍사스주의 3대 도시에 해당하는 달라스시와 같은 대도

46] "국도 걷던 70대, 차량 4대에 치여 숨져…구조 나선 운전자도 중상", 〈동아일보〉, 2021.1.15., 입력 2021-01-15 16:07 업데이트 2021-01-15 16:13 https://www.donga.com/news/article/all/20210115/104942419/1.

시에서도 도심을 벗어나면 도로에 인도가 없는 경우가 비일비재하다. 필자는 달라스시 전철의 어느 역에 내려서 바로 역 앞 도로에 인도가 없음을 알고 아연실색한 적도 있다.

한마디로 도로에 대한 개념이 우리와 다르다. 우리는 도로는 차가 다니는 길이니까 차도가 있어야 하지만 사람이 다니는 인도도 당연히 있어야 한다고 생각한다. 얼마 전까지도 우리는 이동할 때 걷는 것이 기본이고, 필요하면 자동차와 같은 교통수단을 이용한다고 생각해왔기 때문이다. 하지만 미국에서는 차를 이용하여 이동하는 것이 기본이고 걸어가는 것은 불가피한 최소한의 경우로 제한된다. 도로는 차를 움직이는 데 필요한 길이니까 꼭 필요한 경우가 아니라면 사람이 다니는 인도가 있을 이유가 없다.

미국에서 사람이 차를 타지 않고 도로를 가는 경우는 조깅을 할 때 정도이다. 그러다 보니 조깅을 할 때 차와 같은 방향으로 달리는 것이 아니라 차와 반대 방향으로 달리도록 교육을 받는다. 차와 사람이 마주 보고 달려야 서로 피해서 가기 쉽기 때문이다. 차와 사람이 같은 방향으로 달리다가는 상대방의 의중을 알지 못하기 때문에 자칫 큰 사고로 이어질 수 있기 때문이다.

미국은 나라가 워낙 넓다 보니 자동차가 발명되고 널리 보급되는 데 매우 유리한 여건을 갖추고 있었고 사람들은 대부분 자동차로 이동하게 되었다. 그리고 도로도 인도가 없는 독특한 양상으로까지 발전하게 된 것이다. 이 사례는 지리적인 이유 때문에 채택하게 된 교통수단의 차이에서 도로의 구조가 달라진다는 것을 보여준다.

8. 8백만 신의 나라 일본 :
자연재앙에서 비롯된 종교

일본은 우리에게 가깝고도 먼 나라이다. 지리적으로 중국과 러시아를 빼고는 가장 가까이에 있다. 북한과의 분단으로 인해 아시아 대륙으로의 연결이 차단되어 있다는 점을 고려하면 가장 인접한 나라이기도 하다. 그러나 정서적으로는 먼 나라가 되기도 한다. 우리나라를 식민 지배했었기 때문에 정서적으로는 혐오와 적대감의 대상이 된다. 그래서인지 스포츠 경기 때면 강한 경쟁심을 불러일으키곤 한다.

하지만 우리나라와 일본 사람들에 대한 외부의 시선은 우리 생각과는 전혀 다르다. 한국 사람들이 외국에 나가보면 종종 일본에서 왔냐는 얘기를 들을 정도로 외모나 차림새가 비슷하게 보인다. 게다가 경제적 격차도 적고 생활환경도 유사하기에 개인적으로 서로 친해지면, 정서적으로 통하는 면도 많아서 거리감도 그다지 느낄 수 없을 정도가 되기도 한다.

이러한 유사성에도 불구하고 일본이 우리와는 전혀 다른 면도 있다. 그중의 하나가 종교이다. 일본 문화청의 2016년 조사에 의하면, 일본의 종교별 신자 수는 신도(神道, 신토)계가 47.4%, 불교계가 47%로 거의 비슷한 비중을 차지하는 반면, 기독교는 1%에 불과한 것으로 나타났다.[47] 기독교 신자의 비중이 절대적으로 적다는 점에서 우리와 큰 차이가 날 뿐만 아니라 우리에게는 생소한 신도계가 가장 큰 비중을 차지하는 것이 독특하다.

신도는 일본에서 하늘의 신(天神, 아마쓰가미)과 땅의 신(地祇, 구니쓰가미)을 가리키는 약어인 '신기'(神祇)에서 비롯된 신앙으로 알려져 있다. 신도는 자연 발생적인 일본 고유의 민족종교라는 설도 있지만, 전개 과정에서 샤머니즘, 산악신앙, 도교 및 불교 등 동아시아 종교사상의 영향을 받았을 뿐만 아니라 성립 이후에도 많은 변화를 겪으며 변화해온 역사적 산물이라고 볼 수 있다.[48]

신도의 특징은 무엇보다도 모시는 신이 무수히 많다는 점이다. 일본이 '8백만 신(八百万神, 야오요로즈가미)의 나라'라고 불리는 이유가 바로 이것 때문이다. 21세기 문명 시대에 다른 선진국에서는 찾아보기 힘든 현상이다. 게다가 다른 종교에서는 통상 사람이 신격화되고 추상적이고 이념 성향이 강한 데 반해, 신도에서는 매우 독특하게도 사물이나 현상 등이 신격화되어 다양하며 구체적이다.[49]

47] 일본문화청, 《종교연감》, 평성 28년(2017년)., https://keijapan.tistory.com/entry/일본에서만-볼-수-있는-독특한-종교문화.를 참조했음.

48] 박규태, "일본 신도(神道)와 도교- 천황 및 이세신궁과의 연관성을 중심으로", 〈종교연구〉 76(1), 2016, p.24.

49] 神道事典, 国学院大学日本文化研究所 編, 1999, 박수철, "신사(神社)와 '야오요로즈가미'(八百万神)의 나라 일본", 〈일본비평〉, 18호, 서울대학교 일본연구소, 2018, p.213.에서 재인용.

신도에서 "신(迦微=神)은 하늘과 땅의 여러 신을 시작으로, 이를 모시는 야시로에 거주하는 미타마(御靈)도 있고, 또 사람은 말할 나위도 없고, 새·짐승·나무·풀(鳥獸木草)류 등의 동식물, 바다·산(海山) 등의 자연, 그 무엇이든 평범하지 않은 뛰어난 덕(德), 그리고 외경스러운 사물(物)"도 포함한다.[50] 대체로 자연이나 조상을 신으로 섬기는 경우가 많지만, 때로는 유력한 정치인이나 유명 학자들이 신이 되기도 한다. 신들이 많다 보니 일본에는 신들을 모시는 크고 작은 신사가 무려 12만 개에 달한다고 한다.

일본인들은 신에게 건강을 기원하고, 학문과 사업의 성공을 빌며, 아기를 갖게 해 달라고 부탁하는 등 매우 현실적인 복을 기원한다. 도처에 신이 많다 보니 일본 사람들은 밥 먹을 때나 차 마실 때 등 일상에서도 늘 그러한 사물을 신격화하고 감사하는 습관이 몸에 배어 있다.

그러면 이렇게 수많은 신을 모시는 신도가 일본에서 왜 이렇게 번성하게 되었을까? 신도는 무엇보다도 자연적 요인에 크게 영향을 받은 것으로 보인다. 일본은 사람들이 자연현상을 두려워할 수밖에 없는 환경이다. 일본은 지진, 태풍, 해일(쓰나미), 화산 폭발, 홍수 및 산사태 등 다양한 자연재해가 지구상의 어떤 나라보다 빈번하게 발생하며, 규모 또한 어마어마하다.

50] 〈古事記傳〉, 박수철, "신사(神社)와 '야오요로즈가미'(八百万神)의 나라 일본", 〈일본비평〉 18호, 서울대학교 일본연구소, 2018, p.213.에서 재인용.

대표적인 예가 지진이다. 세계의 지각은 10여 개의 플레이트(지각판)로 나뉘어 있고 그중 4개의 플레이트 위에 일본 열도가 자리 잡고 있다. 플레이트가 많다는 것은 그만큼 플레이트 운동력에 의하여 지진이 발생할 가능성이 크다는 뜻이다. 일본은 지진과 화산 활동이 활발한 환태평양변동대에 위치하기에, 면적은 세계의 0.25%인데 반해, 2004년에서 2013년까지 10년 동안 세계에서 발생한 진도 6.0 이상의 강력한 지진 중 일본에서 18.5%가 나타날 정도이다.[51]

지각판이 많다 보니 화산 활동도 활발하게 일어나고 그로 인하여 화산 폭발도 다반사로 나타난다. 2021년 현재 일본에는 화산 분화 활동이 있거나 발생 가능성이 큰 활화산만도 111개나 열도 전역에 걸쳐 열을 지어 늘어서 있다고 한다.[52] 1923년에 발생한 간토대지진(関東大地震)은 주택 45만여 채를 불태우고 사망자와 행방불명자가 40만 명에 달하는 엄청난 피해를 몰고 왔다.

일본에서 온천욕이 발달한 것도 자연조건을 고려해보면 당연한 현상이다. 화산 활동이 활발한 탓에 좋은 온천이 많이 생겨났을 뿐만 아니라 대체로 습한 날씨에서 지내다 보니 피부병이 발생하기 쉬운데 이를 치유하는 데에, 지금처럼 의학이 발전한 시대도 아니었기에, 온천이 매우 유용하였기 때문이다. 공급과 수요 요건이 모두 충족된다.

51】日本 國土交通省, https://www.mlit.go.jp/river/earthquake/ko/future/index.html.
52】日本 國土交通省, https://www.data.jma.go.jp/svd/vois/data/tokyo/STOCK/kaisetsu/katsukazan_toha/katsukazan_toha.html.

지진이 발생하면 뒤이어 해일이 밀려온다. 해일은 일본어로 항구의 파도라는 의미의 쓰나미(津波, つなみ)이다. 이것이 세계의 공용어로 되다시피 한 것을 보면 일본 해일의 위력을 잘 알 수 있다. 일본은 길게 뻗은 섬나라로 사방이 바다로 둘러싸여 있고 해안선의 형태도 복잡하여 쓰나미의 피해를 받기도 쉽게 돼 있다. 쓰나미는 주변 지형의 특성을 심하게 타는데, 리아스식 해안같이 굴곡이 심한 곳에선 쓰나미의 속도가 크게 빨라질 수 있고, 해저 수심이 해안가에서 급격하게 얕아지는 지형 등의 경우에는 파고가 크게 증가할 수 있다.[53] 같은 섬나라이지만 영국이 쓰나미의 피해가 거의 없는 것과 대조적이다.

태풍 또한 일본에서는 매우 빈번한데, 4월부터 시작하여 10월까지 거의 반년에 걸쳐 나타난다. 우리나라 고려시대 몽골의 원나라 군과 고려군이 두 차례에 걸쳐 일본을 정벌하러 갔다가 태풍을 만나 결국 중도에 포기하고 돌아온 사례는 유명하다. 일본에서는 이를 두고 신들이 보살핀 덕분이라고 한다. 태풍은 흔히 폭우와 산사태를 동반하는데, 그 피해 또한 막대하다.

이처럼 다양하고 어마어마한 규모의 자연재해를 겪다 보니 사람들은 자연에 대한 두려움이 앞섰을 듯하다. 지금처럼 과학이 발달한 시대에도 자연재해를 예방하거나 그 피해를 막기가 어려운데, 예전에는 더더욱 공포를 느꼈을 것이다. 그러다 보니 인간의 힘으

53] https://namu.wiki/w/%EC%93%B0%EB%82%98%EB%AF%B8.

로는 어쩔 수 없는 천재지변의 공포에서 벗어나려는 염원이 더없이 컸을 것이다. 자연현상 자체를 신의 영역으로 받아들이고 신의 의지에 자신들을 맡기면서도, 한편으로는 이들에 대한 숭배를 통하여 문제를 해결하고자 하는 염원이 신도의 탄생과 밀접한 관련이 있지 않을까 한다.

일본에서 신도가 널리 퍼지게 된 데에는 정치적인 요인도 있는 것 같다. 사람들이 자연현상을 신격화하여 신으로 여기고 개인과 마을의 안녕과 풍요를 위해 그 앞에서 제사를 올리는 것은 원시사회에서는 많이 볼 수 있다. 일본이 고대로부터 왕(천왕)을 신의 아들로 우상화한 것도 동아시아의 다른 나라와 별반 다를 게 없다. 하지만 일본은 합리주의가 득세하게 된 근대에 들어서조차 왕을 신의 자손이라고 공언하면서 정치권력을 왕에게 집중하고, 메이지 유신이라는 근대적 개혁을 중앙집권적으로 달성하고자 하는 정치적 의도에서 신도를 적극적으로 장려하고 활용하였다. 이 점은 다른 나라에서는 유례를 찾아보기 힘든 일본만의 독특한 면이다.

수많은 신을 모시는 일본의 신도 문화의 영향은 애니메이션 영화에서도 잘 드러난다. 일본에서 오래전 만들어진 〈요괴인간〉이라는 만화영화는 실험실에서 세포 실험의 실수로 태어난 벰, 베라 및 베로 세 명의 비인간들이 인간이 되고자 소망하며 살아가는 가운데 일어나는 일들을 소재로 한 것이다. 참고로 포켓몬이나 피카추는 수많은 동물과 식물을 의인화하여 만든 것이다.

일본을 대표하는 이러한 애니메이션 영화의 주인공들은 인간이 아니면서도 인간처럼 행동하며, 인간과의 교감이 자연스럽게 이루어지는 특징을 보여준다. 수많은 신을 모시는 일본의 신도 문화에서 유래한 것으로 볼 수 있다. 일본에 고유한 특수성을 반영한 것이기에 다른 문화권 사람들에게 호기심을 불러일으켜서 세계적으로 반향을 크게 불러일으키고 인기도 끌 수 있지 않았을까 한다. 특수한 자연환경에서 비롯된 문화적 특수성이 비즈니스로 연결될 수 있다는 것을 짐작하게 한다.

이 사례는 자연적 조건이 한 나라의 종교에도 유별난 특수성을 창출하는 데 크게 영향을 미치고 있음을 보여준다. 그리고 이런 문화적 차이는 비즈니스에도 영향을 미칠 수 있다는 가능성도 보여준다.

지금까지 자연지리 요인에서 비롯된 것으로 해석할 수 있는 특수성 사례들에 대해 알아보았다. 이어지는 4장에서는 역사와 제도로 대표되는 인문지리 요인에 의해 비롯되는 것으로 보이는 특수성 사례들에 대해 알아본다.

지리의 이해 ─────────

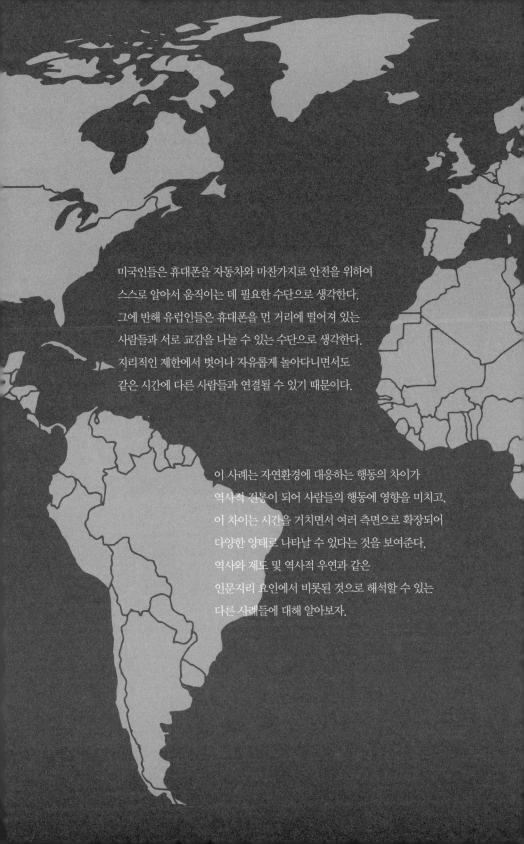

미국인들은 휴대폰을 자동차와 마찬가지로 안전을 위하여
스스로 알아서 움직이는 데 필요한 수단으로 생각한다.
그에 반해 유럽인들은 휴대폰을 먼 거리에 떨어져 있는
사람들과 서로 교감을 나눌 수 있는 수단으로 생각한다.
지리적인 제한에서 벗어나 자유롭게 놀아다니면서도
같은 시간에 다른 사람들과 연결될 수 있기 때문이다.

이 사례는 자연환경에 대응하는 행동의 차이가
역사적 전통이 되어 사람들의 행동에 영향을 미치고,
이 차이는 시간을 거치면서 여러 측면으로 확장되어
다양한 양태로 나타날 수 있다는 것을 보여준다.
역사와 제도 및 역사적 우연과 같은
인문지리 요인에서 비롯된 것으로 해석할 수 있는
다른 사례들에 대해 알아보자.

4장

역사와 제도에서
비롯된 특수성

역사와 제도가 지역 차이를 불러오는 주된 원인이라는 생각은 비교문화 연구에서뿐만 아니라 일반인들에게도 널리 퍼진 생각이다. 지역 간 행동 방식의 차이를 문화가 다르기 때문이라고 설명하면 동어반복처럼 들리기 쉽지만, 역사나 제도가 달라서 그렇게 된 거라고 말하면 그럴싸한 설명처럼 들린다. 우리가 이 장에서 보는 예들은 역사나 제도의 차이와 연관된 지역의 특수성이다.

역사와 제도가 지역 차이를 불러오는 주된 원인이라는 생각은 두 가지 면에서 문제가 있다. 하나는 역사와 제도의 차이가 아닌 다른 이유에서 비롯된 지역 간 차이도 많다는 것이다. 3장에서 본 것처럼 자연지리 요인에서 비롯된 차이도 있고, 5장에서 볼 것이지만 문화 특성에서 비롯되는 차이도 있다. 두 번째는 역사와 제도가 자연지리 요인과 무관하게 전개되는 것으로 생각하기 쉽다는 점이다. 우리가 생각하는 것과는 달리 역사와 제도도 자연환경의 특성에 의해 조성되는 측면이 있다. 그 점을 간과하면 잘못된 판단을 할 수 있다.

우리는 미국과 유럽이 아주 비슷하다고 생각한다. 그런데 세계적인 미래학자 제러미 리프킨(Jeremy Rifkin)은 자신의 명저 《유러피언 드림》에서 "화성에서 온 미국인, 금성에서 온 유럽인"이라는 표현을 사용해서 미국과 유럽이 아주 다르다는 점을 부각시켰다.[54] 미

54] 이하 제러미 리프킨 지음, 이원기 옮김, 《유러피언 드림》, 민음사, 2009, pp.119~154.에

국인과 유럽인들의 생각은 뿌리부터 다르다는 것이다. 그는 미국인들이 신천지로 가게 된 동기와 미주 대륙에 정착하면서 겪은 경험이 양자의 차이를 만들어냈다고 본다.

미국으로 떠난 유럽인들은 기존의 질서에 안주하거나 속박되기보다는 위험을 무릅쓰면서도 새로운 기회를 찾고자 하는 사람들이었다. 이들이 미국에 정착하는 과정은 그야말로 험난하기 그지없었다. 색다른 자연환경에 적응하는 일도 쉽지 않았을 뿐만 아니라 광활한 영토에서 자신들을 보호할 제도적 장치나 기구도 턱없이 부족하였기에 알아서 방책을 마련해야 했다.

그러다 보니, 미국에서 안전은 위험을 벗어나기 위하여 스스로 움직일 수 있는 자율과 이동성을 의미하게 된다. 서부 개척 시대가 끝나고 카우보이가 사라지자 헨리 포드는 말을 대체할 수단으로 자동차를 처음 만들어서 automobile이라고 명명하였다. 스스로(autonomy) 알아서 움직이는(mobility) 것이야말로 안전을 의미하기 때문이었다.

반면에 유럽인들은 중세의 수 세기 동안 성벽에 둘러싸여 살면서 형성된 소위 '요새 사고방식'에 젖어 있다고 본다. 유럽은 봉건제 하에서 소규모 영지를 중심으로 봉토를 얻거나 성안의 동업자 조

서 참조하였음.

합에 가입하며 살았다. 자연스럽게 성안은 안전한 곳이고 성 밖은 안전하지 않은 곳이며, 지역사회에 확실히 소속되어 있어야만 내부적으로뿐만 아니라 외부의 침입으로부터도 안전을 확보할 수 있다고 보았다.

그러니까 유럽과 미국의 자연환경의 차이가 안전과 공간, 그리고 인간관계에 대한 생각에 차이를 이끈 것 같다. 미국인들은 스스로 움직이는 가운데 안전을 확보해야 하기에 독점적인 공간을 확보하고자 한다. 자연히 각자가 독립적이고 자조와 자립을 추구하게 되며 프라이버시가 존중된다. 반면에 유럽인들은 포괄적인 공간을 추구한다. 가족, 친척 및 종족 등 자신이 속한 공동체의 일원이 되는 것이 중요하고, 그러다 보니 프라이버시가 그다지 중요하지 않게 된다.

리프킨은 이런 차이가 휴대폰의 용도에 대해서 미국 사람과 유럽 사람이 다르게 생각하게 이끈 것 같다고 보았다. 미국인들은 휴대폰을 자동차와 마찬가지로 안전을 위하여 스스로 알아서 움직이는 데 필요한 수단으로 생각한다. 그에 반해 유럽인들은 휴대폰을 먼 거리에 떨어져 있는 사람들과 서로 교감을 나눌 수 있는 수단으로 생각한다. 지리적인 제한에서 벗어나 자유롭게 돌아다니면서도 같은 시간에 다른 사람들과 연결될 수 있기 때문이다.[55]

55] 제러미 리프킨 지음, 이원기 옮김, 《유러피언 드림》, 민음사, 2009, pp.121~122.

이 사례는 자연환경에 대응하는 행동의 차이가 역사적 전통이 되어 사람들의 행동에 영향을 미치고, 이 차이는 시간을 거치면서 여러 측면으로 확장되어 다양한 양태로 나타날 수 있다는 것을 보여준다. 역사와 제도 및 역사적 우연과 같은 인문지리 요인에서 비롯된 것으로 해석할 수 있는 다른 사례들에 대해 알아보자.

1. 미국의 총기 소유 :
역사적 우연과 제도에서 정착된 안전 문화

미국에 대한 부정적 이미지로 종종 언급되는 것 중 하나가 총기 사고다. 개인적인 원한 관계가 없는 불특정 다수를 향한 총기 난사로 수십 명이 사망하고 다치는 사건들이 종종 일어난다. 심지어 미국에서 한 해 총기 사고로 사망한 사람의 수가 교통사고 사망자 수를 따라잡았다는 보도마저 나올 지경이다.[56] 사건이 발생할 때마다 총기 소유를 금지해야 한다는 여론이 비등하지만, 총기 소유를 억제하는 법안이나 정책이 추진되어 총기 소유가 금지되었다는 얘기를 들은 기억이 거의 없다.

총기 사고는 총기 소유 전통과 불가분의 관계에 있다. 총기 소유는 식민지 시대와 서부 개척시대를 거치면서 자연스럽게 정착되었다. 미국은 '총기가 지배하는 국가(gunocracy)'라고 부를 만큼 역사의 발전과정에서 총기의 중요성이 인식되고 미국의 역사와 문화 속에

56] Washington Post(WP), Dec. 17, 2015, "미국 총기 사망자 수 교통사고 사망자만큼 많아", 〈연합뉴스〉, 2015-12-18 10:10, https://www.yna.co.kr/view/AKR20151218061200009. 에서 재인용.

뿌리내리고 있다.[57] 소득이 비슷한 유럽 어느 나라에서도 유례를 찾아보기 힘든, 미국에서만 나타나는 특수성의 전형적 사례라고 할 수 있다.

미국의 합법적 총기 소유는 역사적, 제도적 산물인 측면이 아주 강하다. 미국에서는 총기 소유에 대한 규제가 매우 약하거나 실질적으로 거의 없어서 누구나 손쉽게 총기를 구매할 수 있다. 식민지 시대 초기 이민자들이 정착하면서 자위 수단으로 총기를 소유하기 시작하였을 것으로 보인다. 또 자기들이 떠나온 영국의 시민혁명 전통과 그 결과로 제정된 법규들도 미국에 이주해온 사람들이 총기 소유를 합리화하는 데 기여했을 것 같다. 이 부분을 조금 자세히 알아보자.

영국은 제임스 2세가 재임 시절 의회의 승인 없이 상비군을 모집하였는데, 이는 공화정의 원칙에 어긋나는 것이어서 시민들이 1688년 명예혁명을 일으키는 주요 원인의 하나가 되었다. 명예혁명을 통해 권력을 잡은 영국 의회는 절대군주로부터 시민들이 스스로 권리를 보호할 필요가 있다고 판단하여, 1689년 권리장전에 그러한 권리들을 명시하였다. 그중 하나가 시민들이 "상황에 따라 법률이 허용하는 범위 내에서 자기방어를 위해 무장할 수 있다"[58]는 권한이었다. 이러한 법과 전통은 식민지로 이주한 정착민들에

57] 이에 대해서는 손영호, 《미국의 총기 문화》, 살림, 2009, 참조
58] 〈권리장전〉 7조, https://namu.wiki/w/%EA%B6%8C%EB%A6%AC%EC%9E%A5%EC%A0%84.

게 고스란히 유지·계승되었다고 볼 수 있다.

게다가 광활한 아메리카 대륙에서 원주민과 야생 동물들이 살고, 이주민들 간의 갈등을 효과적으로 통제할 제도적 장치나 치안기구 및 인력이 턱없이 부족한 상황에서 총기 소유는 자신을 보호할 최소한의 안전장치로서 자연스럽게 확대될 수밖에 없었다.

여기에 프랑스와의 식민지 쟁탈 전쟁에서 승리한 영국이 전쟁에 따른 재정난을 극복하기 위해 타운센드법과 인지세법 등을 통해 가혹한 징세를 추진해서 식민지 이주자들의 불만이 고조되었다. 이에 이주민들은 과거 영국의 전통에 따라 총기 소유가 시민들의 고유한 권리라고 보고 이에 기초하여 민병대를 조직해서 영국과 맞서 싸워 독립을 쟁취하였다.

이제 총기 소유는 영국 시민혁명의 전통이자 미국의 자랑스러운 독립 쟁취의 전통을 계승하는 유산이 되었다. 이 유산은 독립 이후 소위 '수정헌법 2조'로 법률적인 보장을 받기에 이르게 되었다. 1776년 독립을 쟁취한 미국은 1788년 헌법을 제정하였는데, 헌법을 비준하는 과정에서 영국의 과거 불행한 경험으로 미루어 볼 때, 강력한 중앙정부가 상비군의 힘을 이용하여 국민의 자유와 기본권을 유린할 수 있다는 우려가 커지게 되었다. 그 결과 제임스 매디슨(James Madison Jr.)의 주도 아래 10개의 수정 조항이 추가되어 소위 '수정헌법'59]을 제정하게 되었는데, 연방 정부의 강력한 구속력을

59] 이하 이에 대해서는 https://namu.wiki/w/%EB%AF%B8%EA%B5%AD%20%ED%97%

탐탁지 않게 생각하던 반연방주의자들의 주장이 반영된 것이었다.

　수정헌법은 연방 정부나 연방의회에 대항하여 개인의 자유와 권리를 보호하고, 각 주(state)의 독립성과 자율성을 보장하기 위한 조항들로 채워져 있다. 제1조는 종교, 발언 및 출판의 자유와 집회와 청원의 권리, 제2조는 개인의 무기 소유와 휴대의 권리, 제3조는 민간인의 가택에서 군인의 숙영을 금지하는 조항을 담고 있다. 나머지 제4조부터 제10조까지는 수색 및 체포 영장, 형사사건에서의 권리, 공정한 재판을 받을 권리, 민사사건에서의 권리, 그리고 국민이나 각 주가 소유하는 권한 등을 명시하였다.

　수정헌법 제2조는 "규율을 갖춘 민병대는 자유로운 주 정부의 안보에 필요하므로, 무기를 소유하고 휴대할 수 있는 국민의 권리가 침해를 받아서는 안 된다"라고 규정하고 있다. 즉, 각 주의 시민들이 민병으로 복무할 헌법적인 권리를 지니고 있어야 하며, 민병 활동이 가능하기 위해서는 개인들이 무기를 소지할 권리가 보장되어야 한다는 것이다. 미국인들에게 총기 소유는 폭정에 맞서는 개인과 국민의 기본권이자, 연방 정부로부터 주 정부의 독립을 지탱하는 권리였다. 즉, 총기 소유는 부패한 정부나 독재에 맞서는 국민의 기본권이자 저항권으로 인식되어 합법화되었으며, 이를 통해 총기 소유는 제도적 뒷받침까지 받게 되었다.

8C%EB%B2%95. 참조.

이러한 전통은 200년이 넘어 지금까지 이어져 오고 있다.[60] 지금도 미국의 거의 모든 주가 무기 소지를 합법화하고 있다. 주마다 소유절차가 조금 다르긴 한데, 자기가 거주하는 주의 총기 소유절차가 복잡하고 어려운 경우에는 절차가 쉬운 다른 주로 넘어가서 취득하면 되기 때문에 실질적으로 규제가 거의 없다고 볼 수 있다.

미국의 합법적 총기 소유는 경제적, 사회적으로도 나름 불가피한 선택이기도 하였다. 이민 초창기 정착 과정에서 이주민들은 아메리카대륙의 드넓은 벌판에 분산해서 거주하게 되는데, 주변에 보안관이 있다고 해도 현실적으로 넓은 영역을 다 관장하기에는 인력이 절대적으로 부족하였다. 게다가 위급을 다투는 위험한 상황에 적시에 출동하는 것도 불가능해서, 사실상 이주민들의 안전을 보장하기 어려웠다. 이러한 상황에서 총은 자신을 지키는 경제적으로 가장 저렴한 비용의 보호 수단이었다.

미국의 주택 구조도 총기 소유를 합리화하는 경제적 유인으로서 중요하다. 미국의 가옥은 대도시를 제외하면, 대부분 탁 트인 곳에 개인 주택 형태로 정원을 끼고 있는 경우가 많다. 하지만 담장이 없이 거주 공간이 바로 외부에 노출되어 있어서 누구나 쉽게 거주 공간에 접근할 수 있다. 그래서 범죄에 쉽게 노출되고 가옥과 재산을 안전하게 지키는 것이 매우 어렵다. 물론 담장을 설치해서 이러한 위험을 줄일 수 있고 따라서 총기 소유는 불필요하다는 주장을

60] 이에 대해서는 손영호, 《미국의 총기 문화》, 살림, 2009. 참조.

할 수 있다. 가능한 얘기지만 총기 소유와 비교하면 주택에 담장을 설치하는 데 드는 비용이 만만치 않다.

총기 소유가 허용되지 않는 상황에서 주민들의 생명과 재산을 보호하려면 안전장치로서 경찰력의 강화가 필수적이다. 그러나 광범위한 영토와 분산된 가옥들을 고려할 때 신속한 대응역량을 확보하려면 경제적으로 엄청난 비용이 수반될 뿐만 아니라 효과도 장담하기 어렵다. 하지만 주택 안에 총이 비치되어 있다면 얘기가 달라진다. 침입했다가 총에 맞아도 총을 쏜 행위를 주택 침입으로 생각해서 이루어진 정당방위라고 주장할 수 있게 되면, 무단으로 남의 집에 들어갈 생각을 하기 어려워질 수 있기 때문이다.

더욱이 영국과 달리 이미 총기 소유가 널리 퍼져있고 장기간 유지된 상황에서 총기 소유를 불법화하는 것 자체가 현실적으로 어려우며 많은 문제를 발생할 가능성도 크다. 워낙 많은 총이 보유된 상황에서 총기 소유 현황이 제대로 파악되지 않은 채 불법화한다고 해도 다수의 선량한 사람들만 무기를 반납하고 선량하지 않은 사람들은 반납하지 않는다면, 문제는 더욱 심각해질 수 있다. 이러한 요인들이 미국 최대의 이익집단으로 알려진 전국총기협회(NRA)의 강력한 로비의 배경이기도 하다.

역설적이지만 총기 소유는 일상생활에서 큰 다툼이 발생할 가능성을 미연에 방지하는 긍정적인 역할도 한다. 미국 텍사스주 운전자들의 80% 이상이 좌석 밑에 권총을 비치하고 있다고 알려져 있다. 상대방이 총을 소유하고 있다는 사실은 사람들에게 매사에 조

심하도록 각성시키는 경향이 있어서 서로 간에 이해관계의 충돌이 발생한다 해도 신체적 폭력과 같은 큰 다툼으로 확대되지 않도록 하는 데 도움이 될 수도 있기 때문이다.

　미국의 광범위한 총기 소유 사례는 이주민들이 서부를 개척하는 과정에서 마주쳐야 했던 험난한 자연조건과 열악한 사회·경제·정치적 여건에서 스스로 안전을 지키기 위해 불가피했던 총기 소유가 시간이 흐르면서 나름의 이점이 인정되면서 관행으로 정착된 것으로 볼 수 있다. 역사적 우연이 누적되어 나타난 산물이라고 볼 수 있다.

2. 지중해의 망루와 미로길 :
누적된 역사적 우연의 결과로 형성된 도시 형태

탈레반이 아프가니스탄의 정권을 장악하면서 이들이 과거 한국 선교인들을 대상으로 인질극을 펼쳤던 사건이 다시 언론의 주목을 받았다. 2007년 한국의 단기 선교 봉사단원들이 아프가니스탄 수도 카불에 도착해서 목적지로 이동하던 중 탈레반에게 피랍된 사건이었다. 안타깝게도 두 사람이 숨지고 나중에야 나머지 사람들이 석방되었다. 이를 계기로 중동지역에서 인질극이 빈번하게 벌어지고 있다는 사실이 사람들에게 널리 알려지게 되었다.

왜 중동지역에서는 인질극이 빈번하게 일어나는 것일까? 이 지역의 오래된 관습에 따르면 전쟁이나 습격으로 포로를 잡았을 경우, 대체로 남자는 죽이고 여자는 데려가서 종으로 쓰며 어린아이는 노예로 삼았다. 남자를 살려둔 경우는 포로가 된 자신과 같은 부족 구성원과 맞바꾸거나 아니면 몸값을 받기 위해서였다. 그러니까 탈레반이 요구하는 몸값이나 탈레반 수감자와의 인질 맞교환 요청은 그들의 사고방식이나 문화로 봤을 때는 당연한 것으로 볼 수 있다.

이런 행동을 하는 기원을 따져보면 멀리 중세로 거슬러 올라간다.[61] 시오노 나나미의 《로마 멸망 이후의 지중해 세계》라는 책을 보면 아라비아반도에서 발흥한 이슬람교는 7~8세기에 북아프리카의 지중해 연안 지역들을 복속시켜 이슬람교로 개종시키는 데 성공한다. 이슬람에 복속된 북아프리카 지역은 원래 비옥한 곡창지대였다. 그러나 로마가 멸망한 이후에는 평화와 안전이 위협받게 되면서 사람들은 오랫동안 떠돌이 생활을 할 수밖에 없었다. 해적질을 하거나 교역을 하는 것 외에 선택의 여지라고는 없었으며, 양자 간의 경계도 뚜렷하지 않았다.

게다가 이슬람의 교리로 보면, 이교도의 땅을 공격하여 이슬람교로 개종시킴으로써 이슬람 세력의 영역을 확대하는 것이 평신도의 소임이었으니, 비이슬람 지역을 침략하는 것은 자연스러운 일로 받아들여졌다. 참고로 당시 이 지역에 살던 사람들은 주로 베르베르인과 무어인들이었는데, 이들과 아랍인들을 포함한 이슬람교도 전체를 묶어서 유럽에서는 고대 그리스·로마 시대 이후 사막의 베두인들을 지칭하는 용어였던 사라센(Saraceni)으로 통칭하기 시작하였다.[62]

이들의 해적질은 일부 사람들만의 일탈이 아니었다. 다수에 의

61] 이하 이 사례에 대해서는 주로 시오노 나나미 지음, 김석희 옮김, 《로마 멸망 이후의 지중해 세계》(상), 한길사, 2009, pp.28~66.을 참조하였음.

62] 시오노 나나미 지음, 김석희 옮김, 《로마 멸망 이후의 지중해 세계》(상), 한길사, 2009, pp.28~29.

하여 조직적으로, 그리고 종종 정부의 지원 아래 이루어지곤 하였다. 해적질을 해서 얻는 수익의 1/5은 태수에게 상납하고 나머지는 선주와 선원이 배분하는 등 공식적인 분배방식도 정해져 있었다고 한다. 정부와 민간이 협력하여 공동의 이득을 도모하는 비즈니스 모델이 있었다는 얘기다. 8세기 초에는 이슬람 지배 아래의 북아프리카 지역에 파견된 태수가 이 지역의 수도인 카이루안에서 직접 1천 명의 병사를 이끌고 성전을 선언하며, 이탈리아 남부 시칠리아 섬의 남해안을 습격하기도 하였다.[63] 살육과 약탈을 저지른 뒤 약탈한 물품을 팔아서 얻은 수익금을 참가자들과 나누어 가졌다고 한다. 이쯤 되면 정부 주도의 공식적 비즈니스라고 부를 만하다.

이후 이들의 해적질은 이탈리아반도의 해안지역과 프랑스 및 스페인 해안에 이르기까지 곳곳으로 확대되어 간다. 특히 8세기 후반에 이르면 성전을 빙자한 비즈니스도 고도화되어서 약탈과 방화에 이어 납치가 철저하게 이루어진다. 납치한 사람들을 노예시장에 팔거나 노예로 삼아서 죽을 때까지 혹사하는 것은 물론이고 납치하는 사람의 지위와 경제력에 따라 분류하기 시작하였다.

단순히 몸값을 노리고 납치하는 일이 새로운 사업 분야로 개척되었고, 기독교 세계에 알려서 인질에 대한 몸값을 요청하는 일이 빈번해지기 시작하였다. 그들의 입장으로는 죽이지 않은 채 노예로

63] 이에 대해서는 시오노 나나미 지음, 김석희 옮김, 《로마 멸망 이후의 지중해 세계》(상), 한길사, 2009, pp.34~35. 참조.

삼고 일을 시켜서 노동력도 착취하며, 나중에는 돈을 받고 돌려보내므로써 일거양득의 효과를 거두는 수지맞는 비즈니스였다고 볼 수 있다. 게다가 노예를 사고팔 때도 가격의 2할은 수장에게 일종의 세금으로 바쳐야 했다[64]고 하니, 인질 비즈니스는 그야말로 일상화되고 합법적인 것이었다.

해적질에 시달린 지중해 북쪽의 이탈리아 해안지방 사람들이 이들의 위협으로부터 자구책으로 생각해 낸 것이 바로 망루였다. 망루는 이탈리아어로 '사라센의 탑'이라는 의미의 '토레 사라체노'였다.[65] 그만큼 사라센 해적들의 횡포가 심했다고 볼 수 있다. 이들이 할 수 있는 일이라고는 바다를 멀리서 바라볼 수 있는 곳에 망루를 설치하여 한시라도 빨리 해적들의 침입을 알아차리고 도망가는 것뿐이었다.

하지만 해적들이 통상 자신들이 온다고 드러내놓고 광고하고 다니는 것도 아니고, 다양한 방식으로 위장하여 들어왔기에 해적선을 확실히 구별하기는 무척 어려웠을 것이다. 망루만으로 이들의 약탈과 방화 및 납치를 막는 데에는 분명 역부족이었을 것이라는 얘기다. 그러다 보니 다양한 자구책들을 마련하지 않을 수 없었을 것이다.

이탈리아나 그리스 등 지중해 연안의 해안 도시를 여행해 본 사

64] 시오노 나나미 지음, 김석희 옮김, 《로마 멸망 이후의 지중해 세계》(상), 한길사, 2009, p.317.
65] 시오노 나나미 지음, 김석희 옮김, 《로마 멸망 이후의 지중해 세계》(상), 한길사, 2009, p.54.

람들은 유난히 길이 좁고 구부러지며 미로처럼 돼 있음을 보곤 한다. 게다가 사람이 살기 어려운 절벽이나 산자락 높은 곳까지 집들이 들어차 있음을 보고 적잖이 의아하게 생각하였을 것이다. 그 이유로는 해적들이 침략했을 때 길을 잘 찾지 못하도록 하거나 추격에 시간을 끌고 접근하기 어려운 높은 쪽에 위치하여 이들을 피하고자 했다는 설이 유력하다.

　이 사례는 역사적으로 침략과 약탈 및 인질 비즈니스가 만연되는 가운데 이에 대항하는 과정에서 형성된 독특한 주거의 입지와 도로의 유형 등으로 인하여 기형적 형태의 도시가 창출되었고 이후에도 유지되고 있음을 잘 보여준다.

3. 지중해의 인질 비즈니스 :
역사적 우연과 경제성이 만든 비즈니스

바로 앞에서 우리는 역사적인 우연이 누적되어 인질 비즈니스가 형성되는 과정을 알아보았다. 그런데 이런 **비인도적인 비즈니스는 어떻게 현재까지 이어져 내려오는 것일까? 역사의 우연적 산물로서 나타난 특수한 비즈니스가 경제적 이해관계와 맞물려지면 매우 강력한 생존력을 보이기 때문일 것이다.** 좀 더 알아보자.[66]

사라센 해적의 침략으로 엄청난 피해를 당한 지역들은 당시 정치적으로는 콘스탄티노플을 중심으로 한 비잔티움제국, 달리 말하면, 동로마제국의 통치 아래 있었다. 하지만 비잔티움제국은 정치·군사적으로 매우 취약하였기에 이 지역에서 세금을 거두어갈 뿐이지 군사적으로 보호할 만한 형편이 되지 못했다. 빈번한 지원 요청에도 실질적 도움을 받지 못하게 되자 이탈리아를 비롯한 지중해 연안 사람들은 크게 분개하게 되었다.

66] 이 사례에 대해서는 주로 시오노 나나미 지음, 김석희 옮김, 《로마 멸망 이후의 지중해 세계》(상), 한길사, 2009. 참조.

상황이 악화되자 기독교 세계의 지도자이자 정신적 지주라고 할 수 있는 로마 교황은 군사적 보호 장치를 생각하지 않을 수 없게 되었다. 교황이 적당한 보호자를 물색하던 가운데 이민족인 게르만계의 프랑크족이 세운 프랑크왕국이 적임자로 부상하였다. 프랑크왕국은 이미 732년 투르-푸아티에 전투에서 이슬람 대군의 서유럽 진입을 저지하는 등 강력한 군사력을 보유하였고, 당시 서유럽 대륙을 대부분 장악하고 있었다. 더욱이 프랑크족은 여러 이민족 중에서도 가장 먼저 가톨릭으로 개종하였기에 종교적 이질감도 없었다.

이에 당시 교황 레오 3세는 서기 800년 프랑크왕국의 왕 샤를을 바티칸의 성베드로성당에 초빙하여 신성로마제국 황제로서 성대한 대관식을 치루었다. 후세 학자들이 '유럽의 탄생'이라고 부르는 중세 역사상의 빅 이벤트가 벌어진 것이다.[67] 바로 현재 유럽을 탄생시킨 역사적 사건이자 유럽연합의 모태라고 부를 법한 일이다.[68] 해적에 대한 침략에 대응하는 과정에서 탄생한 것이 유럽연합이라는 것이 역사의 아이러니라고나 할까? 하지만 이러한 강력한 보호 장치도 오래지 않아 샤를이 죽자 흐지부지되고 말았다고 한다.

해적들에게 인질로 잡힌 기독교인들을 구출하고자 12세기 말과

---

[67] 시오노 나나미 지음, 김석희 옮김, 《로마 멸망 이후의 지중해 세계》(상), 한길사, 2009, p.56.
[68] 브뤼셀에 세워진 유럽연합(EU)의 건물 가운데 하나가 '샤를마뉴(샤를대제)'라고 명명된 것은 이와 관련이 깊다고 보인다. 시오노 나나미 지음 김석희 옮김, 《로마 멸망 이후의 지중해 세계》(상), 한길사, 2009, p.55.

13세기 초에는 수도사와 기사단들이 '구출수도회'나 '구출기사단' 등의 조직을 만들기도 했다.[69]

이들은 18세기 말까지 약 500~600년 동안 활동하면서 대규모 모금 운동을 벌였다. 이를 통하여 구출한 기독교인들의 수가 자그마치 100만 명에 달한다는 주장[70]도 있을 정도이다.

하지만 이는 역설적이게도 사람을 납치하면 돈이 된다는 인식을 해적들에게 심어주었다. 자연스럽게 납치와 인질이 더욱 극성을 부리는 계기로 작용하였다. 심지어 인질 비즈니스를 만연하게 하고 지속 가능한 비즈니스의 영역으로까지 안착시켰다고나 할까? 역사의 또 다른 아이러니라 하지 않을 수 없다.

해적들의 수익배분 구조도 비즈니스가 활성화됨에 따라 진화하였다. 16세기부터는 '파샤'라고 불리는 지역 총독에게 수익의 12%를 상납하고, 항구 정비비용으로 1%, 빈민 구제용으로 일부 기부금도 내며, 나머지 80~85% 중 절반을 선주와 선장에게, 그리고 그 나머지는 선원들의 몫으로 배분하였다.[71] 선주는 일종의 돈을 대는 자본가이고 선장은 해적질이라는 비즈니스의 우두머리에 해당한다. 결국, 자본가와 경영자가 수익을 공평하게 나누어 갖는 안정적 비즈니스모델이 작동하고 있었다고 볼 수 있다.

69] 이에 대해서는 시오노 나나미 지음, 김석희 옮김, 《로마 멸망 이후의 지중해 세계》(상), 한길사, 2009, pp.297~359.를 참조하였음.

70] 시오노 나나미 지음, 김석희 옮김, 《로마 멸망 이후의 지중해 세계》(상), 한길사, 2009, p.356.

71] 시오노 나나미 지음, 김석희 옮김, 《로마 멸망 이후의 지중해 세계》(하), 한길사, 2009, p.330.

더욱 놀라운 일도 벌어졌다. 이러한 해적질이 오랜 기간 일상화되고 기독교 세계에 큰 위협이 되면서 해적이 해군의 총수에 임명되기도 하였다. 지중해 최고의 해적이었던 그리스 출신의 바로바로사가 바로 그 주인공이다. 16세기 이슬람권의 패권 국가였던 투르크의 정복 군주로서 전성기를 이끌던 술탄 술레이만은 그를 공식적으로 해군 총사령관에 임명하여 기독교 세력을 바다에서 압박하고자 하였다.[72] 물론 이전처럼 해적질도 충실히 하면서 사령관의 역할도 하는 것이다. 이쯤 되면 해적질과 해군, 그리고 비즈니스의 경계가 어디인지 더욱 모호해진다.

한 걸음 더 나아가 17세기 말과 18세기에 영국을 비롯한 유럽의 여러 나라에서 번성한 노예무역도 따지고 보면, 이러한 비즈니스의 연장선에서 해석할 수도 있을 법하다. 당시 유럽의 노예무역은 삼각무역의 형태로 이루어졌다. 유럽의 여러 항구에서 노예선이 거래에 쓸 상품을 싣고 아프리카에 가서 이를 노예와 교환하고, 다시 카리브해를 비롯한 아메리카대륙 각지에 들러서 싣고 온 노예를 설탕, 커피 및 면화 등의 식민지 생산품과 교환한 후 유럽의 본국으로 돌아와 매각하는 것이었다.[73]

중세 지중해에서 빈번했던 인질 비즈니스가 근대에 들어서는 대

72] 시오노 나나미 지음, 김석희 옮김, 《로마 멸망 이후의 지중해 세계》(하), 한길사, 2009, p.155~161.
73] 후루가와 마사히로 지음, 김효진 옮김, 《노예선의 세계사》, 에이케이커뮤니케이션즈, 2020, pp.18~19.

량생산 및 식민지 지배와 연결되면서 이윤을 더욱 극대화하는 방법으로 고도화된 것이다.[74]

　이 사례는 역사의 우연적 산물로서 나타난 특수한 비즈니스가 경제적 이해관계와 맞물렸을 때 매우 강력한 생존력을 보이며, 누적적 인과관계가 유지되는 한 오랜 기간 존속될 수 있음을 잘 보여준다.

---

[74] 심지어 이 삼각무역이 영국의 산업에 일석삼조의 역할을 했다는 주장도 있다. 대표적으로 윌리엄스(Eric E. Williams)는 《자본주의와 노예제도》에서 삼각무역이 영국에서 생산된 제품의 시장을 제공하였으며, 영국인들이 필요한 상품을 조달하였을 뿐만 아니라 산업혁명에 필요한 자금 수요를 충당할 자본을 축적하는 주된 원천이었다고 주장하였다. 자본주의의 발전에 노예무역과 노예제가 큰 역할을 했다는 얘기다. 후루가와 마사히로 지음, 김효진 옮김, 《노예선의 세계사》, 에이케이커뮤니케이션즈, 2020, p.19.에서 재인용.

4. 좌측통행 대 우측통행 :
역사적 우연과 경로의존성에서 형성된 통행 문화

역사적 우연이 시간이 흐르면서 관행으로 정착되고, 갈수록 경로 의존성이 커지면서 지역별 특수성을 낳는 주요한 요인의 하나가 되기도 한다. 경로의존성이란 특정한 수행 방식이 익숙해져서 그 방식에 의존적이게 된다는 말인데, 일상에 그런 예는 많이 있다.

우리가 현재 사용하는 소위 QWERTY 자판이라 불리는 노트북의 자판 배열이 그 한 예이다. 현재의 자판은 타자기 자판에서 비롯된 경로의존성의 결과이다. 타자기가 처음 개발되던 때에는 자판에 글쇠들이 연결된 기계식이어서 자판을 빠르게 치면 글쇠들이 엉키기 쉬웠다. 이 문제를 해결하려고 고안되어 널리 사용된 것이 QWERTY 자판이다. QWERTY 자판에서는 많이 사용하는 알파벳들을 서로 인접하지 않게 위치시켜 글쇠들이 엉키지 않도록 한 것인데, 그러다 보니 타이핑 속도가 느려졌다. 사용자 입장으로는 불편한 구조지만 당시에는 비용과 이득의 절충점이었던 셈이다.

이후 기계식이 아닌 자판을 사용하는 컴퓨터 시대가 도래하자, 빠르게 타이핑을 할 수 있는 자판 배열이 고안되었다. 오거스트 드보랙 박사가 고안한 Dvorak 자판이 그 예이다. 편리성과 속도를 따진다면 Dvorak 자판으로 대체되는 것이 마땅하다. 하지만, 자판 배열은 바뀌지 않고 현재까지 이어져 내려오고 있다. 사람들이 기존의 자판 배열에 익숙하기에 이를 바꾸는 것이 오히려 큰 재적응 비용을 요구하는 것으로 추산되기 때문이다.

통행 방향이나 운전석의 문제도 효율성이나 경제성보다 경로의 존성에서 비롯된 관습에 따른 것으로 볼 수 있다. 대부분의 나라에서는 양방향 도로에서 통행의 안전성과 편리성을 위해 좌측 또는 우측의 어느 한쪽으로만 통행하도록 하고 있다. 그에 따라 운전석도 달라진다. 한국은 우측통행(right-hand traffic)을 하고 왼쪽에 운전석이 있다. 하지만 가까운 일본은 좌측통행을 하고 오른쪽에 운전석이 있다. 나라에 따라서 이용하는 차선과 운전석이 다르다는 얘기이다.

현재 다수 국가가 우측통행을 시행하고 있다. 165개 국가(영토)가 우측통행을 시행하고 있으며, 나머지 75개 국가와 지역은 좌측통행을 시행한다.[75] 영국과 과거 영국의 식민지였던 영연방 국가들이 대표적인 좌측통행 국가이다. 반면, 과거 프랑스나 독일 식민지 제국에 속했던 많은 나라가 우측통행을 채택하였다. 1919년에는 좌측통행 국가와 우측통행 국가(영토)의 수가 비슷하였으나 이후 좌측

75] "Worldwide Driving Orientation by Country". Retrieved 13 December 2016, https://en.wikipedia.org/wiki/Left-_and_right-hand_traffic.

146

통행에서 우측통행으로 변경한 국가들이 많아졌다고 한다.[76]

좌측통행과 우측통행을 시행하는 나라들의 면모를 보면 소득수준과는 관계가 없어 보인다. 우측통행이냐 좌측통행이냐의 문제는 경제발전 단계와는 무관하다는 얘기이다. 우측을 사용하는 것이 유리한지, 아니면 좌측을 사용하는 것이 유리한지에 대한 뚜렷한 과학적인 근거 역시 찾기는 쉽지 않다. 그렇다면 나라마다 관행적으로 유지되어왔다고 볼 수 있다.

좌측통행에 관한 제도적 근거는 영국에서 찾아볼 수 있다. 영국에서는 1669년 런던 알데르멘 법원의 명령으로서, "모든 카트가 한 방향을 유지하여 가고 다른 모든 카트는 다른 방향을 유지해서 가는" 것을 보장하기 위해 한 남자를 런던 다리에 서 있도록 했다는 것이다.[77] 그것은 나중에 '런던다리법 1765(London Bridge Act 1765)'이라고 법제화되었는데, "런던에서 해당 다리를 지나는 모든 객차는 동쪽을 향해야 한다"는 내용이었다.[78] 즉, 남쪽으로 가는 객차는 동쪽, 즉 이동 방향에 따라 왼쪽을 향해야 한다는 것이다. 좌측

76] Ian Watson, "The rule of the road, 1919–1986: A case study of standards change" (PDF). Retrieved 30 November 2016. https://en.wikipedia.org/wiki/Left-_and_right-hand_traffic.에서 재인용.

77] Mark Latham, (18 December 2009), The London Bridge Improvement Act of 1756: A Study of Early Modern Urban Finance and Administration (Ph.D.), University of Leicester. https://en.wikipedia.org/wiki/Left-_and_right-hand_traffic.에서 재인용.

78] The Statutes at Large from the 26th to the 30th Year of King George III. Printed by J. Bentham. 1766. https://en.wikipedia.org/wiki/Left-_and_right-hand_traffic.에서 재인용.

통행에 대한 최초의 법적 장치라고 할 수 있다.

이후 영국은 인도와 인도네시아 등 동남아시아의 여러 나라와 호주 및 뉴질랜드 그리고 남아프리카공화국 등 아프리카 여러 나라를 식민지로 하는 대영제국을 건설하면서, 이들 나라에 좌측통행을 정착시켰다. 유럽에서는 영국 외에도 아일랜드, 키프로스 및 몰타 등 섬나라들이 좌측통행을 유지하고 있다. 일본은 영국의 식민지 경험이 없음에도 불구하고 좌측통행을 채택한 국가이다. 메이지 유신 이후 유럽의 제도를 배우기 위하여 유학생을 파견하고 제도를 도입하였는데, 이때 도로 관련 제도는 영국의 것을 채택하면서 도입되었던 데 기인한다.

우측통행의 배경은 좌측통행만큼 뚜렷해 보이지는 않는다. 사람들이 대부분 오른손잡이여서 그렇게 됐다는 이유를 비롯하여 확인하기 어려운 여러 가지 설명들이 있다. 대표적으로 자동차가 다니기 이전인 마차 시대의 전통에서 비롯되었다는 설도 있다.[79] 말은 전통적으로 왼쪽에서 올라타서 왼손으로 고삐를 잡고 오른손으로 채찍질을 하기에, 동물들을 분리하고 채찍질을 할 때 사람들이 다치지 않도록 우측을 이용하였다는 것이다.

유럽의 국가들은 대부분 우측통행을 시행한다.[80] 독일이나 프랑스는 자동차 시대의 초기부터 우측통행을 한 것으로 보이고, 오스

---

[79] https://en.wikipedia.org/wiki/Left-_and_right-hand_traffic. 참조.

[80] 이에 대해서는 https://en.wikipedia.org/wiki/Left-_and_right-hand_traffic.을 참조하였음.

트리아나 러시아, 포르투갈, 스웨덴 및 노르웨이 등 많은 나라가 처음에는 좌측통행을 하다가 우측통행으로 바꾸었다. 이탈리아처럼 20세기 초에는 지역마다 독자적인 통행 방향을 정해서 운영하다가 혼란이 가중됨에 따라 20세기 중엽에야 우측통행으로 전환한 국가도 있다.

좌측통행이건 우측통행이건 한번 정해지면 바꾸기 쉽지 않다. 도로체계의 변화에 수반되는 인프라 교체와 자동차의 운전석 변경 등 경제적 비용, 그리고 제도적 정비 등 관련된 일들이 사회 전반에 걸쳐 한두 가지가 아니다. 하지만 무엇보다도 중요한 이유는 통행 방향이나 운전석에 소위 경로의존성이 영향을 미치기 때문이다.

사람들은 일단 특정의 운전석과 통행 방향에 익숙해지면 그것을 바꾸는 것이 여간 어렵지 않다. 마치 우리가 한 종류의 핸드폰을 사용하다 보면 작은 불편이 있더라도 동일 브랜드의 핸드폰을 그대로 사용하는 것이, 새로운 브랜드의 핸드폰을 사는 경우 익숙하지 않은 사용 환경에 적응하는 데 들여야 하는 수고로움을 감수하는 것보다 낫다고 보는 것과 같은 이치이다.[81]

20세기 초만 해도 여러 나라가 좌측통행에서 우측통행으로 전환하였지만, 최근에는 통행 방향을 바꾸려고 시도하는 나라들이 거의 없다. 20세기 초면 자동차 이용이 지금과는 비교할 수 없을 정도로 덜 활성화된 시기이다. 따라서 경로의존성이 크게 문제 될 게

---

81) 폴 크루그먼 지음, 이윤 역해, 《폴 크루그먼의 지리경제학》, 창해, 2017, pp.48~49. 참조.

없는 시기였다. 그러나 지금은 사람들이 자동차를 널리 이용하면서 이미 상당한 경로의존성이 작동하고 있다. 제도를 바꾸는 비용이 막대해졌다는 뜻이다. 따라서 최근에 통행 방향 전환을 시도하는 나라가 거의 없다는 사실은 우리의 관점에서 보면 당연하다.

어찌 보면 이러한 사례는 합리적인 이유로는 설명하기 어렵다. 하지만 다양한 요인으로부터 발생하는 역사적 우연이 시간이 흐르면서 관행으로 정착되고, 갈수록 경로의존성이 커지면서 지역별 특수성을 낳은 주요한 요인의 하나가 됨을 보여준다. 이러한 사례는 우리 주변에 무수히 많다.

5. 미국의 홈리스와 자선 문화 :
주택금융·사회보장 제도와 기부문화

미국에서 길거리를 지나다 보면 종종 마주치는 게 집이 없어서 길거리에 나앉은 홈리스(homeless)들이다. 미국의 홈리스 숫자는 2007년 이래 최근 14년 동안 계속해서 60만 명 내외에 이르고 있다.[82] 이들은 대부분 대도시에 머물고 있는데, 장소를 가리지 않고 곳곳에서 구걸하는 것을 보게 된다. 세계 최대의 경제 대국인 미국에서 구걸 행위가 빈번하게 이루어지는 것이 낯설기도 하지만, 이방인을 더욱 어리둥절하게 만드는 것은 옷차림이 그다지 남루하지 않은 홈리스들이 적지 않다는 점이다.

　게다가 길가는 사람들은 행색의 차이나 빈부와 관계없이 우리 생각보다 훨씬 빈번하게 10달러나 5달러 지폐를 홈리스들의 손에 쥐어 준다. 심지어 자동차 운전자들조차 신호등 앞에 멈추어 선 채 차창 밖으로 손을 내밀어 돈을 주곤 한다. 소득이 비슷한 같은 선

82] statista, https://www.statista.com/statistics/555795/estimated-number-of-homeless-people-in-the-us.에서 재인용.

진권의 유럽 나라들과도 사뭇 다른 현상이다. 이러한 현상을 어떻게 이해할 수 있을까?

무엇보다도 큰 이유는 부동산과 관련된 금융 관행과 미흡한 사회보장 제도로 인해 미국에서는 누구나 홈리스로 전락할 가능성이 열려 있기 때문일 것이다. 미국에서는 주택을 살 때 대부분, 요즈음은 한국에서도 널리 보급되기 시작한, 소위 모기지론(mortgage loan)이라 불리는 장기 할부 대출을 활용한다. 쉽게 말하면 은행이 매입자를 대신하여 주택을 매입해 주고 그 대금에 이자를 붙여서 장기에 걸쳐 나누어 갚도록 하는 것이다. 이 제도는 처음에 주택을 장만하기는 쉬우나 일시적으로 상황이 나빠져 납부 기일을 제대로 지키지 못하면 집에서 쫓겨나기 쉽다.

미국은 유럽보다 노동시장의 유연성이 매우 높다 보니 상대적으로 실직이 일상화되어 있다. 직장을 잃게 되면 새 직장을 구하러 다니다가 모기지 대금을 제때 내지 못하고 하루아침에 집에서 쫓겨나 길거리에 나앉는 경우가 허다하다. 집이 없어서 그렇지, 입고 있는 옷도 멀쩡하고 얼굴 빛깔도 좋은 홈리스들을 종종 마주치게 되는 이유가 여기에 있다.

게다가 미국은 경제 대국임에도 불구하고 북유럽의 복지 국가들과는 달리 경제적 약자에 대한 사회적 안전망이 상대적으로 부실한 편이다. 보통 사람이라면 누구나 이러한 위험에 항상 노출되어 있다고 해도 지나치지 않다.

그러다 보니 사람들에게 홈리스의 구걸 행위는 자신들과는 상관

없는 사회적 하층민만의 얘기가 아닐 수 있다. 자신들도 언제 그러한 나락에 떨어질지 알 수 없다고 생각되기에 동질감과 함께 사회적 연대의식도 작동하게 된다. 여기에 **서구의 기독교 배경에 뿌리를 둔 기부문화도 역할을 한다.** 민족이나 인종과 관계없이 인간으로서의 최소한의 생계를 유지해야 한다는 기초적인 인간 존엄 사상과 미국 경제의 높은 소득 기반이 이러한 자선 행동을 스스럼없이 할 수 있도록 함은 물론이다.

이 사례는 손쉽게 얻을 수 있으면서도 위험성이 있는 부동산금융과 부실한 사회보장이라는 제도가 오랜 기간 정착되어 유지된 데다가 전통적인 기독교의 기부문화가 결합하면서 나타난 결과로 볼 수 있다. 사람들의 행동 방식이 제도와 문화 등 다양한 복합적 요인에 영향을 받고 있음을 잘 보여준다.

6. 미국의 입양문화 :
제도와 관습에서 비롯되는 보육문화

러시아와 우크라이나의 전쟁을 보면서 전쟁으로 야기되는 여러 가지 문제들에 대해 생각하게 된다. 전쟁은 수많은 인명을 살상하고 건물과 시설을 파괴할 뿐만 아니라 사회와 경제 거의 모든 분야에 걸쳐서 치명적인 후유증을 낳는다. 그중에서도 부모를 잃은 아이들이 겪을 고통과 경제적 피해를 복구하고 정상화되기까지 사람들이 헤쳐가야 할 경제적 어려움이 무엇보다도 아프게 다가온다.

더욱이 이 전쟁은 우리에게 기억하고 싶지 않은 아픈 기억을 소환하고 있다. 한국은 비록 1990년대 초반부터 최대 해외입양국의 오명에서 벗어나고는 있지만 전 세계에서 가장 많은 아동을 해외로 입양 보내는 나라의 하나로 알려져 있다. 학계추산에 따르면 2차 대전 이후 전 세계적으로 50만 명 정도의 아동이 해외로 입양되었는데 그중 20만 명 정도가 우리나라 아동이라는 통계도 있다.[83]

83] 아리사 H. 오 지음, 이은진 옮김, 《왜 그 아이들은 한국을 떠나지 않을 수 없었나》, 뿌리의 집, 2019, pp.16~17.; "전 세계 해외입양아동의 40%가 우리나라 아동", 〈오마이뉴스〉, 2017.10.13. http://www.ohmynews.com/NWS_Web/View/at_pg.aspx?CNTN_CD =A0002370142.

특히 전쟁 직후부터 1980년대까지 한국은 미국에 가장 많은 입양 아동을 보낸 나라로 기록되고 있다.[84] 물론 한국전쟁으로 인해 수백만 명이 사망하고 부모를 잃은 수많은 고아가 발생한 것이 주된 원인이다. 게다가 전쟁 이후의 절대적 빈곤을 겪으면서 생계를 유지하기 힘든 상황이 이어지다 보니, 부모가 있다 해도 차라리 외국에서 새 삶을 영위하기를 바라는 마음이 또 하나의 배경이 되었다고 볼 수 있다.

이후에도 비록 순위는 떨어졌지만, 한국은 〈표 IV-1〉에서 알 수 있는 바와 같이 여전히 입양을 많이 보내는 주요한 나라의 하나로 자리 잡고 있다. 민망하기 그지없을 뿐만 아니라 지금처럼 인구의

〈표 IV-1〉 입양을 보내는 세계의 주요 5개국(1980~2004)

입양자 수 기준

1980~89	1995	1998	2003	2004
한국	중국	러시아	중국	중국
인디아	한국	칠레	러시아	러시아
콜럼비아	러시아	베트남	콜럼비아	과테말라
브라질	베트남	한국	한국	한국
스리랑카	콜럼비아	콜럼비아	우크라이나	우크라이나

자료: S. Kane, "The movement of children for international adoption: an epidemiological perspective", Social Science Journal 30(4), 1993, pp.323~339., Peter Selman, "Trends in intercountry adoption 1998–2003: a demographic analysis", Paper presented at First Global Conference on Adoption Research, Copenhagen, 9-10 September. 2005., Peter Selman, "Trends in intercountry adoption: Analysis of data from 20 receiving countries, 1998–2004", Journal of Population Research, 23(2), 2006, p.191.을 토대로 작성했음.

---

[84] Peter Selman, "Trends in intercountry adoption: Analysis of data from 20 receiving countries, 1998–2004", Journal of Population Research, 23(2), 2006, pp.189~120.

감소를 걱정하는 상황에서는 어이없다는 생각마저 든다. 선진국에 태어났다고 생각하는 오늘날 우리의 MZ세대들로서는 참으로 이해하기 어려운 대목이다.

반면에 해외 입양을 가장 많이 받아들인 나라는 미국이다.[85] 미국은 세계 최대의 경제 대국이고 소득도 높으며 인구도 많다는 점에서 충분히 그럴만하다고 생각할 수 있다. 하지만 이런 일반적인 이유 외에도, 미국이 해외로부터 입양을 많이 받아들이는 데에는 나름의 독특한 제도와 관습 및 사회적 분위기가 영향을 미쳤을 것으로 보인다. 크게 두 가지 이유를 들 수 있다.

첫째, 미국에서는 아이를 입양하는 것이 경제적으로 큰 부담이 되지 않는다. 아이를 입양할 경우 경제적으로 다양한 혜택이 주어진다. 입양한 가정에 사회보장카드를 발급하고 세금 환급 및 세제 혜택이 부여된다. 입양한 자녀를 키우기 어려워지면 양육비 보조도 받을 수 있도록 안전장치도 마련되어 있다.

입양 후에도 고등학교까지 공립학교에서는 무상교육이 시행되므로 학비 부담이 없다. 대학 이후에는 대부분의 미국 가정에서 그러하듯이, 본인이 국가로부터 손쉽게 장학금을 받고 나중에 갚든지 스스로 벌어서 학교에 다니는 문화가 정착되어 있다. 대학을 졸업한 이후에는 본인이 직장을 찾아서 돈을 벌게 되고, 결혼한다고 해

85] Ben Christopher, "Why Did International Adoption Suddenly End?", https://price onomics.com/why-did-international-adoption-suddenly-end/.

156

서 부모가 집을 사준다든지 하는 일은 거의 찾아보기 힘들다. 그만큼 경제적으로 양부모가 자식에 대하여 지출해야 할 부담이 적다.

둘째, 경제적 요인 외에도 입양아를 키우면서 느끼는 양육의 기쁨까지 고려하면 입양은 충분히 매력적인 일이 된다. 사회 분위기에서도 미국은 다인종, 다민족 사회이고 다양한 형태의 가정들이 있기에 입양아가 학교생활과 사회생활을 하는 과정에서 느낄 수 있는 차별의식이나 소외감도 상대적으로 작다. 양부모로서는 키울 때 느끼는 심리적 부담도 그다지 크지 않게 된다. 미국에서 입양이 활발해질 만한 충분한 이유가 있다는 얘기다.

이 사례는 입양을 경제적으로 지원하고 공교육 비용을 무상으로 하는 제도적 뒷받침과 다민족 사회로서의 차별이 적은 분위기, 그리고 자립적인 생활문화 등 다양한 요인들이 어우러지면서 생겨난 미국의 독특한 문화로 볼 수 있다.

7. 카페 천지 한국 :
역사적 전통과 가옥 구조가 이끌어 낸 사교문화

한국은 유난히 커피숍이나 카페가 많다. 세계 어디를 가보아도 한국처럼 카페가 많은 곳은 찾기 어렵다. 카페에서 주로 마시는 음료가 커피이다 보니 커피와의 상관성을 생각해볼 수 있다. 통계청 자료에 따르면, 최근 한국인의 1인당 연간 커피 소비량이 500잔 내외라니 유난히 커피를 좋아하기 때문이라는 설도 일견 설득력이 있어 보인다.[86]

하지만 독일 시장조사기관 Statista의 통계 조사에 의하면, 한국은 세계에서 커피를 가장 좋아하는 상위 15개국에는 속하지 않는다. 2020년 현재 한국의 1인당 커피 소비량은 연간 1.8kg으로서, 네덜란드(8.3kg)나 핀란드(7.8kg)에 비할 바가 못 된다.[87] 소득이 높지 않은 레바논이나 브라질도 커피를 많이 마시는 나라인 것을 보면 커피 소비량 자체가 경제발전 수준과 그다지 관계가 높아 보이지도

86] "지난해 한국인 커피 250억 잔 마셨다…1인당 500잔", 〈연합뉴스〉, 2017-04-09 07:11 https://www.yna.co.kr/view/AKR20170408057500030?input=1195m.
87] Statista, http://catalk.kr/food/top-coffee-drinking-nations.html.에서 재인용.

않는다.

따라서 한국에 카페가 많은 것은 소득수준이나 커피에 대한 강력한 기호와는 깊은 관련이 없다. 일반적인 요인으로 설명하기 어려워 보이기에 한국만의 특수성을 찾아볼 필요가 있다.

무엇보다도 역사적으로 볼 때, 한국에서 카페의 역할이 매우 컸음을 상기할 필요가 있다. 지금은 카페라는 이름이 커피를 비롯한 여러 가지 종류의 차와 음료수를 마시는 공간의 대표적 명칭으로 자리 잡았지만, 과거에 이러한 역할을 하는 곳은 카페가 아니라 다방이라는 이름으로 불리었다.

옛날의 다방은 지금의 카페보다 크고 용도가 훨씬 다양했다. 한국전쟁 직후 한국의 다방은 연락과 만남의 장소로서 역할이 컸다. 개인용 휴대전화는커녕 집에도 전화기가 없던 시절이어서 누구를 만나려면 여간 어려운 일이 아니었다. 사람을 만나려면 집으로 직접 찾아가거나 사전에 특정한 장소를 정해야 했는데, 이때 다방만한 곳이 없었다.

다방은 개인 가정에서 보유하기에는 엄청나게 비쌌던 전화기를 필수적으로 갖추고 있어서 손쉽게 연락이 가능한 곳이었다. 그 시절엔 다방에 전화를 걸어서 손님 중에 아무개 씨를 찾는다고 하면 카운터에서 아무개 씨를 호출해서 통화를 하게 해 주었다. 그래서 자기가 자주 가는 다방의 전화번호를 상대방에게 알려주고 그 전화번호를 통하여 서로 연락을 취했다. 심지어 직접 통화가 안 되는 경우 메모를 남겨주기도 했다. 다방이 연락의 허브로서 역할을 하였다. 그러다 보니 다방이 없는 동네를 찾아보기 어려울 정도로 다방이 많았다.

또 당시에는 집이라고 해도 손님을 대접할 만한 공간도 없었고, 손님에게 대접할 만한 차나 음료수도 귀했다. 그래서 이런 애로를 해결할 수 있는 외부 공간이 필요했는데, 다방이 그 자리를 채워주었다.

사업을 하는 사람들에게 다방은, 지금으로 말하면 일종의 벤처 사무실의 역할도 했다. 변변한 집 한 칸 없는 상황에서 개인 사무실을 갖추는 것은 언감생심이었기에 차 한 잔 값의 저렴한 비용에 테이블 하나를 사용할 수 있는 다방은 그야말로 최고의 가성비를 갖춘 사무실이었다. 게다가 다방에서 사업 파트너와 상담도 할 뿐만 아니라 다방 카운터는 필요한 연락과 메모를 하는 비서 역할도 해 주었으니, 모든 기능이 제공되는 사무실인 셈이었다. 전날의 숙취를 해소한다고 아침에 커피나 차에 날계란을 하나 띄워서 해장을 하는 기쁨은 덤이었다.

게다가 한국 사람들은 다른 나라 사람들 못지않게 오랜 옛날부터 사람들과 만남을 즐겨 왔다. 미국 사람들은 전통적으로 집에서 파티를 열어서 사교 모임을 한다고 한다.[88] 한적한 곳의 넓은 정원과

88] 일설에는 미국에서 1920~33년 시행되었던 금주법이 가정에서의 파티문화를 정착시키는 데 크게 기여했다는 설도 있다. 금주법은 판매용 술의 제조는 금지하였으나 가정 내에서 먹기 위한 술의 제조와 손님을 불러 마시는 행위를 허용하였기 때문이다. https:// brunch. co.kr/@soolstory/83.

방들이 여러 개 있는 미국 사람들의 가옥 구조를 생각하면, 그러한 모임이 참 편하게 느껴질 법하다. 안타깝게도 한국 사람들은 그런 공간의 여유를 가진 적이 거의 없었다.

지금은 한국도 생활 수준이 많이 높아지면서 주거 공간도 번듯한 아파트가 대종을 이룬다. 이전에 비하면 크기도 넓어지고 훨씬 안락한 구조를 갖추어가고는 있지만, 미국 교외에 있는 단독 주택에 비할 바가 못 된다. 게다가 가족 중에 입시생이라도 있게 되면 사람들이 모이기에는 불편하기 그지없다. 또 아파트는 이웃들과의 공동의 생활공간이다. 예전의 다방을 대신하여 카페가 여전히 번성하고 있는 또 다른 이유이기도 하다.

이 사례는 소득수준이 낮고 통신시설이 크게 부족했던 시절에 사람들과 만나고 비즈니스를 하기에 편리한 곳으로 자리매김하였던 다방이라는 공간이, 소득수준이 높아졌음에도 불구하고 높은 인구밀도와 도시 집중으로 인해 여전히 넓지 않은 가옥 구조 때문에 카페라는 공간으로 계속 유지되고 있음을 보여준다. 일종의 역사적 우연이 사회경제적 조건 때문에 계속해서 강력한 힘을 발휘하고 있는 사례이다.

8. 일본 자동차의 성공 비결 :
관습의 영향에서 비롯된 틈새

1980년대 일본 자동차가 미국에서 성공을 거둘 수 있었던 이유는 기술이 뛰어나서일까? 그게 전부는 아닌 것 같다. 미국에서는 자동차가 이동의 기본 수단이기에 자동차 없이는 하루도 지낼 수 없는 게 현실이다. 당시 미국은 자동차의 종주국이었다. 그런데 포드, GM 및 크라이슬러 등 소위 '빅(Big) 3 업체'가 과점의 이득을 누리면서도 고장이 잦다는 소비자들의 불만에 제대로 대응하지 못하고 있었다.

자동차가 고장 나면 대중교통을 이용하면 되는데 뭐가 문제냐고 생각하기 쉽다. 하지만 미국에서는 뉴욕이나 로스앤젤레스와 같은 일부 대도시를 제외하면 지하철이나 버스와 같이 편리한 대중교통이 제대로 갖추어진 곳이 거의 없다. 주민의 대부분이 자동차를 이용하기 때문에 대중교통망을 갖추어달라는 요구도 크지 않을 뿐만 아니라 땅이 넓다 보니 경제적으로 볼 때 비효율적이기도 하다.

게다가 자동차가 고장 나서 수리를 맡기면 우리처럼 신속하게 수리가 되지도 않는다. 한국에서는 큰 고장이나 파손이 아니면 그날

당일에 수리를 받을 수 있다. 미국에서는 우리처럼 숙련되고 상대적으로 저렴한 자동차 수리공이 턱없이 부족하다 보니 자동차 수리를 맡기면 며칠이 걸리는 경우가 다반사이다.

대중교통이 미흡하니까 자동차가 수리될 때까지 버티어 내는 방안이라는 게 마땅치 않다. 이웃 사람에게 사정해서 자동차를 며칠같이 타고 다니는 방안을 생각할 수 있지만, 이 또한 쉽지 않다. 미국의 직장생활이 너무 여유가 없어서 다들 정신이 없을 정도로 바쁜데, 카풀을 요청하는 것은 여간 민폐가 아니다.

그러다 보니 일반 사람들이 고려하는 방법은 미리미리 손을 봐서 고장이 날 가능성을 줄이는 것이었다. 실제로 미국 남자들이 주말이면 하는 일은 차고에서 자동차를 손보는 일이었다. 혹시라도 발생할 수 있는 사고를 방지하고자 미리 정비도 하고 부품도 갈아주는 것이었다. 가정마다 주말에 쉴 수 없다는 불평이 그야말로 하늘을 찌르는 때였다.

일본 자동차 기업들은 미국의 이러한 실정을 간파해서 비즈니스의 성공으로 연결하였다. 도요타와 혼다 등 일본의 주요 자동차업체들은 '고장이 나지 않는 자동차'를 모토로 해서 미국 시장에 물밀듯이 치고 들어갔다. 소위 '소나기식 수출'이 이루어졌다. 미국 자동차에 비하면 힘도 떨어지고 차가 작아 안전성도 못 미치는 듯이 보였지만, 가격도 비교적 저렴한 데다 특히 몇 년을 타도 고장이 나지 않는 장점이 있었기 때문이다.

1979년 2차 오일쇼크에 따라 기름값 부담이 커지면서 소형이고 연비가 높았던 일본 자동차의 인기가 높아지기 시작한 것도 일본 자동차가 미국 시장에서 질주하는 데 한몫을 단단히 했다.[89] 하지만 미국의 소비자들에게 자동차 고장에 대한 우려를 불식시켜서 주말의 안식과 여유시간을 가져다준 것이 무엇보다도 큰 매력이었다.

이 사례는 미국 자동차 시장의 독과점 구조로 인해 기술 개발을 소홀히 한 탓에 잦은 고장이 일상화되어 누적된 소비자들의 불만에 초점을 맞춰서 비즈니스에 성공한 경우이다. 자동차 수리에 장시간이 소요되는 데다가 대중교통이 절대적으로 부족한 상황에서 어쩔 수 없이 주말마다 자동차 수리에 매달려야만 했던 미국 소비자들에게 고장 없는 차로 파고든 일본 자동차 업계의 성공 사례이기도 하다. 일상적 관습을 타파하려는 시도가 비즈니스의 성공으로 연결될 수 있음을 시사한다.

지역이 다르면 역사나 제도, 관습이 달라지기 쉽다. 지리적으로 인접해도 역사, 제도 및 관습이 다를 수 있다. 우리는 4장에서 미국의 총기 소유, 지중해의 망루와 미로길 및 인질 비즈니스, 좌측통행 대 우측통행, 미국의 홈리스와 자선문화 및 입양문화, 그리고

89] 또한 당시 독일 본토에서 엔진과 트랜스미션 등 주요 부품은 조달하고 나머지는 브라질 등에서 조달하는 지나치게 앞서간 최초의 글로벌 조달전략을 세웠다가 미국 시장을 상실하게 된 독일 폭스바겐 차의 실패도 일본 차의 미국 시장 진출에 유리하게 작용하였다. 피터 드러커 지음, 이재규 옮김. 《미래사회를 이끌어가는 기업가 정신》(Innovation and Entrepreneurship의 번역본), 한국경제신문사, 2004, p.124.

한국의 카페 문화 등의 사례를 통해 이것을 확인할 수 있었다. 그리고 이런 차이는 비즈니스로 연결될 수 있다는 것을 일본 자동차의 성공 사례에서 알 수 있었다. 이어지는 5장에서는 문화특성에서 비롯된 지역 차이에 대해 알아본다.

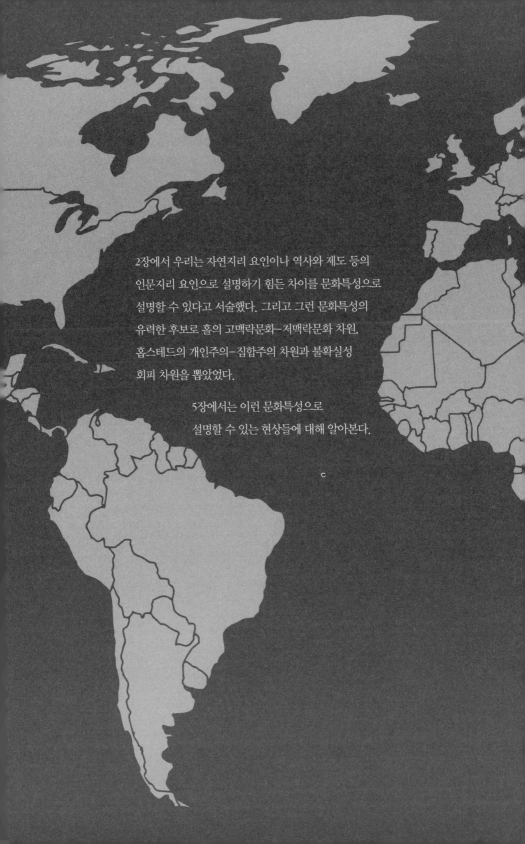

2장에서 우리는 자연지리 요인이나 역사와 제도 등의
인문지리 요인으로 설명하기 힘든 차이를 문화특성으로
설명할 수 있다고 서술했다. 그리고 그런 문화특성의
유력한 후보로 홀의 고맥락문화−저맥락문화 차원,
홉스테드의 개인주의−집합주의 차원과 불확실성
회피 차원을 뽑았었다.

5장에서는 이런 문화특성으로
설명할 수 있는 현상들에 대해 알아본다.

5장

문화특성에서
비롯된 특수성

1. 유럽인은 운동화 신고 출근해 구두로 갈아 신는다 :
맥락문화와 직장의 의미

2장에서 살펴본 바와 같이 에드워드 홀(Edward T. Hall)은 사람들이 의사소통을 위하여 사용하는 언어나 표정, 몸짓 및 문서 등과 같은 여러 가지 상징적인 표현들을 맥락으로 정의하면서, 문화를 '고맥락문화(high context culture)'와 '저맥락문화(low context culture)'로 분류하였다. 언어 외적인 요소들을 많이 사용해서 의사소통을 하는 문화를 고맥락문화로, 직접적이고 명료한 언어적 표현을 사용해서 소통하는 문화를 저맥락문화로 구분하였다. 일본, 중국, 인도네시아 및 사우디아라비아 등이 고맥락문화이고, 그리고 미국, 캐나다, 독일 및 스칸디나비아의 국가 등은 저맥락문화이다.

최아롱은 한국과 서구의 문화적 차이를 보여주는 사례들을 소개하였다.[90] 그러나 아쉽게도 그런 차이가 왜 나타나게 되었는가에 대해서는 만족할만한 설명을 내놓지 못하였다. 우리는 신발과 관

---

[90] 이하 이에 대해서는 최아롱, 《우리 몸 문화 탐사기 : 한국인들만의 독특한 몸 사용 매뉴얼을 찾아 떠나는 여행》, 신인문사, 2011, pp.44~74.를 참조하였음.

련된 사례에 홀의 이론을 적용하여 설명해보고자 한다. 유럽이나 미국 사람들이 직장의 안과 밖에서 하는 행동은 한국 사람들과 사뭇 다르다. 한국 사람은 구두를 신고 직장에 출근해서 사무실에서는 슬리퍼나 편한 신발로 갈아 신는다. 반면에 유럽이나 미국 사람들은 운동화를 신고 출근해서 직장에서는 구두로 갈아 신는다. 우리에게 왜 사무실에서 불편하게 구두를 신고 있을까 하는 의구심이 들게 한다.

우리가 빠르게 경제성장을 해서 소득이 이 나라들 수준에 근접했음에도 불구하고 우리의 행동 방식은 예나 지금이나 크게 변하지 않고 있다. 그렇다고 유럽이나 미국 사람들이 과거 소득수준이 낮았을 때 우리처럼 하지도 않았다. 경제발전이나 소득수준과 별 상관이 없다는 얘기다. 상대방을 이상하게 생각하기는 피차 마찬가지이다. 이 차이는 문화특성의 차이에서 비롯된 특수성의 사례라고 볼 수 있다.

어떤 문화특성에서의 차이일까? 아마도 직장 안과 직장 밖의 공간을 누구의 공간으로 인식하느냐에서 비롯된 행동 차이로 해석해 볼 수 있다. 한국 직장인들에게 직장 밖은 '남들'의 공간이니까 거리에서는 남들의 눈치를 보느라 구두를 신고, 직장 안은 '우리'의 공간이니까 편하게 지내도 된다고 생각할 수 있다. 반면에 유럽인들에게 직장 밖은 편한 공간이니까 맘대로 해도 되지만, 직장 안은 공식적인 공간이기 때문에 그래서는 안 된다고 생각할 수 있다. 편안하게 생각하는 공간과 편안하지 않게 생각하는 공간이 상반된다. 공간에 대한 인식의 차이는 홀의 맥락문화 차원과 연결될 수 있는 것으로 볼 수 있다.

에드워드 홀에 따르면, 고맥락문화란 사회 구성원들의 의사소통에 필요한 정보가 사회적 배경, 경력, 가치관 및 개인과 개인 간의 관계 등 맥락에 내부화되어 있는 문화를 의미한다. 그리고 고맥락문화에서는 가족과 공동체 및 집단 내부구성원들과의 강력한 유대를 바탕으로 비언어적이고 암묵적인 소통이 주를 이룬다. 저맥락문화에서는 대화를 통해 정보의 교환이 이루어지고 구체적으로 표시된 문서와 문장의 표현 자체가 중요하다. 저맥락문화에서는 과제가 중요하고 집단도 결속력이 약하며, 개인이 명확한 의사소통을 하며 책임의 주체로서 행동한다.

이 구분을 토대로 판단해보면, 한국은 고맥락문화에 속한다고 볼 수 있다. 따라서 한국인들에게 직장은 우리의 공간이고 편하게 행동해도 되는 공간으로 생각될 수 있다. 직장에서 편안하게 지내라는 명시적 문구가 없음에도 불구하고, 직장 동료들 간의 암묵적이고 동질적인 관계에 대한 믿음에 기반을 두기 때문이다. 직장 동료는 내집단, 즉 집단 내부 사람이니까 편하게 하는 행동을 서로 양해할 수 있다고 보는 것이다.

반면에 미국이나 북서부 유럽은 대표적인 저맥락문화이다. 저맥락문화에서는 성과를 우선하여 생각하고, 성과는 직장에서 이루어지기 때문에 직장을 공식적인 공간으로 인식할 수 있다. 저맥락문화에서 직장이라는 집단의 유대는 강하지 않다. 따라서 직장에서 편안하게 지내라는 명시적 문서가 없다는 것은 신을 벗는 것과 같은 편안한 행위는 허용되지 않는다는 것으로 인식될 수 있다. 반면에 미국이나 유럽인들에게 직장 외의 공간은 개인 공간이기 때문에 자유롭게 행동해도 된다고 생각할 수 있다.

이 사례는 사람들의 행동이 직장과 직장 밖에서 어떻게, 그리고 왜 차이가 나는가를 맥락문화라는 문화특성의 차이로 잘 설명할 수 있다는 것을 보여주고 있다.

2. 일본의 혼네와 다테마에 :
단시일에 고치기 어려운
역사적 경험의 산물로서의 고맥락문화

일본 사람들과 만나거나 일본에서 살아본 사람들은 일본 사람들의 의중을 제대로 이해하기 어렵다고 호소한다. 겉으로 하는 말은 좋은 의미 같은데, 실제로는 그렇지 않은 것 같다는 말을 종종 한다. 이는 일본인의 혼네(本音)와 다테마에(建前)의 차이로 표현된다. 혼네는 속마음을 나타내는 것이고, 다테마에는 겉으로 드러나는 표현을 의미한다.

예를 하나 들어보자. 직장에서 직원이 제출한 기획안을 거절할 때, 한국인 상사는 '이번 안은 안 좋으니 다음 기회에 더 노력하도록'이라고 직설적으로 말한다면, 일본인 상사는 '그 기획안은 상당히 독창적이고 좋아서 고려해 봄직하다'라고 모호하게 말한다. 한국인들이 대놓고 거절 의사를 표현한다면, 일본인은 자신의 속마음(혼네)으로는 거절의 의미이면서도 최대한 우회하여 에둘러 표현하는 것이 다테마에이다.

혼네와 다테마에는 남을 속이기 위한 속임수라기보다는 남의 기분을 최대한 고려하고자 하는 것이다. 우리처럼 직설적 표현에 익숙한 사람들의 입장으로는 답답할 따름이다. 반면에 일본 사람들은 한국 사람들의 표현이 상대방을 배려하지 않는 무례한 표현이라고 생각하기 쉽다. 서로 이해하기 어렵기는 매한가지이다.

혼네와 다테마에의 유래에 대해서는 여러 가지 설이 있다. 그 중 에도막부(江戶幕府)시대의 무라하치부(村八分)로부터 이어져 왔다는 설이 가장 유력하다고 한다.[91] 무라하치부란 에도 시대의 촌락 공동체 안에서 규율이나 질서를 어긴 자에 대해 집단이 가하는 소극적인 제재행위를 가리키는 말이다. 때로는 무라바나시(村バナシ)나 무라하즈시(村ハズシ) 등으로 불리기도 한다. 여기서 무라(村)는 마을이라는 뜻이고, 하치부(八分)는 배척이라는 뜻이다. 당시 촌락 사회에서 지내려면, 무라하치부를 당하지 않기 위하여 불만이 있어도 마음속으로 참으면서, 가능한 한 혼네는 숨기고 다테마에로 위장하는 것에 익숙해지게 되었다고 한다.

그밖에 15세기 중엽 오닌(應仁)의 난 후 약 1백 년 동안에 걸친 전국시대를 기원으로 보기도 한다.[92] 이 시기는 전란이 끊이지 않는 시기로서 사회 전체에 다툼이 빈번하고 무질서가 난무하는 시기였다. 무사 계급인 사무라이들은 목숨을 가볍게 여기는 풍조가 만연하여 사회 구성원 모두가 늘 긴장하며 살지 않을 수 없는 상황이었

---

91) https://ko.wikipedia.org/wiki/혼네와_다테마에.
92) https://namu.wiki/w/%EB%8B%A4%ED%85%8C%EB%A7%88%EC%97%90.

다. 그러다 보니 사람들이 전란 속에서 살아남기 위한 처세술로 속마음을 솔직하게 표현하지 않으려는 의도에서 혼네와 다테마에라는 일본 특유의 대인관계 태도를 형성하게 되었다는 것이다.

혼네와 다테마에는 에드워드 홀(Edward Hall)의 '고맥락문화'에 속하는 특성으로 보인다.[93] 그렇다면 현재의 일본도 고맥락문화로 보아야 하나? 홀이 맥락 차원에서 여러 나라를 분류했던 1950년대 고맥락문화에 속하는 대부분의 나라가 일본을 포함하여 개발도상국이었다. 반면에 저맥락문화의 국가들은 선진국에 속하였다. 일반적으로 저발전 상태에서는 책임과 권한이 뚜렷하지 않아도 발전에 큰 장애가 되지 않는다. 하지만 경제가 발전할수록 책임과 권한이 미치는 영향이 커지므로, 말의 의미도 정확해져야 그에 따른 책임과 권한이 분명해지고 사회경제적 비용도 줄어든다. 시간이 갖는 의미도 좀 더 체계적이고 결과가 중시된다. 따라서 경제가 발전할수록 고맥락문화에서 저맥락문화로 전환될 가능성도 배제할 수는 없다.

그런데 이미 명실상부하게 선진국에 진입한 현재의 일본이 여전히 고맥락문화에 속한다면, 이를 어떻게 해석할 수 있을까? 상대방의 심정을 고려하여 우회적으로 표현하는 행동은 체면을 살려주는 효과가 있을 수 있어 사회적 통합에 긍정적으로 작용할 수 있

93] 에드워드 홀 지음, 최효선 옮김, 《침묵의 언어》, 한길사, 2013과 관련되며, 관련 내용에 대해서는 https://en.wikipedia.org/wiki/High-context_and_low-context_cultures. 참조.

다. 하지만 불명확한 책임과 권한으로 인해 비슷한 발전 수준의 나라들에 비하여 사회경제적 비용이 클 것이고, 경제성장에 걸림돌이 될 수도 있다. 그럼에도 여전히 일본이 고맥락문화로서의 성격을 강하게 보인다는 것은 맥락문화를 포함한 문화특성들은 오랜 역사적 경험의 산물이기 때문에 단시일에 쉽사리 변화하지 않는다는 것을 보여주는 것으로 해석할 수 있다.

3. 미국의 수평적 조직 구조와 CEO 위상 :
실용성을 중시하는 저맥락문화의 조직 구조

얼마 전까지 한국 기업에는 사장, 부사장, 전무, 상무, 부장, 차장, 과장, 대리, 주임 및 평사원 등 직책들이 많고 위계적인 피라미드 구조로 되어 있었다. 이런 구조에서 의사결정을 하려면 실무선인 과장이 대리나 평사원들과 초안을 만들어 사장에게 이르기까지 여러 번의 결재를 받아야 하고 시간도 오래 걸리는 단점이 있다. 그러나 여러 차례 결재과정을 거치면서 결점이 보완되고 완결성이 높아지는 장점도 있다.

정부 조직의 경우는 더 심하다. 9급 공무원부터 1급 차관보를 거쳐 상위의 차관과 장관에 이르기까지 기업보다 직급이 더 많을 뿐만 아니라 위계적 구조도 더욱 엄격하다. 이런 구조는 오랜 역사적 전통에 뿌리를 두고 있다. 과거제도를 비롯한 관리 임용 체제를 통해 하위 관리를 선발하고 상당 기간 현장 경험을 거치면서 상위 관리로 승진하는 체계가 정립된 지 이미 오래다.

위계적 구조이다 보니 하급자가 만들어 온 안건을 상급자가 거부하거나 수정할 수는 있지만, 이 과정에서 하급자와 상급자 간에 자유로운 논의가 이루어지기는 어렵다. 게다가 상급자는 실무적이고 현실적인 과제들을 다루지 않다 보니 안건에 대한 해박한 지식이 부족하기 쉬워서 실무선에 올라온 안건들이 그대로 최고책임자에게까지 별다른 수정 없이 전달되어 결정에 이르는 경향이 있다. 그러다 보니 중앙부처에서는 사무관행정, 지방자치단체에서는 주사행정이라는 말도 나온다. 행정의 실무를 총괄하는 사무관이나 주사가 아래 직급의 공무원들과 작업을 하여 초안을 만들면 상위직급에서는 결재만 하게 되고, 궁극적으로 실무를 총괄한 사람들의 생각과 판단에 따라 중요한 업무가 결정된다는 것을 빗대어 한 말이다.

이러다 보니 젊었을 때는 일은 많이 하되 보상은 적지만, 고위직에 오르면 일은 적게 하되 보상을 많이 받아서 역할과 보상 간의 불일치 문제도 불거진다. 젊었을 때의 노력이 고위직에 올라가서 보상을 받으면 다행이지만, 그 과정에서 환경의 변화와 예측 불가능한 요인들이 발생할 여지가 커서 그렇게 되지 않은 경우도 다반사이기 때문이다. 이로 인해 신입 직원들은 신입 직원들 나름으로, 장기 근속자들은 장기 근속자들 나름으로 불만의 목소리가 높고 사회적 갈등도 적지 않다.

이에 반해 미국에서는 역할과 기능에 초점을 둠으로써 조직 구조가 단순하다. 직급도 많지 않을 뿐만 아니라 구조도 단순하다. 최고경영자(CEO)와 참모(staff)들로 구성되어 있다. 최고경영자가 사안에 대하여 생각하고 판단하며 직접 처리한다. 나머지 조직원들은 최고경영자의 지시에 따라서 의사결정을 하는 데 필요한 자료를 제공하거나 자문을 하는 것으로 역할이 한정된다.

최고경영자가 중요한 일을 처리하는 만큼 그에 대한 보상도 우리와 비교하면 천문학적 수준으로 높은 경우가 비일비재하다. 미국 S&P500지수에 포함된 329개 상장회사의 2019년 CEO 보수를 조사한 결과, 평균 연봉이 약 1,230만 달러(약 152억 원)에 달하는 것으로 나타난 바 있다.[94] 매우 바쁘니 시간을 쪼개서 쓰기 위하여 글로벌 기업에서는 전용 자가용 비행기를 제공하는 것도 이상한 일이 아니다.

최고경영자의 역할과 기능이 이렇게 크다 보니 직책에 대한 명칭도 우리와는 사뭇 다르다. 예를 들어 우리는 학교에서 교감도 교장에 이어 제2인자로서 명확한 역할과 권한을 행사하는 것으로 되어 있으나, 미국에서는 교장이 Principal인 데 반해 교감에 해당하는 직책은 부교장(Vice-Principal)이기 보다는 교장을 보좌하는 조교장(Assistant Principal)으로서 명명되는 경우가 일반적이다. 미국 국무부에 조국무장관(Assistant Secretary of State)과 같이 최고경영자를 보좌하는 직책들이 많은 것도 같은 맥락이다.

최근 한국에서는 기업 최고경영자에 대한 보상이 과도하다는 얘기도 종종 나오고 있다. 그 판단은 최고경영자의 역할이 어떠한가

94] "美 상장사 CEO 연봉 152억 원…AMD 리사 수 724억 원 '연봉퀸'", 〈한국경제〉, 2020.5.28., https://www.hankyung.com/international/article/2020052853067.

와 관련이 깊다고 볼 수 있다. 비록 한국 최고경영자들의 보수가 미국의 수준에 비해 절대적으로 낮다고 할지라도, 미국에서처럼 한국의 최고경영자가 스스로 판단과 결정을 내리면서 큰 역할을 하지 않음에도 불구하고 많은 보상을 받는다면, 이러한 비판은 나름 설득력이 높지 않을까 싶다.

이러한 차이는 맥락문화와 관련이 깊다. 즉, 한국에서 조직 구조가 매우 위계적인 것이나 보상체계가 하는 일에 비하여 하위직급에는 불리하고 상위직급에는 유리한 것도 고맥락문화의 특징을 반영한 것이다. 집단 구성원들의 강력한 유대에 바탕을 둔 상호 양해를 전제로 한다고 볼 수 있기 때문이다. 반면에 미국에서 CEO에게 높은 급여를 주는 전통은 관계보다는 실용성에 바탕을 둔 과제 중심의 저맥락문화와 일맥상통한다.

이 사례는 역사가 오래지 않아서 예로부터 관습적으로 이어지던 조직 구조가 없는 상황에서 이주민들이 서부 개척시대를 거치며 형성된 실용성의 전통이 저맥락문화와 잘 어울리면서 형성된 것으로 볼 수 있다.

4. 미국의 높은 이혼율과 트로피 와이프 :
개인주의 문화와 결혼문화

한국에서 최근 이혼율이 높아지고 있는 것이 사회적 문제로 등장하고 있지만, 미국에서는 결혼과 이혼이 빈번하다. 최근에 미국의 이혼율은 결혼율의 하락과 함께 하락하고는 있지만, 여전히 높다. 이혼율은 특정 연도의 인구에서 이혼한 사람이 차지하는 비율로도 측정되지만, 결혼한 사람이 일정 기간 내에 이혼할 가능성으로도 측정된다. 연구 결과에 따르면, 미국의 2012년 서베이에서 2002년 결혼한 15~44세 여성 중 이혼한 비율은 29%였으며, 이후 10년간 이혼할 확률은 약 절반으로 예측된다.[95]

2022년 세계 각국의 인구 1천 명당 이혼자 수(추정치)를 보더라도, 미국은 2.7명으로서 선진국 중에서는 덴마크와 함께 가장 높은 순위를 차지하고 있다. 프랑스(1.9), 독일(1.7) 및 영국(1.7) 등 비슷한 소득수준의 유럽 나라들과 비교해서도 미국의 이혼율은 상당히 높

95] https://en.wikipedia.org/wiki/Divorce_in_the_United_States#Rates_of_divorce.

은 편이다.[96]

 일반적으로 가정의 경제적 여건이 이혼에 적지 않은 영향을 미치지만 이를 고려해도 미국에서 이혼율이 높게 나타나는 현상은 미국 사회의 특수한 요인들로 설명할 수 있다. 우선, 미국에서의 생활은 한국과 크게 달라서 매우 단순하다. 직장과 가정생활이 거의 전부라고 해도 과언이 아니다. 직장생활도 전문직 화이트칼라를 제외하고는 대부분 정해진 근무시간에만 동료들과 같이 지낸다. 별도의 회식이나 각종 모임을 통하여 친목을 도모하는 우리와 같은 직장 내 사교 문화를 찾아보기는 어려운 일이다.

 이는 조직 구성원들 간의 인간적 관계보다는 실적을 중시하는 미국식 기업 문화와 가정생활을 중시하는 사회적 분위기와도 관련이 깊다. 그러다 보니 자연히 가정생활이 매우 중요할 뿐만 아니라 시간으로도 삶의 대부분을 차지한다. 자연히 배우자와 보내는 시간도 많아져서 배우자의 중요성이 다른 어느 나라보다 더욱 크다.

 한국에서도 최근 들어서는 일과 삶의 조화를 중시하는 워라밸(work-life balance)이 화두가 되고 있다. 경제발전에 따라 여가를 중시하는 자연스러운 현상이면서도, 과거 일에 중독된 사람처럼 직장에서 살다시피 일을 하며 보내다 보니 개인 생활이나 가정생활을 거의 하지 못했던 것에 대한 반성과 반작용으로 등장한 것으로 볼 수 있다. 이의 영향으로 직장에서 보내는 시간이 줄어들고는 있

96] https://worldpopulationreview.com/country-rankings/divorce-rates-by-country.

지만, 전통적으로 조직 구성원들 간의 관계가 중요해서 직장 동료들과 갖가지 형태의 모임을 하는 게 다반사이고, 배우자 외에 친구와 선후배 등 다른 사람과 보내는 시간이 많다. 미국과는 아직도 상당히 다르다.

미국에서는 배우자와의 관계가 원만하지 않으면 삶의 질 자체가 크게 훼손되기 때문에 결혼 생활이 유지되기 어렵다. 이혼에 대한 사회의 부정적 시각도 한국에 비하면 그다지 심각하지 않다. 배우자 간에 서로 원하는 것이 맞지 않으면 이혼하여 각자가 원하는 삶을 찾아가는 것이 당연한 것으로 생각된다. 이혼율이 높은 이유이다.

유능한 사람은 새로운 배우자를 맞이하는 것이 능력의 상징으로까지 여겨진다. '트로피 와이프(trophy wife)'라는 표현이 등장할 정도이다. 남자가 미모의 능력 있는 여성과 결혼하는 것이 마치 전장에서 전리품을 얻거나 경기에서 승리하는 것과 같다는 생각이다.

이 사례는 홉스테드의 4가지 문화 차원 중 개인주의 문화로 해석할 수 있다. 집단으로서 직장에 대한 소속감이나 유대가 약하고 직장 내 모임이 활성화되지 않는 가족 중심의 개인주의 문화에서 결혼이 갖는 특성과 양상을 잘 보여준다.

5. 한국의 길거리 응원 :
집합주의 문화의 절정

2002년 한·일 월드컵은 한국 스포츠 역사상 최고의 이벤트였다고 해도 지나치지 않다. 아직도 많은 사람이 기억에 생생하다고 얘기하고, 2002년 이후에 태어난 MZ세대도 TV를 통해 재방송된 경기를 여러 번 보았다고 말한다. 한국팀은 아시아팀으로는 처음으로 월드컵 축구 4강에 올라서 세상 사람들을 놀라게 하였다. 한국 사람들은 우리 민족의 기개와 역량을 세상에 떨친 것 같아서 여전히 그 기억을 마음 한구석에 뿌듯하게 간직하며 기회가 있을 때마다 그때 기억을 얘기하곤 한다.

하지만 당시 외국 사람들, 특히 서구 사람들이 경기 결과 못지않게 놀란 것이 한 가지 더 있었다. 한국 팀 경기가 있을 때마다 축구장은 물론이고, 온 거리를 메우고 응원하던 모습이었다. 길거리에서 응원하던 한국 사람들의 모습은 외국 유수 언론의 주요한 기삿거리가 되곤 했다. 남녀노소를 불문하고 너나 할 것 없이 하나가 되어 목청껏 응원하고, 밤을 새워가며 승리의 기쁨을 나누는 것을 이해하기 어렵다고 했다.

우리에겐 전혀 이상할 것이 없는 이 모습이 왜 서양 사람들에게는 낯설고 놀라운 것이었을까? 우리와 그들 간에 어떤 인식의 차이가 있는 것일까? 결론부터 얘기하면, 이 문제는 한국적 특수성, 즉 문화적 차이로 해석할 수 있다. 홉스테드의 문화 분류 차원 중 '개인주의 대 집합주의'가 해석의 열쇠이다. 서구문화는 개인주의 성격이 강한 데 반해, 우리는 집합주의 성격이 강하다. 서구 사람들에게는 월드컵이라 할지라도 축구 경기는 축구 경기일 뿐이다. 남의 일이다. 보면서 즐거움은 얻겠지만 길바닥에 앉아서 다른 사람들과 함께 응원할 일도 아니고 밤을 새워가며 즐거워할 일은 더더욱 아니다.

하지만 집합주의 성향의 한국 사람들에게 월드컵 경기는 '우리나라'와 '다른 나라' 간의 경쟁이다. 한국 사람들에게는 '우리나라'라는 집단의 구성원으로서 내가 경기를 하는 선수인 것처럼 한국 팀을 응원하는 것이 당연하게 여겨진다. 이기면 기쁘고 지면 아쉬운 마음을 소리 높여 응원한 옆 사람과 함께 나누는 것이 자연스럽다.

집합주의 성향은 무형의 에너지로 나라의 발전을 촉진하는 데 이바지하기도 한다. 한국의 빠른 경제성장이나 월드컵에서 거둔 놀라운 성과도 따지고 보면, 온 국민이 하나가 되어 기울인 노력이 모여서 시너지 효과를 발휘한 덕분일 수도 있다. 집단의 이익을 위해 개인의 이익을 뒤로 미룰 수도 있다고 생각하고, 시간이 지나면 보상을 받을 것이라고 기대할 수도 있다. 그러나 모든 일에는 긍정적인 면과 부정적인 면이 있듯이, 집합주의 역시 항상 긍정적으로

184

작용하지만은 않는다.

집합주의는 세계를 보는 눈을 왜곡시킬 수도 있다. 집합주의는 세상을 '우리'와 '남'이라는 이분법으로 보게 할 수 있다. 심지어 건강하지 못한 집합주의는 '우리'는 옳고 '남'은 틀렸다고 매우 잘못된 판단을 하게 할 수도 있다.

앞에서 살펴보았듯이, 집합주의 문화에서는 개인보다는 '우리'라는 인식이 우선된다. 한국 사회는 단일민족이라는 전통을 강조해 왔던 만큼 우리나라 사람들은 암묵적으로 '우리'라는 인식이 강하고 자기를 집단과 동일시할 수 있다.

사람들은 아무리 친하다 하더라도 생각이 다를 수 있다. 그런데 집단과 자기를 동일시하면, 사람마다 생각이 다를 수 있다는 사실을 간과하고 자기가 속한 집단(이를 내집단이라 한다)의 사람들은 자기와 가치 기준과 생각을 공유할 것으로 생각하기 쉽다. 즉, 자기가 속한 집단의 사람들은 상당히 동질적이라고 가정하기 쉽다. 반면에 자기가 속한 집단이 아닌 다른 집단(이를 외집단이라 한다)에 속한 사람들은 자기와 가치 기준과 생각이 다를 수 있다고 생각하기 쉽다.

집단의 정체성에 관한 것이 아니라면 내집단이냐 외집단이냐와 상관없이 사람들의 생각은 다양할 수 있는데, 어떤 집단에 속했느냐에 기초해서 판단할 가능성이 있다. 즉, 현실을 왜곡해서 지각할 수 있다는 것이다. 심지어 같은 행동을 해도 그 사람이 내집단이냐 외집단이냐에 따라 평가가 달라질 수도 있다. 내집단인 경우 더 긍정적으로 판단하는 경향이 있다.

　이 사례는 사람들이 자기가 속한 집단을 얼마나 우선하여 생각하느냐에 따라 대상에 대한 생각이나 판단, 그리고 행동 양식이 급격하게 달라질 수 있다는 것을 보여주고 있다.

6. 미국 식당의 팁 :
제도와 불확실성 수용에서 비롯된 서비스문화

미국에 처음 간 사람들이 당혹감을 느끼는 대표적인 경우의 하나가 식당에서 팁을 주는 것이다. 맥도날드와 같은 패스트푸드 식당에서는 팁이 필요하지 않지만, 정식 요리를 시키는 식당에서는 팁을 주는 것이 상식처럼 되어 있다. 미국에서는 지역별로 다소 차이가 나지만 식당에서 음식값에 대하여 대개 14~17%의 팁을 주는 것으로 조사되고 있다.[97]

하지만 이것도 어디까지나 평균치일 뿐, 정확히 얼마를 주어야 하는지 명확하지 않아서 주는 사람으로서는 혼란스럽다. 공연히 음식값 말고도 추가로 돈을 내야 하는 것 같아서 불만도 있게 마련이다. 비록 프랑스와 같은 일부 유럽의 식당에서도 정도의 차이는 있을 뿐 팁을 요구하는 경우가 적지 않지만, 미국만큼 일반적이지는 않다.

97] Discovery Survey 2017, https://www.discover.com/credit-cards/resources/the-tipping -culture/.

한국에서는 식당에서 주문을 받고 음식을 나르는 종업원들의 서비스 요금이 당연히 음식값에 포함되어 있다고 생각한다. 따로 팁을 주어야 한다면 부당하다는 생각마저 들게 한다. 물론 요즈음 한국에서도 고급 식당에서는 팁을 주는 경우가 종종 있어서, 사람들의 소득이 증가함에 따라 팁 문화가 확산하는 것으로 간주한다면, 이를 일반성의 관점에서 해석 가능한 것으로 볼 수도 있다.

하지만 한국과 미국에서 팁을 주는 이유는 기본적으로 성격이 다르다. 한국에서는 식당 주인이 종업원에게 급여를 주는 게 당연하고 이것은 음식값에 포함되는 것으로 이해한다. 손님이 따로 팁을 줄 필요는 없고, 굳이 준다면 어디까지나 수고에 대하여 자발적으로 고마움을 표현하는 수단일 뿐이다.

그러나 미국에서는 종업원의 서비스에 대한 대가가 모두 급여로 지급되는 것이 아니라 일부만 혹은 턱없이 적게 지급되는 경우가 태반이다.[98] 따라서 종업원들의 서비스에 대한 대가는 음식값에 포함될 이유가 없으며, 종업원들 또한 서비스에 대한 대가를 손님

---

[98] 식당에서 일하는 웨이터나 웨이트리스와 같은 '팁 노동자(Tipped Workers)'들의 최저임금은 1991년 이후 줄곧 시간당 2.13달러에 머물고 있으며, 최저임금 인상 논의에서도 제외돼 있다. 연방법 상으로는 팁 노동자들이 팁으로 최저 임금 수준을 벌지 못하면 고용주가 그 차액을 보전해 주도록 되어 있지만 그건 법일 뿐이고 현실은 냉혹하다. 팁 노동자들이 최저 임금을 제대로 받고 있는지, 팁으로도 부족한 부분을 고용주가 메워주고 있는지 여부를 조사하는 일은 어려운 게 아니라 아예 불가능하다는 말이 나오고 있다. 팁 노동자의 일자리는 가장 문턱이 낮은 분야여서 고용주는 언제나 '싫으면 나가라'는 입장이기 때문이다. "미국의 팁 문화와 최저임금", 〈노컷뉴스〉, 2014-07-07. https://www.nocutnews.co.kr/news/4054476.

으로부터 받는 것을 당연하게 생각한다. 손님이 팁을 내지 않으면 종업원으로서는 자신들 서비스의 대가에 대하여 지불받지 않는 것이 되어서 부당하게 느낄 수밖에 없다.

이를 어떻게 이해해야 할까? 팁 문화는 미국의 자본주의적 시장 경제제도의 전형을 보여준다. 식당을 운영하는 주인의 입장으로는 음식 가격에 서비스 요금을 붙이지 않아서 가격을 낮게 보이도록 책정할 수 있는 이점이 있어서 고객을 유치하는 데 유리하다. 가격이 낮으니 세금도 낮아진다. 마다할 이유가 없을뿐더러 적극적으로 환영할 만하다.

종업원은 자신이 얼마나 열심히 노력하느냐에 따라서 많은 팁을 받을 수 있으므로 손님에게 최상의 서비스를 제공함으로써 자신들의 소득을 높일 기회가 있다. 게다가 양질의 서비스를 제공하여 더 많은 손님을 유치하면, 주인에게나 종업원에게나 이득이 많아질뿐더러 식당 전체의 비즈니스를 활성화하는 효과도 얻을 수 있다. 긍정적인 면만을 고려하면, 그야말로 일석삼조이며 시장 친화적이고 자본주의적인 제도의 백미가 아닐 수 없다.

하지만 미국에서도 식당 종업원들이 받는 적은 팁이 생계를 위협할 수 있다는 문제와 함께 팁을 주는 사람들도 불만이 많아서 이를 개선하려는 시도가 조금씩이나마 나타나고 있다. 2014년 6월 워싱턴주 시애틀에서는 미국 최초로 시간당 최저임금을 15달러로 인상하고, 팁을 음식값에 포함하여 인상한 메뉴판을 선보이는 식당들이 늘어나기 시작했다. 팁을 없애는 대신 음식값을 21% 인상한 시애틀의 유명 씨푸드 레스토랑 '아이바스(Ivar's)'가 대표적이다.[99] 일부 식당들이 이러한 정책을 채택하고 있음에도 불구하고, 종업원들이 확실히 만족하고 있는지는 뚜렷하지 않다. 손님들 역시 이를 가격 인상으로 받아들이고 불만을 표출할 수 있어서 논란은 이어지고 있는 것으로 보인다. 미국 전역에서 이러한 식당들이 크게 늘었다는 기사가 그다지 눈에 띄지 않는 것으로 보아서, 기존의 팁 문화가 크게 바뀌었다고 보기는 어렵지 않은가 한다.

팁을 주는 문화는 미국을 비롯한 일부 국가의 특수성으로만 끝나지 않을 수도 있다. 한국과 같은 나라에서도 이러한 문화가 식당 주인이나 종업원에게 모두 유익한 것으로 받아들여지면 가능해질 수도 있다. 하지만 이 문화가 정착되려면 몇 가지 전제가 필요하다.

우선 팁 문화는 자본주의 시장경제제도가 아주 활성화된 경우에 가능하다. 즉, 음식점의 주인은 자신의 자본으로 식당을 개업하고 종업원을 고용할 때 임금을 충분히 줄 필요가 없기에 자본을 절약해서 효과적으로 활용할 수 있다. 종업원 역시 고정된 임금보다는 자신이 노력을 많이 하면 더 높은 소득이 가능하기에 최대한 양질의 서비스를 제공하게 된다. 각 경제주체가 경제활동에 참여하는 유인이 전적으로 시장기능에 맡겨지는 만큼 시장의 효율성이 우선되는 사회에서 가능하다.

99] "미국 최저임금 인상에 팁 없애는 식당도 늘어", 〈연합뉴스〉, 2015.08.24, https://www.yna.co.kr/view/AKR20150824153800009?input=1195m.

또한, 팁 문화는 불확실성을 수용하는 문화에서 나타날 가능성이 크다. 종업원 입장으로는 자신의 수입이 받는 팁에 의존하기에 그때그때 수입이 다르다. 어떤 때는 많을 수도 있지만 어떤 때는 생계를 위협받을 정도로 적을 수도 있다. 자신의 노력보다도 팁을 주는 손님에 의존하다 보니 운이 크게 작용할 여지마저 있다. 따라서 홉스테드의 4가지 문화 차원 중 불확실성을 수용하는 정도가 큰 문화에서 팁 문화가 활성화될 가능성이 크다.

하지만, 제공하는 서비스에 대한 대가로서 팁이 결정되도록 함으로써 종업원의 서비스 향상 노력을 끊임없이 자극하려는 시도는 종업원의 노동력을 과도하게 착취하고 정신적 피로를 가중할 우려도 있다. 시장경제제도가 만능은 아니어서 이를 보완하는 사회적 안전장치가 요구되듯이 팁의 활용이 제약될 필요가 있게 된다.

불확실한 수입 역시 양질의 종업원을 구하여 최고의 서비스를 제공하는 데 걸림돌이 될 수 있다. 사회에 따라서는 피고용자인 종업원들에게 생계를 유지하고 최소한의 품위를 유지하는 데 필요한 안정된 소득을 보장하여 불확실성을 낮추는 것을 선호할 수 있다. 홉스테드의 문화 차원 중 불확실성을 수용하는 정도가 작은 문화에서 이런 관행이 활성화될 여지가 크다.

이 사례는 자본주의 시장경제제도의 이점을 최대한 활용하고 불확실성을 수용하는 정도가 매우 큰 사회에서 가능한 서비스 문화의 한 형태를 보여준다.

7. 카카오톡과 WeChat(微信) : 불확실성 수용 정도와 소셜미디어

현재 인터넷이 보급된 대부분의 나라에서 대표적인 소통 수단은 의심할 여지 없이 모바일 애플리케이션이다. 요금 없이 문자를 발송하여 사람들과 메시지를 주고받을 수 있고 직접 통화도 가능하다. 과거 한 세기 동안 전화가 수행했던 소통 기능을 대체하고 있을 뿐만 아니라 전화에서는 기대할 수 없었던 다양한 요구까지 만족하고 있다.

전화는 실시간으로 일 대 일로 통화하는 것이어서 통화하기에 곤란하거나 굳이 통화하고 싶지 않은 상황에서는, 전화를 거는 사람이나 받는 사람들을 모두 난처하게 만들기 쉽다. 모바일 애플리케이션은 메시지를 보내는 사람에게는 받는 사람에게 그런 부담을 주지 않을 수 있어서 좋고, 받는 사람에게는 당장 답장을 할 필요가 없을 뿐만 아니라 마음에 안 들면 굳이 답장을 보낼 필요도 없어서 부담이 적다.

그런데 이렇게 간단해 보이는 모바일 애플리케이션에서도 문화차이가 드러난다. 최근에 개발된 서비스라서 역사적인 차이를 기대할 것이 없는데 한국과 중국의 모바일 애플리케이션에서 재미있는 차이가 있다. 그게 무엇이고 왜 비롯되었는지 생각해보자.

한국의 대표적 모바일 애플리케이션은 카카오톡이다. 카카오톡, 줄여서 카톡은 한국에서 2010년부터 서비스가 시작되어 10년이 채 되지 않아 거의 모든 국민이 사용하는 모바일 메신저로 성장하였다. 이는 단순한 국민 메신저 앱을 넘어서서 스마트폰 문화 확산의 상징으로 얘기되고 있을 뿐만 아니라, 콜택시, 지도와 내비게이션, 대리운전, 간편결제, 그리고 모바일 은행 서비스까지 확대되고 있다.

중국의 대표적 모바일 애플리케이션은 위챗이다. 중국어로는 원래 웨이씬(微信, 미신)이라 했는데 상호를 아예 영어명인 위챗으로 바꿔버렸다. 웨이씬을 한국어로 번역해 보면 미세하다는 뜻의 '미(微)'에 정보나 의사를 전달하거나 통신이라고 할 때의 '신(信)'이다. 굳이 우리말로 해석하면 "아주 작은 통신"이라고 할 수 있다. 중국어뿐만 아니라 다양한 언어로 서비스되고 있으며 한국어도 당연히 포함되어 있다. 2011년 서비스를 시작했는데 2021년 말 현재 월간 이용자 수가 12억 5천만 명을 돌파하여,[100] 이용자 수가 일본인 9,200만 명을 포함하여 1억 7,800만 명 수준인 라인[101] 보다 훨씬

100】 Statista, https://www.statista.com/statistics/255778/number-of-active-wechat-messenger-accounts/.

101】 BusinessofApps, https://www.businessofapps.com/data/line-statistics/#:~:text=Source%3A %20Company%20data-,LINE%20users,Taiwan%20and%20Thailand%20 in%202021.

많다. 비록 사용자가 대부분 중국인이라는 한계는 있지만, 세계 최대의 모바일 메신저임에 틀림이 없다.

이 두 메신저는 각각 한국과 중국을 대표한다. 게다가 위챗의 설립기업인인 텐센트가 카카오에 투자하여 2대 주주가 됨으로써 양자 간의 협력도 이루어지고 있다. 따라서 둘은 기본적인 문자와 음성메시지 기능, 위챗페이와 카카오페이, 모멘트(朋友圈)기능과 카카오스토리 기능 등 대부분 영역에서 약간의 차이는 있지만 거의 비슷하다.

하지만 위챗과 카톡은 대화방에서 결정적으로 다른 점이 있다. 카톡은 문자 메시지를 보내면 상대방이 읽지 않았을 때 읽지 않은 숫자가 그대로 남아서 읽었는지를 알 수 있다. 반면, 위챗에는 그러한 표시가 뜨지 않아서 상대방이 문자를 읽었는지 알 수 없다. 카톡에 익숙한 우리로서는 이러한 상황이 당황스러울 수밖에 없다. 당장 응답 문자가 오면 문제가 없지만, 문자가 오지 않으면 상대방이 문자를 읽었는지 안 읽었는지 알 수 없기에 답답할 뿐이다.

이러한 차이는 어디에서 비롯되는 것일까? 위챗은 그러한 확인 기능을 하는 기술이 없어서 그런 걸까? 물론 아니다. 중국에도 문자를 보냈을 때 우리처럼 확인 가능한 애플리케이션이 당연히 있다. 만약 이용자들이 문자 확인을 하지 못하는 것을 불편하게 생각한다면, 위챗과 같은 거대 애플리케이션이 그러한 요구를 받아들여서 확인 기능을 활성화했을 것이다.

중국 친구들에게 이에 관하여 물어보았더니, 뜻밖에도 그들은 확

194

인 기능이 없는 것을 문제라고 생각하지 않는다는 답변을 했다. 오히려 확인하지 않는 것이 서로 편하다고 했다. 그렇다면 이 문제는 경제발전 수준에 따른 일반성의 문제가 아니라 중국인들에 내재된 문화적 요인에 기인하는 특수성으로 볼 만 하다.

이와 관련해서 생각해 볼 수 있는 것이 속내를 잘 드러내지 않는 중국인들의 속성이다. 중국인들은 '좋다'거나 '나쁘다'와 같은 단정적인 표현을 즐겨 쓰지 않는다고 한다. 이러한 속성은 중국어에도 종종 드러나는데, '괜찮다'는 의미의 '하이싱(還行)'이라는 표현도 한 가지 사례이다. 뭐가 좋은지 나쁜지 말해달라고 주문하면 중국인들은 대개 '하이싱'이라고 대답하는데, "도대체 좋다는 거냐, 나쁘다는 거냐?" 다그쳐 물어도 보지만 중국인들은 그저 웃으며 "하이싱"이라고 한다.[102]

이는 중국인들이 넓은 대륙에서 오랜 역사를 거치면서 살아오는 가운데 터득한 삶의 지혜와 관련이 깊어 보인다. 여러 이민족의 침략과 전쟁, 민족과 문화를 달리하는 사람들과 교류하고 함께 하는 삶, 빈번한 왕조의 교체, 그리고 법이나 제도보다는 사람이 관리하는 인치를 중요시하는 관리체제에 살면서 자연스럽게 형성된 것은 아닌가 한다. 우리가 인생의 복잡다단함을 말할 때 대표적인 고사성어로 언급하는 '새옹지마(塞翁之馬)'도 달리 보면, 그러한 역사적 경

102] "속내 안 들어내는 기질", 〈중앙일보〉, 입력 2004.10.11. 18:28 업데이트 2004.10.12. 07:57 https://www.joongang.co.kr/article/399471#home.

험에서 탄생한 중국인들의 현실주의적 처세술이라고 말할 수 있다.

그러다 보니 중국인은 옳고 그른 것, 좋고 나쁜 것에 대하여 대답하기 전에 늘 상황을 관찰하며, 돌고 도는 세상에서 무엇이 좋고 나쁜 것인지 현재로서는 따지기 힘들다고 보는 경향을 보인다.[103]

자신의 속마음을 굳이 드러내고 싶지 않은 중국인들의 입장으로 보면, 문자 메시지가 와도 자신의 속마음을 밝힐 이유가 없기에 문자를 읽었는지 표시가 안 되는 것이 더 좋다. 문자를 보낸 사람은 어차피 상대방의 속내를 알고자 기대하지 않기 때문에 문자를 읽었는지 아닌지 확인한다 해도 별 이득이 없다. 모두에게 불편함이 없으니 확인 기능을 활성화할 필요가 없게 된다. 홉스테드의 4가지 문화 차원 가운데 불확실성을 수용하는 정도에 있어서 양국의 차이가 소통 문화의 차이를 낳았을 가능성을 잘 보여준다.

이와 관련하여 한 가지 흥미로운 것이 위챗의 메시지 철회 기능이다. 위챗에는 상대방에게 보낸 내용을 2분 안에 취소할 수 있는 기능이 있다. 카톡의 삭제 기능과는 달리, 보낸 사람은 물론 메시지를 받아야 할 사람의 대화 기록에서도 메시지가 사라지는 기능이다. 여기서 궁금한 점은 왜 철회 가능한 시간을 2분으로 설정했는가이다.

위챗의 사용자 데이터를 분석한 결과에 근거해서 2분으로 정했

103] "속내 안 들어내는 기질", 〈중앙일보〉, 입력 2004.10.11. 18:28 업데이트 2004.10.12. 07:57 https://www.joongang.co.kr/article/399471#home.

다고 한다.[104] 사람들이 메시지를 보낸 후 상대방이 확인하고 답장하는 시간이 평균 2분이어서 2분보다 더 긴 시간을 설정하게 되면 상대방이 메시지를 확인했을 가능성이 크기 때문에 이 기능을 제공해서 얻을 이득이 없다. 오히려 이 기능 때문에 서로 관계가 불편해질 수 있을 것이기 때문이다. 수신자가 이미 읽었는데 그 메시지가 수신자의 대화 기록에서 사라진다면 수신자는 아주 황당해질 수 있다.

이 사례는 최근에 도입된 첨단 기술이어서 국가 간에 역사적인 경험의 차이를 기대하기 어려운 기기를 사용할 때에도 문화적 차이가 사람들의 기기 활용에서의 기본 양태에까지 차이를 가져올 수 있음을 보여준다. 홉스테드의 4가지 문화 차원 가운데 불확실성을 수용하는 정도에 있어서 양국의 차이가 소통 문화의 차이를 낳았을 가능성을 잘 보여준다. 홉스테드에 따르면, 불확실성 회피지수가 한국은 85점으로 전체의 23~25권이고, 중국은 30점으로 전체의 70~71위권에 속하고 있다.[105] 한국은 불확실성을 회피하는 성향이 강하지만, 중국은 불확실성을 수용하려는 경향이 강하여 상호 대조적이다. 우리의 생각에 잘 부응한다.

104] 이에 대해서는 "위챗 메시지의 철회 시간은 왜 2분으로 한정했나", 〈민앤차이나〉, 2020.7.10. 23:19, 법무법인 민, https://blog.naver.com/lawmin0100/222027372943. 참조.
105] Geert Hofstede·Gert Hofstede·Michael Minkov, Cultures and Organizations, 3rd ed., 차재호·나은영 공역, 《세계의 문화와 조직 : 정신의 소프트웨어》, 학지사, 2014, pp.222~224.

8. 미국과 한국의 화장실 공간 구조 :
보여지는 것에 대한 수용성의 차이

미국에서 좌변기 화장실에 처음 들어가 보고는 당황했던 경험을 가진 독자분들이 적지 않으실 듯싶다. 좌변기 화장실의 구조가 한국과는 전혀 다르기 때문이다. 이런 곳에서 볼일을 보아도 되는지 어색할 뿐 아니라 불안감마저 느낄 지경이다.

좌변기에 앉아 보면 앞쪽 문에 넓지는 않지만 틈이 벌어져 있어서 밖에 있는 사람들의 움직임이 보일 정도이며, 밑에도 사방이 일정한 높이로 터져 있어서 옆 사람의 발이 보일 정도이다. 위로는 사람 키 높이 정도부터 휑하게 트여 있어서 키 큰 옆 사람이 서면 그 머리가 쉽게 보인다. 화장실에서는 내가 하는 일을 다른 사람들이 몰라야 하는 한국 사람의 입장으로는 난감하기 그지없다. 왜 이런 구조의 화장실을 만들어야 했을까 생각해보지만 의아스럽기 짝이 없다.

하지만 곰곰이 생각해보면 이런 구조는 나름대로 이점도 있다. 거의 사방이 터져 있다 보니, 볼일을 보면서도 밖에서 일어나는 일을 대략 짐작할 수 있다. 혹시라도 불순한 의도를 가진 사람이 밖에서 내가 모르는 가운데 어떤 일을 도모하려 하는데 내가 전혀 모른 채 볼일만 보고 있다면 어떻게 될까? 참으로 위험한 일이 아닐 수 없다. 그렇다고 내가 볼일을 보는 것이 밖에서 작은 틈새나 트인 공간으로 훤히 보일 정도는 아니니 그렇게 수치심을 느낄 정도는 아니다.

미국과 한국의 화장실 구조의 이러한 차이는 왜 생긴 것일까? 양국의 경제발전 수준이 비슷해지면 이러한 차이는 없어질 수 있는 것일까? 우리의 방법론상 일반론의 관점에서 해석 가능할까?

우선 문화나 정서적 관점에서 그 차이를 살펴볼 수 있다. 우리에게는 화장실에서 볼일을 보는 것이 남에게 보이고 싶지 않은 일이기에, 그러한 일이 드러나지 않도록 보장하는 것이 중요하다. 그러다 보니 화장실은 자연스럽게 밖에서는 안에 누가 있는지, 무슨 일을 하고 있는지 알 수 없도록 가능한 한 밀폐된 구조로 만들어지게 된다.

반면에 미국에서는 화장실에서 볼일을 보는 것이 그다지 부끄러운 일도 아니고 사람이 사는 일상에서 일어나기 마련인 자연스러운 일이기에 드러내놓고 알릴 필요까지는 없더라도 굳이 숨길 이유도 없다. 문틈이 좀 벌어져서 내가 볼일을 보는 것이 조금 보인다고 해도 그다지 흉이 될 일이 아니다.

더욱 중요한 이유는 미국의 화장실 구조가 안전 확보를 고려해서 이루어졌다는 데 있다. 화장실은 일반적으로 사람들의 이동이 빈번한 중앙 공간이 아니라 지역적으로 한쪽에 치우쳐 있고, 사람들의 출입이 제한적인 다소 폐쇄적 공간에 위치한다. 구조적으로 범죄에 취약할 수밖에 없다. 게다가 좌변기가 있는 공간마저 폐쇄적으로 막혀 있다면 범죄 발생의 가능성은 더욱 커진다. 혹시라도 발생할 우려가 있는 범죄를 미리 막거나 대처하기도 어려워서 자칫 치명적 범죄로 귀결될 가능성이 크기 때문이다.

따라서 혹시 발생할 수 있을지도 모르는 범죄로부터 자신을 지키는 최소한의 안전장치가 요구된다.[106] 위와 아래 그리고 앞이 조금 터져 있는 화장실 구조는 그러한 필요의 산물이라고 볼 수 있다. 안에 있는 사람은 밖에서 무슨 일이 일어나고 있는지 대략 알 수 있기에 만약의 경우를 대비할 수 있을 뿐만 아니라 범죄의 의도를 가진 사람도 자신의 행동이 상대방에게 쉽게 노출될 수 있다는 것을 알기에 범죄를 행동에 옮기는 것에 제약이 클 수밖에 없다. 다소 프라이버시를 희생한 면이 있지만, 더욱 중요한 안전성을 확보할 수 있다는 점에서 충분히 합리적이다.

이는 미국의 제도적 문제와도 관계가 깊다. 미국에서는 총기 소유권(gun right)에 따라 사람들이 총을 보유할 수 있기에 총을 사용한 범죄에 늘 노출될 가능성이 있다. 화장실은 위치가 대개 외진 곳에 있는 경우가 많아서 범죄에 취약한 만큼, 만일의 경우를 대비하여 자신도 신속하게 방어할 준비가 필요하다. 미국의 높은 범죄율을

106] 이는 앞에서 살펴보았듯이, 미국에서 안전이 곧 스스로 알아서 할 수 있는 자유를 의미하는 일종의 자율성 확보로 이해된다는 점과 관계가 깊다. 제러미 러프킨 지음, 이원기 옮김, 《유러피언 드림》, 민음사, 2009, pp.119~154. 참조.

고려하면 더욱 관련성이 깊다.

화장실에 CCTV가 널리 설치되면 이러한 필요성은 다소 떨어질 수도 있을 것이다. 하지만 CCTV를 설치하는 데에는 상당한 경제적 부담이 수반된다. 게다가 우리보다 사생활 보장을 훨씬 강조하는 미국인들의 입장으로 볼 때, 개인들의 사생활에 대한 프라이버시를 침해할 우려가 크기에 사회적 반발에 직면할 가능성마저 있다.

결국, 양국 간에는 화장실 구조의 기본 개념이 전혀 다르다고 볼 수 있다. 한국의 경우에는 "내가 하는 일을 남들이 모르게 하라"인 반면, 미국의 경우에는 "밖에서 일어나는 일을 내가 알게 하라"에 가깝다. 한마디로 보여지는 것에 대한 두 나라 사람들의 수용성 차이가 적나라하게 드러난다. 이러한 차이가 양국의 경제발전 수준이 유사해지고 소득이 같아진다 한들 바뀔 수 있을까?

이 사례는 총기 소유라는 제도가 자리 잡힌 상황에서, 보여지는 것에 대한 수용성의 문화적 차이가 화장실이라는 공간에 어떻게 다르게 작용하는가를 극명하게 보여준다.

5장에서 우리는 자연지리 요인이나 인문지리 요인으로 설명하기 힘든 차이를 고맥락문화-저맥락문화, 개인주의-집단주의문화, 그리고 불확실성 회피라는 문화특성으로 설명할 수 있다는 것을 몇 가지 현상을 통해 확인하였다. 유럽인이 운동화를 신고 출근해서 사무실에서는 구두로 갈아 신는 현상, 일본의 혼네와 다테마에, 미국의 수평적 조직 구조와 CEO 위상 등은 홀이 제안한 고맥락문화-저맥락문화라는 문화특성으로 설명할 수 있는 것으로 보였다. 미국의 높은 이혼율과 트로피 와이프, 그리고 한국의 길거리 응원 현상은 개인주의-집합주의라는 문화특성으로 설명할 수 있는 것으로 보였다. 그리고 미국 식당의 팁과 한국의 카카오톡과 중국의 WeChat(微信)은 불확실성 회피와 관련된 현상으로 해석할 수 있다는 것을 알아보았다. 마지막으로 미국과 한국의 화장실 공간 구조의 차이를 통해 보여지는 것에 대한 수용성의 차이를 알 수 있었다. 이어지는 3부에서는 외견상으로 특수성으로 보이지만 경제발전 수준에 따라 나타나는 현상으로 해석할 수 있다는 일반성에 대해 알아본다.

지리의 이해 ──────────────

2부에서는 자연지리 요인, 인문지리 요인, 그리고 문화특성 요인에서 비롯된 특수성 사례들에 대해 알아보았다. 1장에서 언급했듯이 특정 지역에서만 나타나는 것처럼 보이지만 그들의 행동과 관련되는 요인들을 꼼꼼하게 들여다보면, 여러 사례를 관통하는 공통의 잣대를 발견하게 되는데, 그 잣대로 경제발전 단계를 제안했다. 3부에서는 특수성의 사례로 보이지만 경제발전 단계와 결부시켜보면 다른 지역이나 다른 시기에서도 발견되는 일반성의 사례로 해석할 수 있는 사례들에 대하여 알아본다.

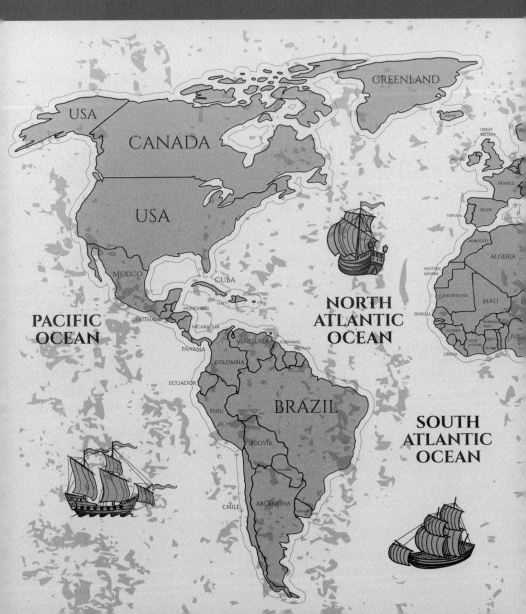

제3부

세계는 정말 다를까?

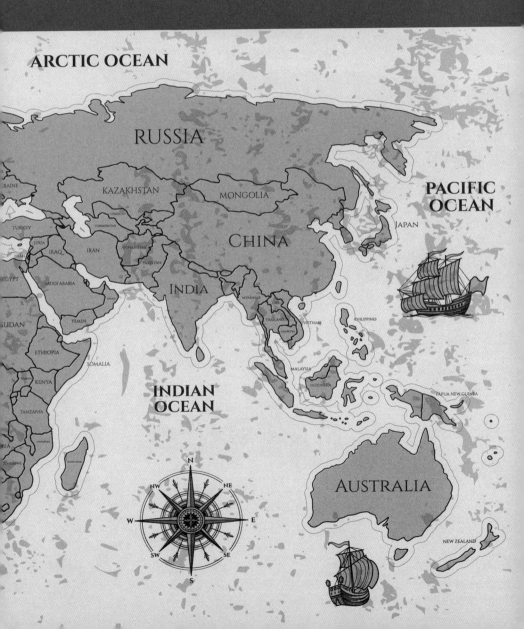

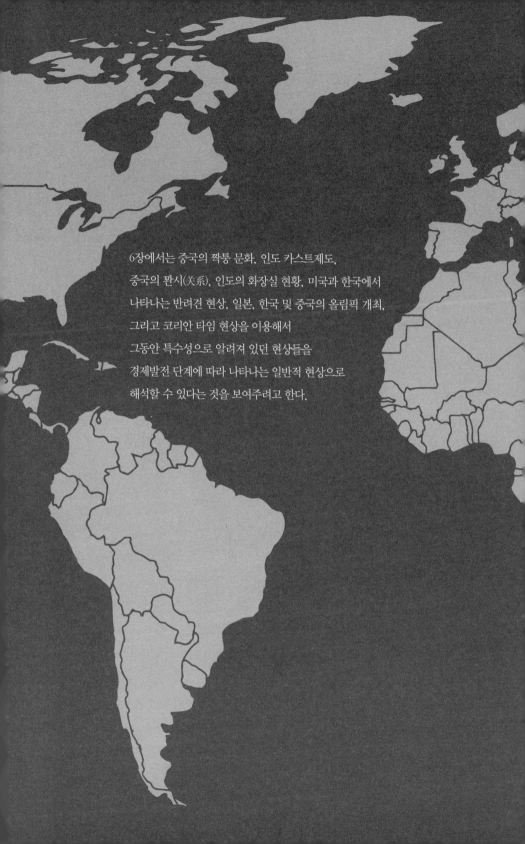

6장에서는 중국의 짝퉁 문화, 인도 카스트제도,
중국의 꽌시(关系), 인도의 화장실 현황, 미국과 한국에서
나타나는 반려견 현상, 일본, 한국 및 중국의 올림픽 개최,
그리고 코리안 타임 현상을 이용해서
그동안 특수성으로 알려져 있던 현상들을
경제발전 단계에 따라 나타나는 일반적 현상으로
해석할 수 있다는 것을 보여주려고 한다.

6장

상식 깨기 :
일반성으로 해석해 보기

1. 중국의 짝퉁 문화 :
지역의 특수한 문화인가, 경제발전 단계의 과정인가?

중국을 여행해 본 사람들이 거리를 다니다가 보게 되는 것 중의 하나가 짝퉁 물건이다. 대도시의 시장이나 번화가를 지나가다 보면 좋은 시계가 있다고 팔을 잡아끌며 호객행위를 하는 사람들을 종종 마주치곤 한다. 디자인도 명품시계와 다를 게 없고 값도 싸서 기분 좋게 샀는데, 인천공항에 내리는 순간 시계가 멈추어버렸다는 푸념도 종종 듣곤 한다.

중국에는 진품을 모방한 짝퉁들이 곳곳에 널려 있다. 대표적인게 술이나 시계지만 짝퉁의 종류는 헤아리기 어려울 정도로 많다. 한국에서 아이들이 좋아하는 대표적인 과자 브랜드들은 대부분 짝퉁이 있다고 보면 될 정도이다. 디자인이나 명칭도 한국의 것과 아주 비슷해서 언뜻 보면 같은 것으로 보여서 구매하는데, 나중에 실망하기 십상이다.

그렇다면 **짝퉁은 중국에만 있는 현상일까? 다른 나라에서도 나타나는 보편적인 현상일 여지는 없을까?** 중국 당나라의 시인 원진(元稹)은 〈고객락(估客樂)〉에서 상인들의 모습을 다음과 같이 생생하게 묘사하였다.

"상인이란 원래 머무는 곳이 일정치 않고 돈벌이만 있으면 바로 행랑을 꾸린다. 먼저 동업자를 구한 뒤 가족과 이별을 고한다. 가족들은 '이득을 취하되 공명을 구하지 말라! 공명을 구하면 무엇인가 피해야 할 것이 있지만 돈벌이는 그럴 필요가 없다. 동업자들끼리 단합해서 진짜가 아닌 가짜를 팔아라!……'"[107]

짝퉁에 대한 중국인들의 생각을 엿볼 수 있는 대목이다.

이 대목만 보면 짝퉁을 중국만의 오래 이어져 내려온 특수성으로 볼 수도 있다. 하지만 짝퉁이 이득을 남기려는 상술의 하나라고 보면, 중국에만 있을 이유가 없다. 장사는 원가보다 비싼 가격으로 팔아 이득을 남기는 것이 목적이니까 동서고금을 막론하고 목적을 달성할 수 있는 어떠한 형태도 취할 수 있기 때문이다.

다른 나라의 사례를 들 필요도 없다. 몇십 년 전의 한국을 떠올려 보자. 필자가 대학에 다니던 시절엔 한국도 짝퉁이 판을 치던 시절이었다. 웬만한 도시에서 루이비통이나 샤넬 같은 외국 유명 브랜드의 짝퉁 가방이나 지갑 하나 안 들고 다니는 젊은 여성은 보기 드물었다.

서울의 중심가에 있는 어느 유명 전통시장에 가면 짝퉁 가방을 파는 가게들이 꽤 많았다고 한다. 그런 가게들은 특히 외국인 관광객들에게 인기가 좋았다. 한국 장인들의 솜씨가 워낙 좋다 보니 진

107] 리보중 지음, 이화승 옮김, 《조총과 장부》, 글항아리, 2017, p.431.에서 재인용.

제3부 _ 세계는 정말 다를까? 209

품과 짝퉁을 구별하지 못할 정도로 잘 만들었다. 외국 관광객들이 소문을 듣고는 일부터 한국을 방문하여 가이드에게 요청해서 즐겨 찾을 정도였다고도 한다.

그 때문에 해외 유명 브랜드로부터 한국 정부에 대한 비판과 함께 항의가 이어지고 정부의 대응을 촉구해서 정부가 특별 단속에 나서기도 하였다. 이젠 짝퉁 가방과 같은 짝퉁 물건은 예전에 비해 크게 줄어든 것이 사실이다. 그렇지만 최근까지도 짝퉁 가방을 만들어 소매상에게 넘긴 업자가 상표법 위반 혐의로 재판에 넘겨져서 실형을 받는 일이 여전히 벌어지고 있다.[108]

한국의 사례를 고려해서 해석해 보면, 중국에서 현재 나타나는 짝퉁 문화는 경제발전 수준이 낮은 단계에서 나타나는 일반적 현상으로 볼 수 있다. 유명 브랜드 물건에 대한 욕구는 높으나 경제발전 단계가 낮아서 아직 진품을 살 형편은 되지 않는 수요 상황이, 품질은 약간 떨어지지만 제법 비슷하게 보이는 물건을 만들어낼 수 있는 공급 상황과 맞물리면서 짝퉁 물건이 거래될 조건이 충족된 것이다.

경제발전 단계가 낮아 기술 수준이 떨어지고 소득도 높지 않으면 독자적인 상품을 개발한다고 해도 얻을 수 있는 경제적 이득의 유인이 크지 않다. 그런데 짝퉁은 개발에 따른 위험과 비용을 지급

108] https://newsis.com/view/?id=NISX20190219_0000562701&cID=10201&pID=10200, http:// news1.kr/articles/?3721993.

하지 않고 남의 제품을 베끼는 것인 만큼 비용이 적게 들어 수지가 맞는 장사가 된다. 아울러 짝퉁 제작과 판매는 고용을 늘리고 수요에 부응하는 긍정적인 면도 있다. 정부 입장으로도 경제에 도움이 되는 이러한 행위를 적극적으로 규제할 이유가 크지 않을 수 있다.

짝퉁 현상을 경제발전 단계에 따라 나타나는 일반성으로 간주하려면, 경제발전 단계가 올라가면 짝퉁이 사라질 수밖에 없는 충분한 이유가 있어야 한다. 기술이든 제품이든 개발에는 위험이 따르기 마련이어서 개발에 따른 지식재산권을 합리적으로 보상해주지 않는다면, 과학기술의 발전을 지체시킬 뿐만 아니라 높은 수준의 경제발전을 기대하기 어려운 것이 시장경제의 원리이다. 경제가 더 높은 단계에 도달하려면 개발에 따른 위험에 대해 보상해주어야 하는데, 이 유인은 경제발전에 대한 열망이 크면 더 커질 수밖에 없다. 경제발전에 대한 중국 정부의 열정은 설명이 필요 없으니 정부 차원에서 짝퉁에 대한 제재가 강화될 가능성이 크다.

게다가 글로벌 경제 시대에 지식재산권이 보호되지 않는다면 국내외 기업들이 자신들의 노력에 대한 대가가 충분하게 보장되지 않는 중국에서 비즈니스를 할 유인이 줄어들게 된다. 중국 경제의 활력이 떨어질 뿐만 아니라 짝퉁 국가라는 오명이 국가 브랜드의 격을 떨어뜨려 중국 경제에 큰 손실이 될 우려도 있다. 그렇다고 글로벌 경제에서 자국 기업만 개발의 위험을 보상하고 외국인에게는 보상하지 않을 수도 없는 노릇이다. 중국 정부가 적극적으로 나서서 짝퉁을 효과적으로 통제해야 할 유인이 커지게 된다.

결국, 현재 중국에서 관찰되는 짝퉁 문제는 낮은 경제발전단계에서 나타나는 현상으로서 한국이나 다른 나라들의 과거 경험과 크게 다르지 않다고 볼 수 있다. 중국이 발전함에 따라서 짝퉁 문화는 점차 줄어들어 갈 것으로 보는 게 합리적이다. 다만 개별 사업자들 입장으로는 짝퉁을 만들어 얻는 보상과 그에 따른 위험을 견주어 볼 때 아직 보상이 크다 보니 최근 한국의 경우에서처럼 완전히 없어지기는 어려울 수도 있다.

그렇지만 중국의 짝퉁문화를 일반성으로만 해석하기 어려운 요인도 일부 있다. 한 예로 과거 사회주의 국가들이 과학기술에 대해 보여준 태도가 계속해서 영향을 미칠 수 있다는 점이다. 과거 사회주의 국가들은 구소련(현 러시아)이 중심이 되어 지식재산권을 보호하기보다는 활용하는 데 초점을 두었다. 소련은 1950년대 말 미국과의 체제 경쟁에서 승리하겠다는 열망에서 과학기술혁명을 모토로 하여 엄청나게 많은 과학자를 양산하고, 이들이 개발한 것들을 특허로 보호하기보다는 누구나 활용할 수 있도록 하는 정책을 폈다.

중국에도 이러한 영향이 남아 있어서 지식재산권을 보호해야 한다는 시민들의 인식도 부족할 뿐만 아니라 사회적 합의도 미약한 편이다. 오히려 발명과 발견의 높은 성과를 더 많은 사람이 활용할 수 있도록 해주는 게 더 중요하다고 생각한다. 그러다 보니 중국 정부의 지식재산권에 대한 법적인 보호 장치는 '미·중 무역전쟁'에서 미국 측이 종종 주장하듯이 아직 충분치 않은 것으로 비판받고 있으며, 법적인 제재 또한 미약한 편이다.

중국의 한 저명한 최고위직 정치인이 미국을 방문했을 때 미국 사람들이 중국에는 왜 그렇게 가짜 술이 많으냐는 비판을 담은 질문을 던졌다고 한다. 이때 그 정치가가 했다고 전해지는 얘기가 유명하다. "중국에 가짜는 없다. 종류가 다를 뿐이지". 중국의 짝퉁 현실을 교묘히 회피하면서도 참으로 의미심장한 대답이다.

이 사례는 한 나라만의 특수성으로 널리 알려진 현상도 다른 나라에서 비슷한 발전단계에 있었던 시기에 나타나던 현상과 비교해 볼 때, 크게 다르다고 보기 어렵다는 점에서 일반성으로 해석 가능함을 보여준다.

2. 인도의 카스트제도

카스트제도 하면 우리는 인도만 떠올린다. 다른 나라는 떠오르지 않는다. 카스트보다 더 강력한 특수성의 사례는 없을 것 같다. 카스트의 어원은 대항해시대에 인도와 항해 무역을 하던 포르투갈 사람들과 스페인 사람들로부터 유래되었다고 알려져 있다. 그들은 인도의 사회구조에 대한 이해가 충분하지 않은 상황에서 인도의 신분 질서를 '순결한' 혹은 '순수한'이라는 의미의 '카스타(포르투갈어 : Casta)'라고 불렀는데, 18세기에 영국이 인도를 점령하였을 때부터 영국인들에 의해 이 제도는 '카스트(Caste)'로 불리기 시작하였다고 한다.[109]

일종의 신분 질서를 의미하는 카스트는 인도에만 한정되는 제도일까? 아니면 일정한 신분 혹은 계층 집단의 지위를 자손 대대로 세습하도록 하는 제도로서, 세계의 수많은 전근대 사회에서 나타났던 일반적인 문화·사회적 현상이라고 볼 수 있을까? 중세 유럽이나 일본, 중국 그리고 한국에 이르기까지 많은 지역에서 이러

109] 카스트에 대해서는 https://ko.wikipedia.org/wiki/카스트.를 참조했음.

한 신분제의 사례를 쉽게 찾을 수 있는 것을 보면, 카스트를 전근대 사회에서 나타났던 일반적인 현상이라고 보는 것이 타당할 수도 있다.

유럽의 봉건제 사회에서는 최상위에 왕이 있고, 왕과의 주종관계이지만 지방영토를 통치했던 영주계급, 전투를 담당했던 기사 계급으로 대표되는 귀족 계급, 그리고 성직자 계급이 있었으며, 생산 계층으로서는 농민과 수공업자가 존재했다. 우리나라 신라 시대 골품제도도 일종의 카스트제도이다. 성골, 진골, 그리고 6두품부터 1두품까지의 신분제도가 있었고, 신분에 따라 오를 수 있는 직위와 하는 역할이 제한되어 있었을 뿐만 아니라 신분은 대를 이어 세습 되었다.

유교가 숭상되던 시기에는 중국, 한국 및 일본 모두 사농공상(士農工商)으로 구분되는 신분제가 있었다. 사는 선비 또는 무사들로 구성되는 일종의 지배계급으로서 권력의 최상층에서 정치와 교육을 담당하고, 농, 공, 상은 각각 농업과 수공업 및 상업을 담당하며 주로 세습되었다. 한편 몽골족이 지배하던 중국의 원나라 시절에는 지배 민족인 몽골인을 최상위로 하여 색목인, 여진인, 발해인, 고려인, 한인(漢人), 그리고 남송인(남인)의 순으로 구성된 신분제도가 존속하였다.

인도의 카스트제도는 역사적으로 아리안족이 인도를 정복한 후 피지배 원주민들을 효과적으로 지배하고자 만든 신분 질서이자 사회규범이라고 알려져 있다. 크게 브라만, 크샤트리아, 바이샤 및 수드라 등 4개 계급으로 구분되며, 제도 밖의 존재로서 달리트라는 불가촉천민이 있다. 이중 브라만, 크샤트리아 및 바이샤 등이 상층 계급으로 분류되는데, 전체 인구의 50~60%가 이에 속하는 것으로 알려져 있다.[110]

브라만은 성직자와 학자 등으로서 사람들을 교육하고 힌두교의 신들에게 기도를 드린다. 크샤트리아는 무사, 관료, 군인 및 경찰 등으로서 사회 제도와 안보를 유지하고 국가를 통치한다. 바이샤 는 자작농, 상인, 수공업자, 하급 관리 및 음악가 등으로서 생산활 동을 수행하고, 그리고 최하층의 수드라는 소작농, 어민 및 노동자 등 육체노동과 관련된 일을 수행한다. 이 밖에도 최하층민으로서 불가촉천민은 사회의 가장 밑바닥에서 남들이 하기를 꺼리는 길거 리 청소나 화장실 청소와 같은 허드렛일을 담당한다.

이렇게 보면, 세계 여러 나라의 카스트제도는 나름의 경제적 합 리성을 갖추고 있는 것으로 볼 수 있다. 성직자, 무사, 농부, 수공 업자 및 상인 등 각각의 일을 특정 집단이 전문적으로 맡아서 한다 는 점에서 효율을 중시하는 일종의 직능별 분업구조라고 볼 수 있 다. 같은 카스트 사람들끼리 결혼하게 한 것도 같은 직업을 가진 사람들이 결혼하였을 때 서로 간의 깊은 이해를 바탕으로 시너지 효과를 발휘하고, 세습될 경우 전문성이 유지되고 발전될 것으로 생각했기 때문일 수 있다. 이를 통해 생산체제를 안정적으로 유지

110] 김도영, "카스트가 비즈니스와 연관이 있는가?", Chindia Journal, 2006.9. p.53.

할 수 있는 장점도 당연히 뒤따르게 된다.

　인도에서 이슬람의 지배를 받았던 시기에도 카스트제도가 온존된 이유 역시 이러한 카스트의 속성과 관계가 깊다. 무슬림은 인도를 지배할 때 종교에 대해서는 많은 압력을 행사하였지만, 카스트의 세습구조에 대해서는 간섭하지 않았다. 생산체제의 유지를 통한 조세의 안정적 확보, 노동력의 안정적 공급 및 전통사회의 안정적 유지라는 면에서 필요하였기 때문이다.[111]

　현대에 들어서면서 대부분의 나라에서는 카스트제도가 사라졌다. 그렇다면 왜 인도는 여전히 카스트제도가 남아 있는 나라로 인식되고 있는 것일까? 물론 인도에서도 근대에 들어 카스트제도가 합법화된 적은 없다. 1947년에는 카스트제도에 의한 사회적 차별을 법적으로 금지하기까지 하였다. 하지만 아직도 관습으로서의 카스트제도 자체는 폐지되지 않은 채 사회 곳곳에서 영향을 미치고 있어서 종종 세계 언론의 이슈가 되고 있다.

　아직도 인도에서 카스트제도가 유지되는 것은 주로 경제적인 이유 때문인 것 같다. 카스트제도는 농업이 주력 산업이고 수공업이나 상업이 이를 보완하며, 나머지는 이들이 필요로 하는 서비스를 제공하는 단순한 생산체제에서는 나름 합리적일 수 있다. 그렇지만 산업혁명으로 대량생산체제가 열리고 기술 발전이 가속화될 뿐만 아니

---

111) 이광수, 김경학, 백좌흠, "인도의 근대 사회 변화와 카스트 성격의 전환: 카스트의 계급으로의 전환", 〈인도연구〉, 제3권, 1998.11, p.174.

라 다양화되는 상황이 되면, 단순한 기예에 기초한 전문성이 설 자리는 없어지기 때문에 카스트제도는 사라질 운명에 처하게 된다.

최근까지 인도의 경제발전 단계는 낮았다. 인도는 1990년대 초에 경제개혁과 시장경제체제 도입을 단행하고 2000년대 들어서 급속한 경제성장을 하면서 경제 규모로는 2019년 세계 5위권까지 도달하였다. 하지만 이것은 어디까지나 인구가 많아서 전체 규모가 커진 것일 뿐이었다. 개인 수준에서 인도 경제는 최근까지도 세계에서 가장 낙후된 경제의 하나였다. 〈표 Ⅵ-1〉에서 알 수 있는 바와 같이, 2019년 현재 인도의 1인당 소득(국내총생산)은 2,100달러 정도로 세계 116위에 불과할 정도로 매우 낮은 수준에 머물고 있다. 경제발전 단계가 낮으니 그만큼 다른 나라에 비하여 사회경제적 변화와 발전도 더딜 수밖에 없다.

〈표 Ⅵ-1〉 아시아 주요국의 1인당 국내총생산(GDP)과 세계 순위(2019)

국가	1인당 GDP(US $)	세계 순위
일본	40,249	23
한국	31,838	27
대만	25,893	32
중국	10,262	59
태국	7,808	70
인도네시아	4,136	96
베트남	2,715	109
인도	2,104	116
네팔	1,071	133

자료 : 통계청, 국가통계포털(KOSIS) 1인당 국내총생산으로부터 작성

인도의 산업구조를 보면 카스트제도가 존속되는 이유가 더욱 분명하게 보인다. 부가가치에서 제조업이 차지하는 비중이 20% 미만으로 가장 낮을 뿐만 아니라 노동력에서는 2010년대 중반까지도 농업이 전체의 절반을 차지할 정도이다.[112] 인구 구성에서 농업 국가의 틀을 벗어나지 못하고 있다는 얘기다. 농업사회에 기반을 둔 단순한 기능의 분업과 전문화를 배경으로 등장한 카스트제도가 여전히 온존할 수 있는 여건인 셈이다.

카스트제도는 인도에서 앞으로도 지속 가능할까? 인도의 특수성으로 계속 남아 있을 수 있을까? 인도는 최근 연평균 10% 가까운 성장률을 기록하면서 중국과 함께 세계에서 가장 빠른 경제성장을 구가하고 있다. 경제발전의 초기 단계에서는 양적 성장 혹은 외연적 성장이 주종을 이루기 때문에 생산요소의 투입 증가가 성장률을 좌우한다. 따라서 인도의 경제성장이 빠르다는 것은 인도에서 생산요소의 투입이 원활하게 이루어지고 있음을 의미한다.

인도는 농업에 종사하는 인구의 비중이 매우 높지만, 부가가치는 매우 낮다. 그만큼 농업의 1인당 부가가치가 낮다는 것이고, 달리 보면 잠재실업 상태에 있으므로 생산에 도움이 되지 못하는 잉여 노동력이 많다는 얘기다. 따라서 우선 경제성장은 잠재실업 상태의 노동력이 생산에 투입되는 형태로, 농업에 종사하는 노동력이

112] "인구 12억 평균 29세…젊은 인도, 경제성장 레드 카펫 깔다", 〈한국일보〉, 2016.2.23. https://www.hankookilbo.com/News/Read/201602230494588250.

여타 분야로 이동함으로써 가능해진다고 볼 수 있다.

또한, 1999/2000~2004/2005년 기간과 비교하여 2004/2005~
2009/2010년 기간에 농업의 인구와 부가가치 비중은 모두 줄어들
고 있는 반면, 서비스업이나 여타 제조업 등 비농업 분야의 인구와
부가가치 비중은 늘고 있다.[113] 1인당 부가가치가 낮은 농업에서 1
인당 부가가치가 높은 산업으로 노동력이 이동함으로써 전체적으
로 경제성장이 활발해졌음을 보여준다. 농업의 비중이 저하하고
그 분야에 종사하는 사람들이 다른 산업으로 이동함에 따라, 과거
이를 기반으로 유지되어왔던 카스트제도의 지속 가능성이 그만큼
축소될 것임을 시사한다.

더욱이 경제성장이 점차 고도화됨에 따라 기술 수준이 높아지고
생산요소의 효율적 활용이 더욱 중요해진다. 생산요소 중에서도
가장 중요한 것은 뭐니 뭐니해도 노동력, 곧 사람이다. 인도의 카
스트제도에서처럼 능력과 관계없이 신분이 세습되고 교육 기회가
차별화되는 상황에서는 유능한 인력을 발굴하고 효율적으로 활용
하기를 기대하기 어렵다. 따라서 경제가 성장할수록 차별 철폐의
요구는 더욱 거세질 것이고 카스트제도 존립의 정당성도 그만큼
약화할 것으로 볼 수 있다.

113] 이에 대하여 NSSO 61st and 66th Round Survey (2009-10); Working Group on
Twelfth Plan-Employment, Planning & Policy, Databook for PC; 22nd December, 2014,
Planning Commission Government of India, https://niti.gov.in/planningcommission.gov.in/
docs/data/datatable/data_2312/DatabookDec2014%20116.pdf.를 참조하였음.

인도에는 방언을 제외하고도 447개의 모국어가 있다고 한다.[114] 다양한 종족들이 함께 섞여 살고 있어서 사회 구성이 복잡하다. 그만큼 사회가 변화하는 데 걸림돌이 많을 것이기 때문에 카스트제도와 같은 구습이 쉽게 사라질 것이라고 예단하기는 어렵다. 그렇지만 다른 나라 사례에서 보듯이 경제가 높은 단계로 발전함에 따라 자연스럽게 요구되는 경제적 유인에서 벗어나기는 어렵다. 인도도 시간은 좀 더 걸릴지 몰라도 다른 나라들이 갔던 길을 갈 것으로 예상할 수 있다.

이 사례는 한 나라만의 독특한 특성으로 보이는 신분제도도 당시의 경제발전 단계와 사회경제적 분업 관계에서 나타난 결과물이며, 유사한 발전단계에 있었던 다른 나라들의 경우와 크게 다르지 않은 것을 보여준다. 향후 경제발전 단계가 높아지고 기술 발전에 부응하여 분업구조가 고도화되면 다른 국가들의 사례에서와 마찬가지로 카스트제도라는 엄격한 신분제도가 계속 유지되기는 어려울 것이라고 예상할 수 있다. 얼핏 보기에 카스트제도는 아주 강력한 특수성의 사례로 보이지만 관점을 달리하면 경제발전 수준과 연관되는 제도로 볼 수 있기에 일반성으로 해석할 수도 있다.

114] M. Paul Lewis, Gary F. Simons and Charles D. Fennig eds., Ethnologue: Languages of the World (Seventeenth edition): India. Dallas, Texas: SIL International. Retrieved 15 December 2014. Ethnologue : Languages of the World (Seventeenth edition) : Statistical Summaries Archived 17 December 2014 at the Wayback Machine. Retrieved 17 December 2014. https://en.wikipedia.org/wiki/india.에서 재인용.

3. 중국의 꽌시(关系) :
그들만의 비즈니스 관행?

"중국에서는 꽌시(关系)가 없으면 비즈니스를 성공하기 어렵다". 중국에서 비즈니스를 하는 사업가들이 가장 흔히 하는 볼멘소리이다. 중국 내부에서도 관리의 인사를 상하이방이나 태자당 또는 공청단과 같은 특정 집단이 좌지우지하고, 이로 인해 대규모 부정부패와 추문이 발생한다는 뉴스가 끊이질 않고 있다.[115] 꽌시를 이용하여 뒷문으로 들어간다는 '저우허우먼(走後門)'이나 돈과 밀접한 관직을 일컫는 '페이췌(肥缺)'라는 용어가 중국에서는 일상적으로 쓰이는 이유도 같은 맥락이다.

꽌시는 사전에서 '닫다'라는 의미의 '꽌(關)'자와 '이어 맺다'라는 의미의 '시(系)'자 가 합쳐진 단어로, 일정한 틀 안에서 서로가 연결돼 일종의 상생 관계로 발전한 인적 네트워크를 말한다.[116] 꽌시

115] "중국 자산가, 집에 현금 444억 은닉...무게만 3톤", 〈뉴스1〉, 2018-08-13 07:09 송고 2018-08-13 09:07 최종수정, https://www.news1.kr/articles/?3396853.
116] "중국 관시에 대한 오해", 〈중앙선데이〉, 입력 2015.04.12. 03:18 https://news.joins.com/article/17568154. 중국을 하나의 문화 단위로 보고 사회구조의 관점에서 꽌시의 본질,

는 우리말로도 한자어를 그대로 써서 '관계(關係)'라고 볼 수 있는데, 관계를 맺고 있는 사람들 이외의 사람들에게는 배타성을 특징으로 한다고 볼 수 있다. 이에 대응하는 서구적 개념으로 human relationship 또는 human network를 들 수 있다. 집단 내 사람과 집단 외의 사람을 엄격하게 구분한다는 점에서 홉스테드의 문화이론 중 집합주의와 밀접한 관련을 맺는다고 볼 수 있다.

비즈니스를 할 때 관련된 사람과의 관계가 갖는 중요성은 중국이나 한국이나 서구 사회나 다를 것이 없다. 문제는 꽌시가 갖는 배타성이 비즈니스의 본질을 벗어날 때이다. 비즈니스가 실적에 의해 결정되는 것이 아니라 관계를 맺은 소수의 사람에 의하여 결정된다면, 정상적으로 비즈니스를 하는 사람의 입장으로는 위험이 커지고 부당한 손실을 감수할 수밖에 없다.

한국에서도 비즈니스와 관련된 정부 관리나 실력자를 잘 알아서 사업에 성공했다는 얘기가 그리 먼 과거의 얘기가 아니다. 지금은 생각하기 어렵지만, 과거 동사무소에 민원서류를 떼러 가도 담뱃값을 슬쩍 찔러 주어야 서류가 빨리 나오는 시절도 있었다. 민원서류조차 그러하니 규모가 큰 인허가나 이권 관련 업무는 더 말할 나위가 없다. 비단 한국이나 중국만의 문제도 아니다. 일본어로는 와이로(わい-ろ:賄賂), 영어로는 bribe가 이를 지칭하고 있으니 말이다.

특성 및 메카니즘을 분석한 것으로는 정하영 (2004), "문화학: 중국의 "꽌시"문화에 대한 시론", 〈중국학연구〉, 27, 355~379. 참조.

요즘 젊은 사람들에게 이런 예전의 사례를 이야기하면 "자다가 무슨 봉창 두드리는 소리"냐고 반문할 수도 있다. 그만큼 한국 사회에서는 소위 '관계'로 해결하는 구시대의 관행이 사라졌다. 필자가 어렸던 시절과 비교해 보면 경제가 발전된 지금 그러한 일들이 확실히 줄어들었다. 줄어든 정도가 아니라 거의 사라졌다. 경제가 발전된 서구 사회일수록 비즈니스에서 꽌시가 큰 영향을 미쳤다는 얘기를 듣기 어렵고, 이를 방지하기 위하여 뇌물수수 등에 대한 처벌이 매우 강력하다는 것은 주지의 사실이다.

꽌시는 결국 폐쇄적인 틀 내의 관련된 사람들의 상호이익을 기반으로 하는 것이다. 그만큼 비즈니스의 본질을 벗어나기 쉽고 그에 따라 부패 문제를 낳는 경우가 다반사이다. 세계적으로 부패의 정도를 파악하는 지수의 하나로서 소위 '부패인식지수'(CPI, Corruption Perceptions Index)가 있다. 한국은 경제발전 수준이 낮았던 과거에는 부패인식지수 역시 매우 낮았으나 2000년대 들어 40위권과 50위권을 넘나들다가 2010년에 이어 2019년에 39위에 재진입한 것으로 나타났다.[117] 우리나라의 1인당 소득이 2019년 현재 세계 30위권에 있는 것과 비슷하다. 덴마크나 뉴질랜드 및 핀란드 등 1인당 소득이 매우 높은 국가들은 최상위권을 차지하고 있다.

이러한 사실은 부패인식지수가 각국의 소득수준과 밀접한 연관

117] 국제투명성기구(TI, Transparency International)가 발표한 2019년도 국가별 부패인식지수에서 한국이 100점 만점에 59점을 기록하여 180개국 중 39위를 차지하며 역대 최고 점수를 다시 갱신했다. 국민권익위원회, https://blog.naver.com/loveacrc/221858599702.

성이 있음을 의미한다. 그렇다면 꽌시가 부패와 연계될 가능성이 크니까, 꽌시도 경제발전 단계와 연관 관계가 깊다고 생각해볼 수 있다. 경제발전이 어떠한 여건에서 잘 이루어지는가를 생각하면 꽌시가 부패와 연계될 가능성을 이해할 수 있다.

경제가 발전한다는 것은 이론적으로는 생산요소가 효율적이고 합리적으로 투입되는 것이고, 비즈니스의 본질 역시 개별 기업 차원에서 이러한 것들이 실현되는 것이다. 비즈니스가 본질을 벗어나는 요인들에 의하여 영향을 받는다면, 그만큼 경제적 효율성과 합리성이 저하되고 경제발전에 걸림돌이 되기 마련이다. **경쟁이나 게임의 규칙이 공정해야 함에도, 꽌시를 맺은 특정 집단의 배타적 이해관계에 의해 왜곡된다면 경제적 효율을 저해하는 폐해가 클 수밖에 없다.**

뒤집어 말하면 경제가 발전하려면 꽌시와 같은 비즈니스의 본질이 아닌 요인들의 영향력이 줄어들어야 한다. 본질이 아닌 요인들이 영향력을 미친다면 발전이 지체될 수밖에 없게 된다. 따라서 중국의 꽌시는 경제발전단계가 낮은 상황에서 발생하는 현상이고 경제가 발전할수록 꽌시가 작동할 가능성은 줄어들 것이라고 예상할 수 있다. 한국에서 경제가 발전함에 따라 비즈니스의 본질 이외의 요인들이 미치는 영향이 줄어든 것과 마찬가지이다. 중국의 꽌시에서도 일반성이 작동한다는 얘기이다.

그렇지만 꽌시를 중국의 독특한 역사적 전통에 기인하는 특수성으로 볼 수 있다는 주장도 있다. 이 주장에 따르면 첫째, 꽌시는 군

신, 부자, 부부, 형제 및 친구와의 관계를 나타내는 유교의 오륜사
상과 맥락을 같이하는 것으로서, 인간의 관계 지향성을 중시하는
문화를 배경으로 하고 있으며, 상호 간의 의무와 호혜 및 신뢰를
중심으로 한 사회구조에 기반을 두고 있다는 것이다.[118]

둘째, 중국은 전통적으로 법치(法治)보다는 인치(人治)가 강한 나
라여서 법보다는 사람들 간의 관계를 통하여 일을 해결하는 게 우
선시된다는 것이다.[119] 자연히 책임과 권한이 불분명해서 금전적
보상으로 일을 해결하려는 유혹에 빠지기 쉽다는 것이다. 게다가
중국에서는 다양한 이민족들의 침략과 동화 과정이 수시로 발생하
였다. 그러다 보니 여러 민족이 섞여 사는 상황에서 왕조의 흥망성
쇠가 순식간이어서 사람들이 위험을 회피하기 위한 방도로 자연스
럽게 꽌시를 형성할 수밖에 없었다는 점도 고려해야 한다.

그렇지만 중국의 꽌시와 관련하여 하버드대학의 로이 추아(Roy
Y. J. Chua) 교수가 MIT Sloan Management Review에 기고한 논문은
시사하는 바가 크다.[120] 이 연구는 세계적인 자동차 회사가 중국에

118] 조평규, "중국의 꽌시(关系;Guanxi)에 관한 소고", 중국전문가포럼(CSF), https://csf. kiep.
go.kr/issueInfoView.es?article_id=42294&mid=a20200000000.

119] 이와 관련하여 "중국은 지금 '관시'와의 전쟁 중", 〈아시아경제〉, 2006-07-12 11:51:26,
https://blog.naver.com/royals7/70011760367. 참조.

120] 이하 이에 대해서는 Roy Y. J. Chua, "Building Effective Business Relationships in
China", MIT Sloan Management Review, 53(4), June 2012, pp.27~33.; "열심히 접대했
지만....중국에선 역량과 신뢰가 핵심이다", DBR(Dong-A Business Review) 111(2), 2012.8,
https://dbr.donga.com/article/view/1203/article_no/5168/ac/magazine. 등을 참조하였음.

진출하여 행사를 후원하고 호화로운 저녁 파티를 여는 등 현지 문화를 존중하며 꽌시를 쌓느라 무척 노력하였지만 결국 실패한 사례를 통해서 중국에서의 비즈니스 환경이 변화하고 있음을 보여주고 있다. 중국 경제가 빠르게 성장하면서 세계 경제에 편입됨에 따라 중국의 비즈니스 관행과 서구 파트너의 기대치 간의 간격이 좁혀지고 있으며, 규제 절차가 투명해지고 있을 뿐만 아니라 분쟁 해결을 위한 법률체제도 효과적으로 발전되고 있다고 한다.

과거처럼 선물을 주고받는 관행을 넘어서서 잠재적인 비즈니스 파트너가 안겨줄 수 있는 비즈니스 가치에 주목하는 기업들이 늘고 있다. 중국 기업들도 '누구를 아는가'보다는 '무엇을 알고 있는가'와 '무엇을 할 수 있는가'에 초점을 맞추기 시작하면서, 꽌시가 서구 기업가들에게 익숙한 실용적 네트워킹과 유사해지기 시작하였다고 지적하고 있다. 한마디로 이제 꽌시도 능력과 효과에 바탕을 둔 서구적 신뢰 관계로 변화되고 있다는 것이다.

이 사례는 중국만의 독특한 비즈니스 관행으로 보이는 행동 방식도 따지고 보면, 경제발전 단계가 낮은 다른 나라에서도 나타나는 행동 방식과 크게 다를 게 없는 일반적 현상임을 확인하게 해 준다.

4. 인도엔 화장실이 없다?

2013년 국제연합(UN)은 11월 19일을 '세계 화장실의 날(World Toilet Day)'로 지정했다. 식당은 물론이고 지하철역 어디에서도 불편 없이 볼일을 보는 우리는 왜 화장실의 날도 있어야 할까 하고 의아해할 만하다. 하지만 세계보건기구(WHO)와 국제연합아동기금(UNICEF)이 공동으로 시행한 모니터링에 따르면, 2017년 기준 세계 인구 3명 중 1명은 '제대로 된 화장실'이 없다고 하니 UN이 세계 화장실의 날을 지정한 것이 이해가 된다.[121]

눈을 가까운 아시아로 돌려 보면 이것이 먼 나라들만의 얘기가 아니라는 것을 쉽게 알게 된다. 중국과 함께 세계 최대 인구 대국을 다투는 인도에서는 화장실 문제가 심각하다. 국제 비영리 환경 단체인 '워터에이드(WaterAid)'에 따르면 **인도의 경우 7억 7천만 명에게 '제대로 된 화장실'이 필요한 것으로 나타났는데, 이는 인구 10명 중 6명은 화장실 없이 개방된 장소 혹은 미흡한 시설에서 용**

121] 세계 화장실의 날에 관해서는 "3명 중 1명에게만 허락되는 '화장실'", 〈KBS 뉴스〉, 2018.11.19, http://news.kbs.co.kr/news/view.do?ncd=4076751&ref=A.을 참고했음.

변을 보고 있다는 것이다.[122]

집 밖으로 나가서 볼일 볼 곳을 찾다 보니 여성과 아이들은 강력 범죄의 표적이 되기 쉽고, 야외 배변과 위생시설 부족으로 각종 질병 문제도 심각하게 나타날 수밖에 없다. 이로 인한 사회적 비용이 인도 국내총생산(GDP)의 6.4% 수준에 달한다는 세계은행의 분석도 있다.[123] 화장실 문제가 심각하다 보니 화장실과 관련된 실제 사건을 모티브로 하여 2017년 인도 독립기념일에 개봉된 영화 "Toilet: Ek Prem Kata(화장실 : 사랑 이야기)"가 크게 인기를 끄는 웃지 못할 현상도 나타났다.

인도에 화장실이 부족한 것은 새로 나타난 현상이 아니라 오래된 일이다. 인도 독립의 아버지라 불리는 마하트마 간디가 "공중위생이 독립보다 중요하다"고 얘기했을 정도이다. 이를 해결하고자 역대 정권들은 다양한 정책을 추진해 왔다. 빈민 출신의 모디 총리 또한 2014년 독립기념일에 화장실 문제의 심각성을 지적하는 연설을 한 후, 마하트마 간디의 145번째 생일인 2014년 10월 2일에 '깨끗한 인도 캠페인(CLEAN INDIA CAMPAIGN)'을 시작하여, 150번째 생일인 2019년 10월 2일 '깨끗한 인도' 비전을 달성한다는 목표를 제시하였다.[124]

122] "3명 중 1명에게만 허락되는 '화장실'", 〈KBS 뉴스〉, 2018.11.19., http://news.kbs.co.kr/news/view.do?ncd=4076751&ref=A.

123] "3명 중 1명에게만 허락되는 '화장실'", 〈KBS 뉴스〉, 2018.11.19., http://news.kbs.co.kr/news/view.do?ncd=4076751&ref=A.

124] 이 캠페인에 대해서는 김도영, "'깨끗한 인도' 비전으로 경제 발전 5년간 1억1000만 개 화장실 신설", CHINDIA Plus, 2016, vol.112, p.58.을 참조했음.

이 캠페인은 야외 배설을 없애기 위해 정부가 1.34략 크로어(약 2조 4,000억 원)의 비용을 들여 1억 1,000만 개의 화장실을 5년 안에 만들겠다는 야심 찬 것이다. 화장실 문제가 특히 여성들에게 심각한 것임을 고려하여, "베티 바차오, 베티 파라오(우리의 딸들을 살리자, 우리의 딸들을 교육시키자)"라는 캠페인도 함께 추진되었다.

하지만 인도에서 화장실 문제는 그리 쉽게 해결될 기미를 보이지 않는 듯하다. 2018년 인도 뉴델리를 방문한 안토니우 구테흐스 유엔 사무총장이 여전히 "인도는 노상 방뇨와의 투쟁 중"이라며 열악한 위생환경을 꼬집었을 정도이다.[125] 가장 큰 이유 중의 하나는 힌두교의 가르침 때문이다.[126] 즉, 힌두교 교리에서는 물리적인 청결이나 불결과는 다른 개념으로서 "정(淨)한 것과 부정(不淨)한 것"에 대한 관념이 매우 강한데, 사람의 배설물과 땀은 하층민과 함께 부정한 것으로 간주된다. 고대 인도의 경전에는 "대소변에 사용한 물은 집에서 멀리 떨어진 곳에서 처리해야 한다"고 적혀 있다고 한다.

그러다 보니 국민들의 화장실에 대한 인식과 습관이 중요한 문제로 부상하고 있다. 배설물은 부정한 것이기에 집안에 화장실을 두지 않는 문화가 정착되었고, 따라서 강가나 철길 등에서 볼일을 보는 데 익숙해서 굳이 종전의 생활 태도를 바꾸려 하지 않고 있기

125] "3명 중 1명에게만 허락되는 '화장실'", 〈KBS 뉴스〉, 2018.11.19, http://news.kbs.co.kr/news/view.do?ncd=4076751&ref=A.

126] 이와 관련해서는 "인도, 5억 명이 밖에서 볼일…화장실 있어도 안 쓰는 까닭이", 〈매일경제신문〉, https://www.mk.co.kr/news/society/view/2017/11/786939/.를 참조하였음.

때문이라는 것이다. 이렇게 보면 인도에서 화장실을 제대로 이용하지 않는 것은 인도인들의 고유한 역사적, 문화적 요인으로 치부될 것 같다.

게다가 인도에서는 사람의 배설물을 부정한 것으로 간주하다 보니, 카스트 계급의 최하층민이 배설물 처리를 도맡아 왔다. 현재는 배설물을 처리하는 사람을 고용하는 것을 법으로 금지하고 있지만, 여전히 수십만 명이 강제로 이 작업을 하며 보수를 받고 있어서 이들의 끈질긴 반발도 화장실 문제 개선에 걸림돌이 되어 왔다고 한다.[127]

하지만 인도 정부는 2019년 10월 2일 마하트마 간디 탄생 150주년 기념식에서 "'깨끗한 인도' 캠페인을 통해 인도가 '노상 배변이 없는 나라'가 되었다"고 선언했다. 인도 정부 집계에 따르면, 캠페인 기간 중 59만 9,963개 마을에 총 1억 74만 8,884개의 화장실이 새로 지어져서, 2014년 2월 38.7%에 그쳤던 화장실 보급률은 이제 100%에 도달했다는 것이다.[128] 5년 만에 가히 괄목할 만한 발전이라고 볼 수 있다.

그렇다고 인도에서 화장실 문제가 해결되었다고 속단하기에는

127] "인도, 5억 명이 밖에서 볼일…화장실 있어도 안 쓰는 까닭이", 〈매일경제신문〉, 2017.11.28. https://www.mk.co.kr/news/society/view/2017/11/786939/.
128] "인도, 화장실 1억개 만들었지만 '길거리 배변' 못 막았다", 〈조선일보〉, 2019.10.8. https://www.chosun.com/site/data/html_dir/2019/10/08/2019100800245.html?utm_source= naver&utm_medium=original&utm_campaign=news.

아직 이르다. CNN은 "모디가 화장실 1억 1,000만 개를 만들었지만, 사람들이 그걸 사용할까?"란 기사에서 화장실 보급률 수치가 부풀려졌고, 물 부족과 관리 부실 때문에 노상 배변은 여전하다고 지적하고 있다.[129] 화장실 이용이 당초 계획한 대로 원활하게 이루어지지 않고 있다는 얘기인데 도대체 어떤 사연일까?

인도 공감경제연구소의 한 연구원에 따르면 "인도 정부가 화장실을 짓는 것만 신경 쓸 뿐 사람들이 화장실을 사용하도록 하고, 시설을 유지하고 하수를 관리하는 데는 실패했으며, 2018년 말 인도 북부 4개 주에 대한 이 연구소의 조사에 의하면 야외에서 배변하는 비율은 여전히 44%에 달하는 것으로 나타났다"고 한다.[130] 화장실이라는 하드웨어는 어느 정도 갖추어져 있지만, 화장실 이용이 원활하게 이루어질 수 있을 정도의 상하수도 정비와 관리가 제대로 이루어지지 않았다는 얘기이다.

2019년 9월 인도 중부 마디아프라데시주 바브케디에서는 온몸이 각목에 맞은 상처로 뒤덮인 어린 청소년 2명이 숨진 채 발견된 사건이 발생하였다. 그들은 불가촉천민인 '달리트' 계급에 속한 아이들로서, 수사 결과 그날 아침 용변을 보러 길거리로 나갔다가 집

129] "인도, 화장실 1억 개 만들었지만 '길거리 배변' 못 막았다", 〈조선일보〉, 2019.10.8. https://www.chosun.com/site/data/html_dir/2019/10/08/2019100800245.html?utm_source=naver&utm_medium=original&utm_campaign=news.

130] "인도, 화장실 1억 개 만들었지만 '길거리 배변' 못 막았다", 〈조선일보〉, 2019.10.8. https://www.chosun.com/site/data/html_dir/2019/10/08/2019100800245.html?utm_source=naver&utm_medium=original&utm_campaign=news.

단 구타를 당한 것으로 드러났다. 상당수 인도인은 계급 차별 때문에 불가촉천민에게는 공동화장실조차 사용하지 못하도록 하고 있는데, 이들이 길거리에서 용변을 보다 변을 당한 이유라고 한다.[131] 문화와 관습의 문제가 여전히 남아 있음을 시사하고 있다.

현재 인도에서 화장실 문제가 충분히 해결되었다고 보기는 아직 어렵다. 한편에서는 힌두교의 문화와 관습의 문제가 완전히 해결되지 않은 채이고, 다른 한편에서는 화장실과 관련된 상하수도 정비와 관리 부족이 걸림돌로 남아 있다. 그렇지만 최근 높은 경제성장을 바탕으로 화장실 보급이 크게 늘었고, 국민의 화장실 이용도 이전보다 비약적으로 늘어나고 있다. 시간에 구애받지 않고 깨끗한 화장실을 가까이서 이용할 수 있음에도 불구하고 굳이 밤이 되기를 기다려 노상 방뇨를 즐길 사람들이 많으리라 상상하기는 어려운 일일 테니까.

그렇다면 인도의 화장실 문화를 종교적 요인에 근거한 특수성으로만 보는 것은 잘못된 해석일 수 있다. 경제적으로 낙후된 상태에서는 경제적 여력이 없어서 화장실이 턱없이 부족할 수밖에 없었고, 이로 인해 노상 방뇨가 일상화되고 합리화되어 왔지만, 경제발전 수준이 높아짐에 따라 화장실 공급이 늘어나면서 그에 따라 화장실 문제도 자연스럽게 해결되어 가고 있다고 보는 것이 합리적

131] "인도, 화장실 1억 개 만들었지만 '길거리 배변' 못 막았다", 〈조선일보〉, 2019.10.8. https://www.chosun.com/site/data/html_dir/2019/10/08/2019100800245.html?utm_ source =naver&utm_medium=original&utm_campaign=news.

일 것으로 보인다.

　이 사례는 한 나라에서 두드러지게 나타나는 문제도 낮은 경제발전단계에서 나타나는 일반적 현상이며, 경제가 발전됨에 따라 자연스럽게 해결될 수 있음을 보여준다.

5. 미국에서나 한국에서나 개는 식구? :
같으면서 다른 역할

1990년대 초 미국에 갔을 때 사람들이 개와 함께 거실에서 생활하는 게 무척이나 신기했다. 당시만 해도 한국에서는 집에서 개를 키운다고 해도 집 밖이나 대문 근처에 개집을 놓고 개집 근처에 개를 묶어둔 채 사람들이 먹다 남은 밥을 주는 정도였다. 그때는 한국에 보신탕집 또는 영양탕집이라는 간판이 거리에 눈에 띄던 때여서 거실에서 개와 함께 생활하는 광경은 낯설기까지 하였다.

한국 사람만 개고기를 먹는 것으로 알기 쉬운데, 개고기를 식용한 역사는 동서고금을 통해 널리 확인된다.[132] 고대 로마, 인디아 및 페루에서는 개를 제사에 쓴 후 잡아먹었고, 중국은 한나라 시대부터 개고기가 널리 식용되었으며, 프랑스에서도 1870년 보불전쟁 때에는 개정육점, 고양이정육점 및 쥐정육점까지 있었다고 한다. 일본에서도 1900년 이전까지는 개고기를 먹었으며, 동남아시아의

132】 이에 대해서는 안용근, "한국의 개고기 식용의 역사와 문화", 〈한국식품영양학회지〉, 12(4), 1999, p. 388~390.을 참조하였음.

필리핀이나 베트남에서도 마찬가지였다고 한다.

한국에서는 삼국시대 이전부터 개고기를 식용으로 하였다는 기록들이 있고, 이후 불교를 숭상하던 고려시대를 제외하면 소나 돼지와 비교하여 개가 비교적 저렴하여 하층민들이 주로 식용으로 하였으며, 조선시대에는 선비들도 즐긴 것으로 알려져 있다. 하지만 최근 들어서는 보신탕집 간판조차 자취를 감추어 버렸다.

요즘 한국에서도 반려견을 비롯한 반려동물을 키우는 집이 많아졌다. 아기를 태우고 다니던 보행기에 반려견이 타고 있는 것도 흔히 보는 일이 되었다. 어떤 기초지방자치단체에서는 반려동물과 관련된 행정부서까지 생겼다고 한다. 이제 30여 년전의 미국과 비슷해졌거나 오히려 그들보다 한 걸음 더 나아가고 있다. 여기서 우리는 불과 30년 사이에 한국에서 개가 식용에서 반려견으로 바뀐 현상은 어떻게 설명할 수 있을까? 이 시점에서 미국과 한국에서 개를 키우는 이유는 같을까? 라는 두 가지 질문을 해볼 수 있다.

불과 30년 사이에 한국에서 개가 식용에서 반려견으로 바뀐 현상은 일반성으로 설명할 수 있는 면이 많은데, 여기서는 두 가지 설명에 대해 알아본다. 첫 번째는 경제발전에 따른 일반적인 변화라고 보는 설명이다. 경제가 발전하면 식량 공급원들이 다양하고 풍족해지는데, 한국도 경제가 발전하면서 개를 식용으로 하지 않아도 되는 상황이 온 것이라고 볼 수 있다. 유럽이나 일본에서 개고기가 식용에서 멀어지기 시작한 이유와 마찬가지이다. 좀 더 자세히 알아보자.

인류 발전의 역사는 식량 공급원을 확보하고 발전시킨 역사라고 해도 과언이 아니다. 우리는 식량으로부터 단백질과 지방 및 탄수화물 등 3대 필수 영양소를 비롯한 각종 영양소를 얻는다. 3대 영양소 중 단백질은 근육이나 내장, 뼈와 피부 등을 구성하는 데 긴요한 영양소라서 인간이 살아가는 데 가장 필수적인 영양소라고 볼 수 있다. 단백질은 식물로부터도 얻어 왔지만, 상당 부분은 동물로부터 획득하였다. 따라서 인류의 발전은 단백질을 획득하기 위한 과정이라고 해도 지나치지 않다.

세계적인 생물지리학자인 재레드 다이아몬드는 명저 《총, 균, 쇠》에서 인류는 안정적인 동물 식량을 확보하기 위하여 야생 상태의 동물을 가축화해 왔다고 주장하였다. 동물을 가축화하는 데에는 필수적인 조건들이 있는데, 그 가운데 한 가지라도 충족하지 못하면 가축화는 실패할 수밖에 없다고 주장한다. 그는 이를 러시아의 대문호 톨스토이의 소설 《안나 카레니나》에서 나오는 첫 문장, 즉 "행복한 가정은 모두 엇비슷하고 불행한 가정은 불행한 이유가 제각기 다르다"를 인용하여 '안나 카레니나의 법칙'이라고 불렀다.[133]

야생 동물을 가축화하는 데 필수적인 요인 중 하나는 식성이다.[134] 어떤 동물이 다른 식물이나 동물을 먹을 때 그 먹이가 가진 생물자원이 소비자의 생물자원으로 환원되는 효율은 100%에 훨씬

133] 재레드 다이아몬드 지음, 김진준 옮김, 《총, 균, 쇠》, 문학사상, 2013, p.244.
134] 이에 대해서는 재레드 다이아몬드 지음, 김진준 옮김, 《총, 균, 쇠》, 문학사상, 2013, pp.260~261.를 참조하였음.

못 미치는데, 대개는 10%에 불과하다고 한다. 그러니까 450kg의 초식동물인 소를 키우려면 옥수수 4,500kg이 필요하다. 반면에 450kg의 육식동물을 키우려면 초식동물 4,500kg을 먹여야 한다는 것인데, 그러려면 이 초식동물은 옥수수 45,000kg을 먹고 자라야 한다는 것이다. 따라서 애초부터 육식동물은 효율성이 떨어져서 가축화하기에 부적합하다.

초식도 하지만 육식도 하는 잡식성의 개는 가장 예외적인 동물이다. 원래 번견(방범견)이나 수렵용으로 가축화된 것이며, 아즈텍 시대의 멕시코, 폴리네시아 및 고대 중국 등에서 식용으로 개발하여 기르기도 하였다고 한다. 그러다 보니 개를 일상적으로 잡아먹는 풍습은 육류를 구할 수 없는 인간사회에서 마지막으로 취하는 수단이었다고 알려져 있다.[135]

옛날에 한국에서 개가 식용으로 쓰였던 이유 중 하나는 단백질 공급원의 부족이었다. 소나 돼지와 비교하면 저렴하여 그 대체재로서 역할을 하였다고 볼 수 있다. 하지만 소득이 증가함에 따라 사람들의 구매력이 높아졌기에 개를 굳이 식용으로 하지 않아도 될 정도가 된 것이다.

불과 30년 사이에 한국에서 개가 식용에서 반려견으로 바뀐 현상에 대한 두 번째 설명은 반려자로서 개의 역할이 커졌다는 점이다. 자본주의 시장경제체제가 발전함에 따라 개인주의 경향이 강화되

135] 재레드 다이아몬드 지음, 김진준 옮김, 《총, 균, 쇠》, 문학사상, 2013, p.261.

었는데, 그 결과로서 외로움을 달래고 정서적 안정을 찾고자 하는 사람들의 요구는 높아지게 되었다. 더욱이 핵가족화가 진전되면서 가족 구성원의 수가 크게 줄게 되어 정서적 유대감이나 아이를 키우는 데서 오는 양육의 만족을 찾기가 점점 어려워지게 되었다. 그러니까 줄어든 가족의 역할을 개가 대신하는 상황이 가능하게 된 것으로 볼 수 있다. 개에 대한 보호자의 태도가 동물이 아니라 사람에 가까운 가족 구성원으로 인식하게 된 것이다.

이러한 변화는 개를 지칭하는 용어의 변화를 통해서도 엿볼 수 있다. 얼마 전까지만 해도 개를 가정 내에 가까이 두고 귀여워하며 양육하는 의미로 '애완견'이라고 부르는 것이 일반적이었으나, 최근에는 가구 내 구성원 중 하나라는 의미의 '반려견(companion dog)'으로 부르고 있다. 최근 국내에서의 반려견에 대한 관계 인식에 대한 실태조사는 이러한 현실을 잘 반영하고 있다. 20대 성인남녀를 대상으로 반려동물에 대한 전반적인 인식에 관한 연구에 의하면, 반려동물의 의미를 묻는 명목형 척도를 활용하여 가족, 친구, 즐거움의 대상, 취미 및 기타 등의 5개 선택지를 주고 답변을 조사한 결과, 유효응답 중 가족 혹은 친구로 생각한다는 응답자가 80%에 달하는 것으로 나타났다.[136]

이러한 현상은 이미 서양에서는 다소 오래 역사를 갖고 있다.

136] 김준범, 김진규, 김태완, 박상훈, 박준영, 홍선화, 김옥진, "반려동물에 대한 20대의 인식 조사 연구," 〈한국동물매개심리치료학회지〉, 3(1), 2014, p.51.

1983년 '인간과 반려동물의 관계'에 대한 국제심포지엄이 그 시작이라고 한다. 당시 오스트리아의 동물행동학자인 콘라트 로렌츠(Konrad Lorenz)는 애완동물들의 가치를 재고하며 '반려동물'이라고 부르자고 제안하였다.[137] 이후 서양에서 개를 반려동물로 인식하는 동물과 보호자 간의 관계에 관한 연구들이 줄을 이었다.

하나의 사례로서 허쉬만(Hirschman)은 애완동물을 소유하는 이유로서, 1) 사물 : 보호자를 대변하여 확장하는 소비, 2) 장식품 : 미적인 가치를 유지하는 장식품의 역할, 3) 지위 상징, 4) 직업 : 전시하거나 보여주기 식의 직업적 소유, 5) 장비 : 치료견, 맹인견등의 유용한 역할을 하는 장비적 역할, 6) 사람 : 친구, 가족, 혹은 자식과 같은 동반자적인 역할 등 6가지를 제시하고 서베이조사를 실시한 결과, 애완동물을 소유하는 이유는 6) 사람, 즉 반려자로서 역할이 가장 일반적이고 빈번한 것으로 나타난 바 있다고 보고하였다.[138]

다소의 시차는 있으나 서양이나 한국이나 가릴 것 없이 최근 개는 사람에게 반려자로서 역할이 가장 크다고 볼 수 있다. 경제발전에 따라 일정한 소득 수준에 도달하면, 개의 역할과 개에 대한 사람들의 인식은 바뀌는 것이며, 이는 한국이나 미국이나 다른 선진국과 다를 게 없다.

137] 양수진, "반려견에 대한 보호자의 관계 인식과 관계 인식이 반려견 전문품 구매의도에 미치는 영향", 〈소비문화연구〉, 23(3), 2020, p.89.

138] Elizabeth C. Hirschman, "Consumers and their animal companions," Journal of Consumer Research, 20(4), 1994, pp.616~632.

이제 두 번째 질문, 이 시점에서 미국과 한국에서 개를 키우는 이유는 같을까라는 질문에 대해 생각해보자. 미리 답을 하자면 이유가 다른 것 같다. 미국에서는 개가 가족의 일원이면서도 한국과는 역할이 다소 다른 면도 있다. 무엇보다도 미국에서 개의 역할은 한국에서보다는 실용적이고 더욱 적극적이다. 한국에서와는 달리 미국에서 개는 가족들의 안전을 지키는 중요한 역할을 하는데, 특히 미국의 특수한 총기 소유 문화와 가옥 집중 형태 및 구조와 관련하여 그 역할은 더욱 두드러진다.

미국은 총기 소유가 합법화되어 있고 집들이 분산되어 있을 뿐만 아니라 가옥 구조상 담이 없어서 위험하기 그지없다. 그러다 보니 집집마다 스스로 안전망을 갖추는 것이 무엇보다도 중요하다. 이때 가장 손쉽고 비용이 덜 들면서도 효과가 뛰어난 수단이 개이다. 외부인이 주택에 침입했을 때 개는 뛰어난 청각과 후각으로 위험을 감지하여 짖음으로써 식구와 주변에 위험을 알리는 역할을 한다.

개가 짖으면 식구들과 마을 사람들이 침입자가 있다는 것을 인지하게 되니까 침입자가 총을 쏘거나 집안에 들어오는 것이 쉽지 않다. 어찌 보면 가족의 일원으로서 당당한 역할을 하는 셈이다. 그러다 보니 미국인들은 외출할 때도 개를 차에 태워 가는 경우가 다반사이다. 개의 입장으로도 가족의 안전을 담당하는 가족의 일원으로서 당연한 권리로 느끼는 듯하다. 과거 개가 가축화되던 당시의 목적인 번견의 역할에 더욱 충실하다고 할 수 있다.

그러나 한국에서는 개에게 번견의 역할을 기대하기 어렵다. 총기 소유가 불법일 뿐만 아니라 가옥은 아파트 형태가 태반인 데다가, 아파트건 집이건 밀집되어 있다 보니 가옥의 안전성이 크게 문제가 되지 않는다. 게다가 CCTV도 곳곳에 많고 방범 활동이 원활하게 이루어진다. 집이나 사람 및 재산을 지키는 번견의 역할이 불필요하게 된 것이다.

반면에 한국에서는 출산율이 급감하면서 가정마다 식구의 수가 크게 줄고 있으며, 결혼하지 않는 현상이 두드러지면서 일인 가정의 수가 급격히 늘어나고 있다. 또 경제가 발전하고 여가를 중시하는 문화가 정착되면서 과거와 같은 사회적 관계가 크게 줄고 개인이나 가정 중심의 문화가 정착되고 있다. 혼자 사는 사람의 입장으로는 외로움을 쉽게 느끼고 정서적으로 황폐해지기 쉽게 된 것이다.

그러다 보니 가족의 일원으로서 반려견의 중요성은 더욱 커질 수밖에 없게 되었다. 반려견의 역할도 감정적으로 친밀감과 안정감 및 행복감을 가져다주고, 스트레스와 외로움을 덜어주는 가족과 같은 역할로 바뀌는 것 같다. 미국에 비해 실용적인 이유는 적지만 정서적인 이유는 크다고 볼 수 있다. 미국에서나 한국에서나 반려견이라는 공통점이 있음에도 불구하고 역할은 약간의 차이가 있다는 것이다.

이 사례는 경제가 발전함에 따라 미국이나 한국에서 특별한 동물로서의 개와 사람과의 관계에서 비슷한 현상이 나타나지만, 각국이 처한 사회경제적 환경에 따라 역할이 서로 다른 특수성이 나타날 수 있음을 보여준다.

6. 한국에서 신뢰사회의 어제와 오늘

서울 여의도의 한강으로 가는 어느 길목에는 무인 꽃가게가 한 군데 있다. 여러 가지 꽃과 화분들이 진열되어 있고 가격표가 붙어있지만, 꽃을 파는 사람은 찾을 수 없다. 두세 개의 작은 메모지에 연락처와 입금 계좌번호가 적혀 있을 뿐이다. 문의하거나 결제하는 데에는 전혀 문제가 없다. 그렇다고 CCTV가 있는 것도 아니어서 사람들이 꽃만 가져가고 결제를 하지 않아도 이를 제재하거나 막을 방도는 없어 보인다. 고객의 양심을 신뢰하지 않고는 불가능한 사업이다.

한편 인천의 한 고등학교에서는 무감독 시험의 전통이 오랫동안 이어져 내려오고 있다. 시험을 볼 때 선생님들이 시험감독을 하지 않는다. 자율과 양심을 강조했던 초대 교장의 뜻에 따라 1956년 1학기 중간고사부터 시작되었다고 하니 벌써 60여 년째가 된다. 이 학교는 고교 입학이 시험제이었던 시절엔 인천지역뿐만 아니라 전국의 인재들이 입학하고 싶은 명문고로 이름을 날렸다(참고로 1974년에 고교입시제도가 학교별 입학시험에서 추첨 형식으로 바뀌었다). 소위 명문대학 진학률도 전국에서 최상위에 손꼽힐 정도였다.

이러한 두 사례는 시대는 다르지만, 사회 구성원에 대한 신뢰를 기반으로 하고 있다는 점은 같다. 그렇다면 이 두 사례는 사회 전체의 관점에서 어떻게 이해할 수 있을까? 우리 사회의 신뢰는 예전이나 지금이나 차이가 없다는 것일까? 아니면 과거에는 선택된 집단에서만 신뢰가 작동했지만 이제 우리 사회도 사회 구성원들 사이에 신뢰가 공동선으로 자리 잡아가고 있다고 볼 수 있다는 것일까? 마지막 질문은 우리의 삶의 여건이나 경제발전이 신뢰와 관련이 있느냐는 질문으로 일반화할 수 있다.

그 고등학교에서 무감독 시험이 시작된 1956년은 한국전쟁이 끝난 지 3년밖에 지나지 않았던 때였다. 다들 먹고 살기 힘들 때라서 버스나 기차에는 소매치기가 득실거리고 길바닥에 떨어진 돈은 주운 사람이 임자였다. 심지어 그로부터 20년도 넘게 지나 지하철이 운행되기 시작한 1970년대 후반 이후에도 크게 달라지지 않았다. 공중 화장실에 휴지와 비누가 제대로 놓여 있는 날이 드물어서, 급한 볼일을 보러 들어갔다가 낭패를 보는 경우가 허다했다. 당시를 그린 영화 등을 보면 학생들은 친구 답안지를 몰래 보고라도 점수를 올릴까 궁리하고, 선생님들은 학생들의 부정행위를 적발하려고 신문지에 구멍을 뚫고는 신문 보는 척하며 감독을 하기도 했다. 선생님께 급우들의 부정행위를 고자질하는 학생들도 있었고 부정행위로 인한 피해를 호소하는 학생 또한 적지 않았다고 한다.

한마디로 사회 전체에 불신이 팽배해 있었다. 그러니까 이 고교에서 시행된 무감독 시험은 일부에만 한정되었을 뿐 우리 사회 전반에 뿌리를 내리지는 못했던 것으로 볼 수 있다. 여담이지만 무감독 시험을 보며 성장한 학생들이 사회에 나가서 양심과 신뢰를 실천하고 사회에 전파하는 긍정적 역할을 했으리라 추정하기는 어렵지 않다. 어쨌든 당시에는 시대를 앞서가도 한참 앞서갔다고 할 수 있다.

우리나라가 세계 10대 경제국의 반열에 오른 요즈음은 어떤가? 최근 우리 사회에서는 아파트의 통행로에 주차하거나 두 개의 주차 공간에 걸치게 주차를 해서 아파트 게시판에 이를 성토하는 글이 붙었다는 기사가 나오기도 한다. 암묵적인 사회적 합의나 양심에 위반된 행동을 하는 것이 사회적으로 크게 지탄받는 세상이 된 것이다. 그런가 하면 분실된 물건을 찾으러 갔더니 떨어진 자리에 그냥 있어서 쉽게 찾았다거나 누군가가 경찰서에 신고하고 가져다 놓아서 어렵지 않게 찾을 수 있었다는 미담들이 이제는 더 이상 뉴스거리가 되지 않고 있다.

2020년 코로나 사태로 재택근무가 크게 늘면서 신뢰문제가 다시 화두가 되었다. 어쩔 수 없이 재택근무제를 시작했으나 집에서 제대로 일을 하겠냐고 의심의 눈초리를 던지는 사람들이 많았다. 정상적인 근무가 가능하지 않을 것이라는 우려도 적지 않았다. 하지만 이 우려는 쓸데없는 기우였던 것으로 드러났다. 정보통신기술의 발전에 따라 재택근무 환경이 이전과 비교할 수 없을 정도로 좋아진 탓도 있지만, 우려했던 것과는 달리 사람들이 근무시간을 무척 잘 지키고 업무도 평소처럼 문제없이 처리한 것으로 나타나고 있다.

이런 일화들을 보면 한국 사회의 신뢰 수준은 과거보다 엄청나게 향상된 것으로 보인다.[139] 2013년에 실시한 한 설문조사에 의하면, 우리나라 국민 중 절반 이상이 10년 전보다 우리나라 사회시스템의 신뢰 수준이 개선되었다고 인식하는 것으로 나타났다. 10년 후 우리나라 전반적인 사회시스템의 신뢰 수준에 대해서는 이보다 훨씬 많은 71.9%가 개선될 것이라고 응답하였다.

그러면 그간 한국에서는 어떤 변화가 일어난 것일까? 무엇보다도 두드러진 변화는 경제발전 수준에서의 변화이다. 60여 년 사이에 한국 경제는 비약적인 발전을 이루었다(그림 VI-1참고). 인천의 고등학교가 무감독 시험을 시작하던 1950년대 한국의 경제 규모는 아주

자료: 한국은행 ECOS(국민경제계정)로부터 작성

〈그림 VI-1〉 한국의 국내총생산(GDP) 추이(1953-2021)

139] 이하 이에 대해서는 현대경제연구원, "선진국 진입, 사회확충 자본이 결정한다", 〈VIP 리포트〉, 14-2 (통권 553호), 2014. 참조.

미미했다. 그러나 2020년에는 세계 10위권에 재진입하였다. 1인당 소득 또한 크게 증가하여 2017년에 3만 달러를 넘어섰다.

1990년대 중반 이래 경제학계에서는 신뢰와 경제발전의 관계에 관한 연구가 활발히 이루어져 왔다. 대체로 신뢰가 경제발전에 긍정적인 영향을 미친다는 결과를 보고하였다.[140] 사회 구성원들 간에 상호 신뢰도가 높으면 자발적인 협조와 더불어 거래 당사자들이 상호 거래에서 필요한 정보를 얻기 위하여 투입하는 시간과 정보비용이 줄어들게 된다. 그리고 거래비용이 줄어들면 자원의 낭비가 줄어들게 되고 국가의 경제발전은 더욱 빠르게 이루어질 수 있다는 것이다.

신뢰와 경제발전의 긍정적인 관계는 지난 수십 년간의 실증분석에 의해서도 뒷받침된다. 30개 내외의 나라들을 대상으로 실증 분석한 결과, 신뢰가 하락하면 경제성장률이 하락하고, 신뢰가 상승하면 경제성장률도 상승하는 것으로 나타났기 때문이다.[141] 내크

140】신뢰와 경제성장 간의 일반적 논의에 대해서는 김광수, "신뢰, 윤리와 경제발전", 〈신뢰연구〉, 15, 2005, pp.3~40과 김시윤, "신뢰, 지식 공유 그리고 경제발전", 〈한국비교정부학보〉, 13(2), 2009, pp.227~246. 참조.

141】이하 S. Knack & P. Keefer, Does social capital have an economic payoff? Quarterly Journal of Economics, 112, 1997, pp.1251~1288; Paul F. Whiteley, "Economic Growth and Social Capital", Political Studies, 48(3), June 2000, pp.443~466., 현대경제연구원, "선진국 진입, 사회확충 자본이 결정한다", 〈VIP 리포트〉, 14-2 (통권 553호), 2014.1.15, p.1에서 재인용. 이밖에 유사한 실증분석으로는 J. Temple & P. Johnson, "Social Capability and Economic Growth", Quarterly Journal of Economics, 113(3), 1998, pp.965-990; P. Zak & S. Knack, "Trust and Growth", Economic Journal. 111(470), 2001, pp.295~321. 참조.

와 키퍼(Knack and Keefer, 1997)는 1980~81년과 1990~93년의 두 시기에 29개국을 대상으로 분석한 결과 신뢰가 10% 하락하면 경제성장률은 약 0.8%p 하락하였음을 밝혔고, 휘틀리(Whiteley, 2000)는 1970~92년 34개국을 대상으로 분석한 결과 신뢰가 1% 증가할 경우 1인당 실질국내총생산(GDP)이 약 0.6% 상승한다고 주장한 바 있다.

또한, 넓은 의미에서 신뢰를 기반으로 이루어지는 법·질서 또한 실증분석 결과 경제발전과 밀접한 관계를 맺는 것으로 나타나고 있다. 선진국들의 모임인 경제협력개발기구(OECD)의 자료에 의하면, 1998년부터 2012년까지 법·질서지수와 2012년 각국의 1인당 소득(GDP)과의 상관관계는 0.67로 아주 높게 나타나고 있다. 법·질서가 준수되는 나라일수록 1인당 소득이 높음을 의미하기도 하지만, 달리 말하면 1인당 GDP가 높을수록 법·질서도 잘 준수된다는 얘기이다.

얼핏 보면 신뢰 수준이 높아야 경제발전 수준이 높아진다는 주장에 충분히 공감이 간다. 그러나 그 반대로 경제발전 수준이 높아야 신뢰 수준 또한 높아진다는 주장도 설득력이 있다. 어느 주장이 더욱 타당한지에 관하여는 여전히 논쟁 중이어서 신뢰와 경제발전의 인과관계는 아직 충분히 입증되지는 않았다.

우리 속담에 "사흘 굶어 담을 넘지 않을 놈 없다"던지 "광에서 인심 난다"라는 말이 있다. 서양에서도 "Necessity knows no law(궁핍은 법을 잊게 한다)"던지 "Poverty is the parent of revolution and crime"(빈곤은 혁명과 범죄의 부모이다)."이라는 비슷한 속담이 있다. 경제적 처지가 행동에 미치는 영향이 크다는 것을 보여주는 속담들이다. 이는 일반 사람들도 신뢰와 경제발전의 관계를 알고 있다는 방증으로 볼 수 있다.

이 절을 시작하며 들었던 두 사례는 경제발전 수준과 신뢰의 관계라는 일반성의 관점에서 해석할 수 있다는 우리 주장을 뒷받침해준다. 최근 한국에서 폭넓게 나타나고 있는 신뢰 사회의 모습은 경제가 발전함에 따라 나타나는 일반적 현상으로서, 경제발전과 신뢰 간의 밀접한 연관성을 보여준다.

7. 일본, 한국, 중국의 올림픽 개최 :
한국의 20년 후 청사진과 20년 전 복사판

아시아에서는 올림픽이 네 번 개최되었다. 1964년과 2021년 도쿄올림픽, 1988년 서울올림픽, 그리고 2008년 베이징올림픽이다. 이 중 1964년 도쿄올림픽, 1988년 서울올림픽, 그리고 2008년 베이징올림픽은 각각 20년 내외의 시차를 두고 있다. 약 20년의 간격을 두고 세 나라에서 올림픽이 열린 것은 우연의 일치일까? 아니면 경제발전 수준과 연관성이 있는 것일까? 경제발전 수준과 연관성이 있는 것 같다. 그러니까 일반성의 사례로 해석할 수 있다는 얘기다.

올림픽은 주최국 정부와 주최 도시가 주도하고 회원국들의 지지를 받아 개최가 결정된다. 주최국의 주체적 의지와 노력의 산물이고 국제정치의 영향도 무시할 수 없다. 그렇기에 경제발전 단계라는 여건만을 가지고 논하는 데에는 한계가 있을 수도 있다. 하지만 이들 올림픽이 개최되었던 시기가 동북아시아 세 나라의 경제발전 단계와 연관이 있다면 우리가 말하는 좁은 의미의 일반성으로 해석할 수 있다.

올림픽이 개최되었던 당시의 일본과 한국 및 중국의 1인당 소득을 달러 표시 실질가격으로 비교해 보자. 1964년 도쿄올림픽과 2008년 베이징올림픽 간에는 44년의 시차가 있으니까 2010년 미국 달러화의 가치를 기준으로 비교해 보면, 세 나라의 1인당 국내총생산(GDP)은 1964년 일본이 12,031달러, 1988년 한국이 7,346달러, 2008년 중국이 3,797달러이다.[142] 일본이 가장 높고 한국이 두 번째이며, 중국은 한국보다 적어서 세 나라 사이에 차이가 있다.

이러한 차이가 발생할 수 있는 이유는 몇 가지로 추론해볼 수 있다. 첫째, 올림픽 개최 신청국에게 요구하는 문턱이 있을 텐데, 서울올림픽이나 베이징올림픽 때보다 1964년 도쿄올림픽의 문턱이 높았을 가능성이 크다. 최초 사례가 어려운 것은 성공 가능성을 판단할 때 참고할 선례가 없기 때문일 가능성이 크다. 그러나 최초 사례가 성공으로 마무리될 경우 그 이후에 비슷한 사례를 판단할 때는 문턱이 낮아지게 되기 쉽다.

도쿄올림픽은 비유럽·북미권에서 열린 최초의 올림픽이고, 선진국으로의 도약을 앞두고 있던 국가에서 열린 올림픽이었다. 도쿄올림픽 이전까지 올림픽은 유럽과 북미 선진국의 전유물로 여겨져 왔다. 그런 올림픽 개최권을 다른 지역에 있는 국가에 허용할 때는 문턱이 아주 높았을 것이다. 그에 반해 서울올림픽과 베이징올림픽은 도쿄올림픽이 성공적으로 마무리된 다음에 진행된 일이어서 문턱이 낮아졌을 가능성이 크다. 그래서 올림픽을 개최할 때 일본의 경

142] The World Bank, World Development Indicators, 2019. 7.10.

제발전 단계가 한국이나 중국보다 높았을 가능성이 아주 크다.

둘째, 올림픽 개최지를 결정할 때 국제정치 상황과 개최국 집권세력의 의지가 상당히 크게 작용하는 것을 고려하면, 일본에서 개최될 때 일본의 경제 수준보다 올림픽이 개최될 때 한국과 중국의 경제 수준이 낮은 것을 이해할 만하다. 서울올림픽은 한국에 유리하게 전개된 국제정치 상황에 힘입은 바가 크다. 1970년대 초 미·중간 핑퐁외교로부터 비롯되어 1970년대 말에는 중국의 개혁개방 정책이 본격화되는 등 사회주의 체제의 개혁과 함께 자본주의와 사회주의 체제 간의 화해가 이루어지는 시점이어서, 한국이 분단국으로서 화해의 상징이라는 의미가 컸기 때문이다. 여기에 당시 민주적 정당성을 위협받던 박정희 정부와 전두환 정부의 적극적 추진 의지도 적지 않게 작용하였다고 판단된다.[143]

베이징올림픽은 서울올림픽 때의 한국이나 도쿄올림픽 때의 일본의 경제 수준보다 중국의 경제 수준이 더 낮은 상태에서 개최되었는데, 중국이 세계 정치에서 차지하는 강력한 힘과 큰 경제 규모에 의하여 뒷받침된 것이라고 볼 수 있다. 중국은 2005년에 국내총생산 규모가 2조 달러를 넘어서는 등 규모 면에서 이미 세계 5대 경제 강국으로 부상하였다.[144] 소연방이 1991년 해체되며 15개 공

143] 서울올림픽 개최는 박정희 정권 말인 1979년에 정부로부터 승인을 받아 시작되었으며, 이후 집권한 5공화국 정부도 민주적 정당성이 약한 상황에서 자신들의 정치적 입지 강화에 활용하고자 적극적으로 추진한 것으로 판단된다.

144] IMF, https://namu.wiki/w/%EC%A4%91%EA%B5%AD/GDP.에서 재인용.

화국으로 분리되고 동유럽 국가들도 시장경제체제로 전환하면서 러시아의 세력권에서 벗어나는 상황에서, 중국은 국내 정치의 안정을 기반으로 옛 사회주의권 국가들의 새로운 맹주 역할을 하였다. 게다가 강화된 경제적 기반을 바탕으로 아시아와 아프리카의 저개발국들에 대한 원조와 협력을 통하여, 국제정치적 영향력이 과거 동서 양 진영 간 체제 경쟁 당시의 소련을 대체하는 수준에 근접하게 되었다.

세 나라 간의 이러한 차이에도 불구하고 세 나라가 올림픽을 개최하던 시점에는 경제발전 단계에서 공통으로 드러나는 특징도 있다. 세 나라 모두 장기간에 걸쳐 연평균 10% 내외의 급속한 경제성장을 구가하며 경제발전이 상당히 진전되던 때라는 점이다(〈그림 Ⅵ-2〉). 일본은 1945년 2차 대전 패망 이후 황폐한 상태에서 1950년 한국전쟁을 계기로 미군의 군수품 보급기지로서 경제성장의 동력이 마련되면서, 1960년대까지 급속한 경제성장을 실현하였다. 바야흐로 중진국의 문턱을 넘어 선진국으로의 진입을 목전에 두던 때였으며, 1968년에는 세계 경제 2강의 지위에 오르게 되었다.[145]

한국 역시 1960년대 초부터 국제통화기금(IMF)과 '관세와 무역에 관한 일반협정'(GATT)을 근간으로 한 세계 자유무역질서에 적극적으로 참여하여 수출 지향적 가공무역 정책을 편 결과 연평균 10% 내외의 고도성장을 구가하였다. 그 결과 동방의 조용한 나라에서

145] IMF, https://namu.wiki/w/%EC%A4%91%EA%B5%AD/GDP.에서 재인용.

신흥공업국(NICs)의 대표주자로서 국제무대에 혜성같이 등장하였으며, 세계 경제에서 유례가 없었던 개도국에서 선진국으로의 도약 가능성을 처음으로 보여주고 있었다.[146]

중국 역시 1978년 무슨 방법을 쓰든 인민을 잘 살게 하는 게 중요하다는 덩샤오핑의 '흑묘백묘론'이 등장하면서 개방과 개혁이 태동하였다. 이를 계기로 1978년 12월 중국공산당 대표대회에서 덩샤오핑 등 당의 지도부가 개혁개방 사상을 발표하고 시장경제원리의 도입을 천명하면서, 중국 경제는 도약의 계기를 맞이하기 시작하

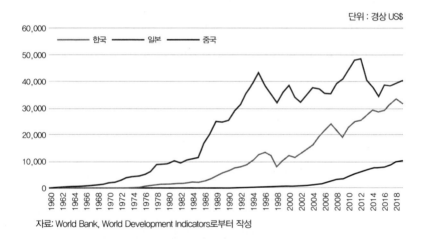

자료: World Bank, World Development Indicators로부터 작성

〈그림 VI-2〉 한국, 일본, 중국의 1인당 소득 추이(1960~2019)

146] 세계를 중심부와 주변부의 이원화된 체제로 보고 각각 순환성의 논리에 따라 움직이기 때문에 주변부에 속한 나라는 계속 주변부로 살아갈 수밖에 없다는 소위 종속이론(월러슈타인 저 김광식 역, 《세계체제론》, 학민사, 1985.)의 입장으로 볼 때, 한국은 주변부 국가에 속하며 그 상태를 벗어날 수 없게 되어 있었다. 그러나 한국은 이러한 체제에서 벗어날 가능성을 보여주고 있었기 때문에 상당한 논쟁거리가 되었다.

였다. 선전(深圳)을 비롯한 일부 경제특구부터 시작하여 연안 지역, 그리고 내륙지역에 이르는, 점(占), 선(線), 면(面)으로 확대하는 점진적인 개혁·개방정책이 시행되면서 중국은 잠자는 대륙에서 벗어나기 시작하였다. 연평균 경제성장률은 10% 내외로 높았으며 올림픽을 개최할 당시에는 빈곤한 개도국의 위상을 벗어나는 시점이었다.

우리가 "일본은 한국의 20년 후 청사진(미래)이요, 중국은 한국의 20년 전의 복사판(과거)"이라고 흔히들 말하는데, 이렇게 말하는 데에는 나름의 이유가 있다고 볼 수 있다. 세 나라의 경제발전 단계가 약 20년의 시차를 두고 유사한 모습을 보여주기 때문이다.[147] 이 사례는 올림픽 개최라는 세계적인 이벤트조차 유사한 경제발전단계에서 나타나는 일반적 현상으로 볼 수 있다는 것을 말한다.

---

[147] 심지어 일본과 한국 간에는 환경오염 문제가 양국 간 경제발전 단계의 격차와 유사한 시차를 두고 이슈화되었다. 일본에서 1960년대 화학산업의 발흥으로 인하여 소위 '이타이 이타이(いたいいたい) 병'이 발병하여 사회적 이슈가 되었으며, 한국에서는 유사한 질병이 1980년대 온산병으로 나타나게 되었다. 일본에서 환경오염 문제로 설 자리를 잃어가던 화학산업이 한국에 진출하면서 나타난 현상이다. 양국의 산업 발전이 경제발전단계에 따라 시차를 두고 이루어지고 있음을 시사한다. 이는 한국에서 환경문제에 대한 우려를 낳는 대표적 사건이 되었고, 이후 환경문제가 점차 이슈화되어 가는 전기가 되었다.

8. 코리안 타임 :
어제의 한국

1960년대까지만 해도 한국에서는 코리안 타임이라는 유행어가 있었다. 당시엔 약속 시간에 반 시간이나 한 시간 정도 늦는 것이 큰 실례가 아니었다고 한다. 약속 시간에 늦게 온 사람도 미안해하지 않을뿐더러 약속 시간에 맞추어 온 사람도 그다지 불쾌해하지 않았다고 한다. 심지어 서로 좀 늦게 오는 것이 상대방에 대한 예의라고 생각할 정도였다고 한다. 그러나 지금 우리나라는 사정이 완전히 달라졌다. 우리는 약속에 늦는 것을 실례라고 생각하고, 길이 밀린다든가 해서 약속에 늦을 것 같으면 미리 전화하여 양해를 구한다. 50~60년 사이에 사람이 어떻게 이렇게 달라질 수 있을까? 사람의 행동을 조정하는 규범이나 관행이 달라진 것이다.

시간과 관련한 사람들의 행동 방식을 보면 질적으로 다른 암묵적인 규범이 있는 것 같다. 현재의 중동이나 남미 여러 나라 사람들의 행동 방식은 과거의 한국 사람들의 행동 방식과 아주 유사하다. 시간에 둔감하거나 시간을 그다지 중요하게 여기지 않는다. 개인 간의 약속뿐만 아니라 외국인과의 상담 시간에 늦는 것조차 그다지 문제로 인식하지 않은 채 예사롭게 지나가는 경우가 허다하다. 미국과 같은 선진국에서 시간을 지키는 것이 불문율처럼 되어 있는 것과는 아주 대조적이다.

홀(Edward Hall)은 시간을 지각하고 이용하는 방식을 토대로 문화를 두 가지로 구분하였다.[148] 일을 분리하여 "한 번에 한 가지씩"하게 일정을 짜는 단성(monochronic) 문화와 몇 가지 일을 한꺼번에 처리하는 다성(polychronic) 문화로 나누었다. 전자는 주로 북유럽과 북미에서, 그리고 후자는 주로 중동과 남미에서 나타난다.

다성문화는 중다시간형 문화라고도 불리는데, 미리 정해진 일정을 고수하기보다는 인간관계를 중시하는 문화이다. 약속을 중히 여기지 않기 때문에 모임이 이루어지지 않는 경우도 많으며, 약속을 잡아도 같은 시간에 여러 사람이 각기 다른 일로 모이는 경우도 흔하다. 모든 일은 늘 유동적이기 때문에 확실하거나 고정된 일은 하나도 없으며, 미래의 계획은 말할 나위도 없고 당장 중요한 계획조차 실행에 옮기는 순간 뒤바뀔 수도 있다.

반면에 단일시간형 문화라고도 불리는 단성문화는 "시간을 절약한다, 쓴다, 허비한다, 만든다, 잃다, 기어간다, 죽인다" 등의 표현에서 알 수 있듯이 시간을 중요하게 생각하며 성취를 중요하게 여기는 문화이다. 시간이 생활에 질서를 부여하는 분류 체계 역할도 한다. 일정 기간 내에 한정된 수의 일만을 허용하는 것이어서, 일

148] 이에 대해서는 홀 저, 최효선 역, 《생명의 춤》, 한길사, 2013, pp.69~87. 참조.

정에 넣는 것 자체가 일과 사람에 대한 우선순위를 정하기 마련이다. 시간은 자연히 중요한 일에 우선 배분되기 마련이어서 시간의 효율적 활용이 중요해진다.

여기서 우리의 관심을 끄는 것은 한 나라의 시간문화와 경제발전 단계와의 관련성이다. 다성문화를 보이는 나라들은 거의 예외 없이 개도국인 반면 선진국 중에서 단성문화를 보이지 않는 나라는 거의 없다는 사실은, 시간 사용의 효율성이 경제발전과 밀접한 관련이 있음을 시사한다.

심지어 같은 나라에서도 시간문화는 경제발전 단계에 따라 다르게 나타나기도 한다. 현재 선진국 문턱에 들어선 한국에서는 시간이 매우 소중한 것이라는 데 이견이 없을 뿐만 아니라 시간을 지키지 않으면 친구나 애인 간에도 관계가 유지되기 어려울 정도가 되기도 하였다. 과거 유행했던 코리안 타임이라는 용어는 사람들의 기억에서도 거의 사라졌다.

중국도 마찬가지다. 과거 중국인들은 종종 만만더(慢慢地 : 느리게 느리게)라고 불리었다. 좋게 보면 매사에 여유가 있다는 말이기도 하지만 사람들의 행동이 그만큼 느리다는 것이었다. 하지만 최근 중국인들의 행동을 보면 콰이콰이더(快快地 : 빠르게 빠르게)라는 표현이 오히려 제격이다. 그동안 중국의 경제발전단계가 높아졌음은 물론이다.

잘 사는 나라들은 시간을 효율적으로 쓰고 그렇지 않은 나라들은 시간을 효율적으로 쓰지 못하는 것일까? 아니면 시간을 효율적으로 쓰는 나라들이 그렇지 않은 나라에 비하여 효율성이 높기에 경제발전도 더욱 가속화된 것일까? 우리는 후자가 더 합리적인 해석이라고 생각한다.

이 사례는 시간을 이해하고 사용하는 시간 문화의 두 가지 유형이 사람들의 행동에 상당히 지속하여 영향을 미치는 쉽게 변하지 않는 문화, 즉 특수성의 증거로 볼 수도 있지만, 나라들을 묶어서 비교하여 보면 어떤 나라의 시간문화 유형과 그 나라의 경제발전 단계가 상관을 보인다는 점과 한 나라 안에서 경제발전 단계가 올라가면 그 나라에서 작동하는 시간문화가 달라지는 점에서 시간문화를 일반성의 관점에서 접근할 수 있음을 보여준다.

역사적인 사건에 적용해보기

지금까지는 주로 현재 일어나는 현상들을 대상으로 그 현상을 일반성으로 볼지 아니면 특수성으로 볼지를 다루었다. 그러나 일반성과 특수성이 설명력이 있으려면 과거에 일어난 일에도 적용할 수 있어야 한다. 이어지는 절에서는 630년 전에 일어났던 임진왜란이 한 지도자의 욕심에서 비롯된 특수한 현상인지, 아니면 세계대전으로 불릴만한 요건들을 갖춘 전쟁이었는지에 대해 생각해본다.

임진왜란 : 도요토미 히데요시의 광기의 산물일까?

우리 역사상 가장 뼈아픈 전쟁 중의 하나가 1592년에 시작해서 1598년에 끝난 임진왜란이다. 630년 전이니까 자동차가 없던 시절인데 일본군이 부산에 상륙한 지 채 한 달도 지나지 않아 수도 한양을 빼앗겼다. 임금은 피난길에 오르고 국토의 상당 부분이 왜군에게 유린당하는 처참한 상황이 벌어졌다. 사망자만도 조선의 경우에는 민간인을 포함하여 100만 명에 이르러 당시 인구의 1/10을 넘었으며, 일본의 사망자도 20여만 명으로 추정된다.[149]

149] Stephen Turnbull, The Samurai Invasion of Korea 1592–1598 (Campaign), 2008, https://namu.wiki/w/%EC%9E%84%EC%A7%84%EC%99%9C%EB%9E%80#fn-30.에서 재인용.

우리는 임진왜란을 아시아 변방에 있는 조그만 섬나라의 위정자가 일으킨 불장난 같은 것으로, 그리고 우리는 그런 불장난의 피해자로 보는 경향이 있다. 한 예로 일본의 실권자 도요토미 히데요시가 자신의 미천한 출신 성분을 털어내고 일본 내 정치 권력을 강화하고자 전쟁을 일으켰다는 주장이 있다.[150] 그렇지만 이 전쟁은 위정자의 개인적 욕구나 일본이라는 나라의 특수한 성향으로만 치부할 수 있는 국지전 수준의 전쟁이 아니다. 당시 대규모 전쟁을 치르는 데 필요한 경제력과 기술을 갖춘 명나라와 일본이라는 두 강대국이 참여한 세계대전이었다.

임진왜란은 일개 섬나라의 권력자인 도요토미 히데요시라는 위정자의 광기의 산물인 특수한 사례일까, 아니면 여러 국가 간 전쟁의 요건들을 갖춘 국제적인 전쟁의 한 예일까?

임진왜란을 국제적인 전쟁의 요건들을 갖춘 대규모 전쟁으로 볼 수 있다는 주장을 지지해주는 증거들에 대해 알아보자. 첫째, 전쟁에 참여한 나라의 수다. 임진왜란은 조선과 일본 두 나라만의 국지적인 전쟁이 아니다. 당시 세계 최강국이었던 명나라도 참전한 국제적인 전쟁이었다.

둘째, 국제적인 전쟁이 되려면 참전의 명분이 있어야 한다. 일본은 조선에 보낸 국서에 '정명향도(征明嚮導)', 즉 "명을 정벌할 것이

150】 이러한 입장으로는 이형석, 《임진전란사》(상), 1974, 신현실사, p.110, 李啓煌, "한국과 일본학계의 임진왜란 원인론에 대하여", 〈제2기 한일역사공동연구보고서〉 제2권, 2010, pp.58~59.에서 재인용.

니 조선은 일본에 복속하고 명을 치는 데 앞장서라"라고 명시해서 명나라 침공을 명시했는데, 이는 명나라가 참전하는 이유로 적절했다. 잠재적인 침공의 위험에서 국가를 보호한다는 당위적인 명분 외에 국익을 지킨다는 명분도 제공했다. 조선이 일본에 패망할 경우 일본의 국력이 더 커져서 명나라가 감당하기 더욱 어려워질 수 있으니까 빨리 이 전쟁에 참전해서 그 가능성을 제거해야 한다는 명분, 즉 국익을 지킨다는 명분이 그것이다. 게다가 내부적으로는 후계자 문제로 신하들과의 갈등이 심각한 상태였던 명나라 만력제의 권위를 확보하는 데에도 참전이 유리하다는 판단이 크게 작용한 것으로 알려져 있다.[151]

셋째, 당시 세 나라의 인구와 경제력이 대규모 전쟁을 치르는 데 필요한 수준을 충분히 갖추었다. 임진왜란 당시 일본의 인구는 1,540만 명으로서 1억 3천만 명이었던 중국의 1/7이고, 약 800만 명이었던 한국의 두 배에 달하는 것으로 알려져 있다.[152] (현재 남북한을 합친 한반도의 인구가 약 7,500만 명이고, 일본의 인구가 약 1억 3천만 명이며 중국의 인구가 약 14억 명이니, 그 이후 이들 세 나라의 인구 증가율은 큰 차이가 없었던 것으로 보인다.)

그럼 당시 일본 인구는 세계적으로 어느 정도 수준이었을까?[153] 당시 서양의 최대국가는 오스만제국으로서 슐레이만 대제(1520~1566 재

151] https://namu.wiki/w/%EC%9E%84%EC%A7%84%EC%99%9C%EB%9E%80#fn-30
152] 리보중 지음, 이화승 옮김, 《조총과 장부》, 글항아리, 2017, p.296.
153] 리보중 지음, 이화승 옮김, 《조총과 장부》, 글항아리, 2017, p.296.을 참조하였음.

262

위)가 전성기를 구가하고 있을 때의 인구가 1,400만 명이었다. 유럽의 강국인 스페인이 500만 명, 영국이 250만 명에 불과하였으며, 러시아 또한 1550년에 1,100만 명에 불과하였다. 현재 중국과 함께 인구 대국을 다투는 인도(당시 무굴제국) 또한 1600년에 1억에서 1억 5천만 명이었고, 베트남(당시 안남)이 470만 명, 태국(당시 시암)이 220만 명, 그리고 미얀마 310만 명 등 동남아시아 인구를 다 합쳐도 2,200만 명에 불과하였다.

일본은 결국 임진왜란 즈음에 중국과 인도에 이어서 명실상부하게 세계 3대 인구 대국이었다. 현재 세계 선진국의 대부분을 차지하는 유럽 국가들의 당시 인구가 많지 않다는 것에 놀랄 수 있는데, 이는 우리가 당시의 세계 경제가 지금의 경제와 유사할 것으로 생각하기 때문에 빚어지는 일이다. 인구는 역사 이래 사람들을 부양하는 능력에 의해 좌우되어왔다. 부양 능력이 크면 인구가 많고, 부양 능력이 작으면 인구는 적게 마련이다.

그럼 부양 능력은 어떠했을까? 부양 능력은 산업 생산력에 달려있는데 인류가 정착 생활을 한 이후 당시까지 오랫동안 주력 산업은 농업이었다. 농업 생산력은 주력 작물에 의하여 결정되는데, 당시 유럽은 밀이었고, 아시아는 쌀이었다. 밀은 밭에서, 쌀은 논에서 재배하는데, 양자 간에는 상당한 생산성의 격차가 있다. 쌀은 1ha당 생산량이 밀(820kg)의 1.7배 수준인 1,440kg이며, 생산성이 뛰어나기로 유명한 옥수수(860㎏)보다도 훨씬 많다.[154] 유럽의 국가들보다는 아시아의 국가들이 부양 능력이 높았음을 짐작하게 한다.

쌀의 생산성이 높은 것은 우선 벼의 독특한 생육조건 덕분이다. 벼는 연꽃 같은 수생식물이 아니면서도 뿌리가 물 밑에서 자랄 수 있는 독특한 특성을 갖는다. 물속에서 자라기 때문에 농사일의 절반을 차지한다는 잡초 뽑기를 하지 않아도 되기에 노동력을 절약할 수 있고, 자연히 노동 생산성 또한 높아진다. 게다가 논에서 자라는 수생 양치식물인 아졸라에 붙어 있는 미생물을 이용해 공기 중의 질소를 양분으로 사용할 수 있기에 인공적인 질소비료가 없었던 시절에도 쌀은 질소를 양분으로 삼아왔던 셈이다.

일본은 지리적으로 볼 때 대부분 지역이 따뜻한 기후대에 속하며 강수량도 많다. 자연히 쌀 재배에 유리하여 농업 생산성은 매우 높았다고 보는 게 합리적이다. 일본의 높은 농업 생산성은 많은 인구를 부양할 수 있게 하였고, 당시의 주력 산업이 농업이었던 만큼 이는 높은 경제발전 수준을 가능케 했을 것이다. 따라서 많은 인구와 높은 경제발전 덕분에 경제 규모도 세계적 수준이었다고 추론해 볼 수 있다.

게다가 당시 국제경제에서 지금의 달러화처럼 국제적으로 유통되는 화폐는 백은이었다. 일본은 양질의 은광이 많아서 이를 개

154] 이하 쌀의 높은 생산성에 대해서는 "밀 수확량의 1.7배 … 중세까지 동양이 앞선 이유 중 하나였죠", 〈조선일보〉, 2020.7.2. http://newsteacher.chosun.com/site/data/html_dir/2020/07/02/2020070200426.html.를 참조하였음.

발하여 16세기 말에는 세계 백은 생산량의 1/4~1/3을 차지하였다.[155] 오늘날의 용어로 말하자면 달러화와 같은 경화를 찍어내는 데서 얻는 시뇨리지(seigniorage)[156] 이득까지는 아니더라도 엄청난 국제 구매력을 갖고 있었다고 볼 수 있다. 이를 바탕으로 국제무역에 적극적으로 참여하고 전쟁에 필요한 군비와 물자를 충분히 조달할 수 있었음은 당연하다.

전투는 무기와 장수에 의하여 좌우되지만, 전쟁의 승패는 결국 병참에 의하여 좌우된다고 한다. 병참은 달리 말하면 전쟁 수행을 지원하는 보급과 수송을 비롯한 각종 물질적 뒷받침이다. 넓게 보면 경제적 역량이라고 볼 수 있어서 오늘날의 국내총생산(GDP)이 이에 해당한다. 이렇게 보면 일본은 당시 많은 인구와 함께 전쟁을 수행할만한 상당한 경제적 역량을 갖추고 있었다고 평가할 수 있다.

넷째, 무기와 전투능력도 대규모 전쟁을 치르는 데 필요한 수준을 충분히 갖추었다. 먼저 무기에 대해 알아보자. 일본은 당시의 대표적 첨단 개인 무기인 조총[157]의 제조와 사용 기술에서 상당히

155] 리보중 지음, 이화승 옮김, 《조총과 장부》, 글항아리, 2017, p.296.
156] 시뇨리지(seigniorage)란 봉건제에서 시뇨르(seigneur, 영주)들이 화폐 주조를 통해 이득을 챙겼던 데서 유래한 말로서, 오늘날에는 국가가 화폐발행 권한을 통하여 화폐의 발행비용과 구매력 간 차이에서 막대한 차익을 얻는 것을 말한다. https://terms.naver. com/entry.naver?docId=1822203&cid=40942&categoryId=31827. 일본의 경우 백은의 생산비용은 낮은 데 반해 백은이 화폐로 기능함에 따라 그 구매력은 매우 큰 데서 막대한 이득을 얻었음을 의미한다.
157] 조총이란 명칭은 날아가는 새도 맞추어서 떨어뜨릴 정도의 명중률이 높다는 의미에서 유래되었다. 리보중 지음, 이화승 옮김, 《조총과 장부》, 글항아리, 2017, p.177. 넓은 의미에서 화승총의 한 종류이다.

높은 수준에 이르고 있었다. 일본은 16세기 중엽 포르투갈 상인들로부터 조총의 제조법을 배워서 이를 꾸준히 개량하여 포르투갈제 조총의 성능을 능가하기 시작하였으며, 심지어 중국도 이를 도입할 정도였다. 총기 운용 방법에서도 삼단사격법을 개발하였는데, 병사를 3인 1조로 편성하여 사격술이 가장 뛰어난 병사가 사수를 맡고 다른 두 사람은 총탄과 화승을 책임지게 함으로써 조총의 위력을 극대화하고 있었다.[158]

전투능력도 상당하였다. 일본은 15세기 후반 오닌(應仁)의 난을 시작으로 하여 근 100여 년에 걸쳐 하극상의 전국시대를 겪었는데, 이 기간에 봉건제 하의 제후에 해당하는 다이묘들의 전쟁이 끊이지 않았다. 그래서 실전 경험을 터득한 수많은 병사가 양성되었고 각종 무기와 전술의 개발이 이루어졌다. 이 전쟁을 종식하고 전국을 통일한 사람이 도요토미 히데요시이다. 일본은 전쟁을 일으킬 군사적 여건을 충분히 갖추었다고 볼 수 있다.

임진왜란이 국제적인 전쟁의 요건들을 갖춘 전쟁이라는 것은 어느 정도 입증된 셈이니, 어느 정도 규모의 전쟁이었는지에 대해 알아보자. 우선 병력 면에서는 당시 세계에서 가장 큰 전쟁이었다. 1590년 말 일본에 거주하던 중국인 허의준이 일본 사쓰마 영주로부터 도요토미 히데요시가 조선 침략을 계획한다는 소식을 듣고 중국의 푸젠 당국에 보고한 자료에 따르면, 도요토미 히데요시는

158] 리보중 지음, 이화승 옮김, 《조총과 장부》, 글항아리, 2017, p.168.

조선을 거쳐 중국으로 갈 예정이며, 이를 위해 50만 명의 병사와 조총 30만 자루, 창 50만 자루, 말 5만 필을 준비했다고 한다.[159]

실제 전투에 참여한 병력의 수도 엄청난 규모이다. 도요토미 히데요시가 조선을 거쳐서 중국 명나라를 정복한다는 명분 아래 부산으로 침공할 때 일본군은 정규 육군 병력 15만 8천 700명과 수군 9천 명이었으며, 1만 2천 명이 후방 경비를 담당하였을 뿐만 아니라 전투 부대를 지원하는 병력을 고려하면 전체 병력은 20여만 명에 달했다고 한다.[160] 인구가 당시보다 8배가 넘는 현재 일본의 군대인 자위대의 병력 규모가 약 23만 명이니 그와 별반 차이가 없다.

이에 맞서는 조선군의 병력 규모는 의병 약 2만 명을 포함하여 17만 명이었던 것으로 보인다.[161] 여기에 명나라에서 파병된 병사 약 5만 명을 포함하면 조선군 쪽도 22만 명에 달하는 규모이다.[162]

이 전쟁에 참전한 양측 병사의 수가 족히 40만 명을 훨씬 넘는다.

이 규모는 당시 세계 최대였다. 당시 아시아와 함께 양대 경제권에 속하던 유럽의 강국들이 전쟁에 투입한 규모와 비교가 안 될 정도였다. 16세기 유럽에서 단일 전투에 20만 명 이상이 투입된 사

159】리보중 지음, 이화승 옮김, 《조총과 장부》, 글항아리, 2017, p.382.

160】한국학연구원, 《한국민족문화대백과사전(임진왜란(壬辰倭亂)》, http://encykorea.aks. ac.kr/Contents/Item/E0047674.

161】《조선왕조실록》 34권, 선조 26년(1593) 1월 11일 병인 15번째 기사, https://namu. wiki/ w/%EC%9E%84%EC%A7%84%EC%99%9C%EB%9E%80#fn-30.에서 재인용.

162】https://namu.wiki/w/%EC%9E%84%EC%A7%84%EC%99%9C%EB%9E%80#fn-30.

례는 없었다.[163] 17세기의 가장 큰 전쟁이었던 30년전쟁(1618~1648 년) 역시 프랑스, 신성로마제국 및 스페인이 각각 3만 명 이상의 군대를 파견하는 등 전체 참전 병력은 10만 명을 넘는 규모에 불과하였다.[164]

따라서 임진왜란은 당시 세계에서 가장 큰 전쟁, 즉 세계대전이었다고 해도 과언이 아니다. 역사학자 케네스 스워프(Kenneth Swope)가 이를 '제1차 동아시아대전쟁'[165]이라고 부른 이유도 이 전쟁의 규모가 컸음을 시사한다. 이 전쟁에 국력을 크게 쏟은 명나라는 이후 청나라와의 전쟁을 거치면서 임진왜란이 끝난 지 반세기가 채 되지 않아서 망하고 말았다. 이 전쟁의 규모와 여파가 얼마나 컸는지 가늠할 수 있게 해준다.

일본이 바다를 건너 해외로 출병한 규모 역시 세계 역사 이래 최대 규모라 해도 지나치지 않다.[166] 고려 때 원나라의 일본 원정군 규모도 상당한 수의 지원병을 포함한 것일 뿐 전투 병력의 규모는

163] 16세기 최대의 상륙 전쟁으로는 1522년 투르크제국이 지중해의 로도스 섬을 함락하기 위하여 약 300척의 배에 10만 명을 투입하여 공격한 것인데, 당시 섬의 군사력은 주민을 포함하여 5천 명에 불과하였다. 시오노 나나미, 《로마 멸망 이후의 지중해 세계》(하), 한길사, 2009, p.113.

164] 리보중 지음, 이화승 옮김, 《조총과 장부》, 글항아리, 2017, p.385.

165] Kenneth Swope, A Dragon's Head and a Serpent's Tail: Ming China and the First Great East Asian War, 1592-1598, University of Oklahoma Press, 2009.

166] 일본의 임진왜란 해외 원정 병력 동원 기록은 이로부터 250년이 지나 벌어진 크림 전쟁에서야 영국, 프랑스, 오스트리아 연합군 30만이 크림반도에 상륙하면서 깨졌다. https://namu.wiki/w/%EC%9E%84%EC%A7%84%EC%99%9C%EB%9E%80#fn-30.

이에 크게 미치지 못하는 것으로 알려져 있다.

　이제 일본이 이 전쟁에서 패한 이유에 대해 알아보자. 첫째, 전술과 전투력 측면에서 전쟁 초기 일본이 보여주었던 장점이 전쟁이 진행되면서 사라진 것을 들 수 있다. 이순신 장군이 해전에서 승리하여 제해권을 장악하고 외적들의 보급을 차단한 것과 의병들이 전국 각지에서 일본군을 상대로 벌인 항쟁이 중요한 역할을 한 것은 잘 알려진 사실이다. 조선군도 초기에는 일본군의 조총을 활용한 선진 전쟁 기술에 많이 고전했지만, 점차 일본군들의 전술에 익숙해지면서부터 대등한 전투력을 발휘할 수 있었던 점도 주효한 요인으로 보인다.

　둘째, 일본보다 명나라의 경제 규모가 컸다는 점이다. 명나라가 인구 규모에서 일본의 7배에 달하고 그만큼 경제력도 컸기에 일본보다 전쟁 수행 능력이 컸을 것으로 추정된다. 비록 명나라가 여러 나라와 국경을 맞대고 있어서 임진왜란이 진행되는 동안에도 미얀마와 전쟁 중이었으며, 북쪽과 서쪽에도 다수의 외적과 대립하고 있었기에 전력을 모두 임진왜란에 투입할 수는 없었다 하더라도 장기전을 치르는 데에는 경제 규모가 큰 측이 유리할 수밖에 없다.

　셋째, 대포와 화약으로 대표되는 과학기술의 격차였다. 명나라는 네덜란드의 대포인 홍이포의 우수성을 확인하고 국가가 적극적으로 구입하였을 뿐만 아니라 외국인 기술자도 초빙하여 제조법과 사용법을 익히고 개량하여 최고 수준의 대포를 제작한 반면, 일본은 주조 기술이 열악하여 이를 적극적으로 도입하여 발전시키지 못하였다.[167] 이는 전쟁에서 큰 차이를 낳았다. 1593년 정월 평양성 전투에서 명군이 대포로 공격했을 때, 명군은 796명이 죽고 1,492명만이 부상했는데, 일본의 선봉부대인 고니시 부대는 속수무책으로 당하여 1만 5천 명의 군인 중 1/10만이 살아 돌아갔다고 한다.[168] 이 전투는 임진왜란의 전세를 뒤집는 전기가 되었으며, 이후 일본군은 크게 위축되었다.

이순신 장군의 수군이 제해권을 장악한 것도 장군의 탁월한 전략이 큰 역할을 한 것 외에도 일본보다 우수한 대포와 견고한 전선에서 비롯된 면이 적지 않다고 평가된다. 화약은 고려 말에 이미 중국으로부터 기술을 습득한 최무선에 의하여 대포에 장착되어 왜구를 토벌하는 데 큰 역할을 했다고 알려져 있다. 그러한 과학기술의 발전이 이어져서 임진왜란에서도 빛을 본 것으로 볼 수 있다.

이제까지 살펴본 바를 종합해보면, 임진왜란은 그동안 우리가 생각했던 국지전이 아니라 참전한 나라들의 국가 안위, 국익 및 경제력과 기술 등의 여러 요인에 의해 전쟁이 시작되고 전쟁의 승부가 정해진 국제전이었다는 것을 알 수 있다.

167] 리보중 지음, 이화승 옮김, 《조총과 장부》, 글항아리, 2017, p.169.
168] 리보중 지음, 이화승 옮김, 《조총과 장부》, 글항아리, 2017, p.399. 당시 명나라 최고의 군사전략가이자 장군인 척계광이 직접 조련한 병사들을 남군이라 불렀는데, 총원 2만명 중 1만 1,000명이 임진왜란에 참전하였으며, 이들이 전쟁에서 승리하는 데 큰 역할을 하였다는 주장도 있다. 리보중 지음, 이화승 옮김, 《조총과 장부》, 글항아리, 2017, p.414~415.

이제 6장을 마무리해보자. 특정 지역에서 나타나는 현상을 그 지역의 특수성으로 해석할 수 있지만, 경제발전단계와 수준을 고려하면 일반성으로 해석할 수도 있다는 것을 8가지 사례를 통해 알아보았다. 마지막 잠깐만! 코너에서는 역사적 사건도 국지적인 여건을 중심으로 보는 틀을 넘어서 여러 지역과 여러 시대에서 발생한 유사한 사건들에 적용되는 일반적인 틀에서 이해해볼 수 있는지를 임진왜란 사례를 이용해 시도해 보았다.

2부와 3부에서는 지역 간 차이를 특수성으로 볼 수도 있지만, 경제발전 단계에 따라 나타나는 일반성으로 볼 수도 있다는 것을 알아보았다.

4부에서는 지역 간 차이와 비즈니스의 관계에 대해 알아보고, 이어서 현재 한국 사회에서 중요한 이슈가 되는 문제에 대해 생각해보기로 한다.

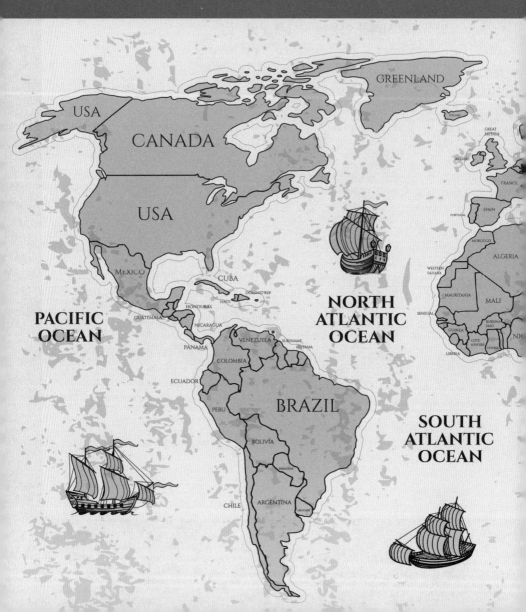

제4부

문화와 비즈니스, 그리고 한국은?

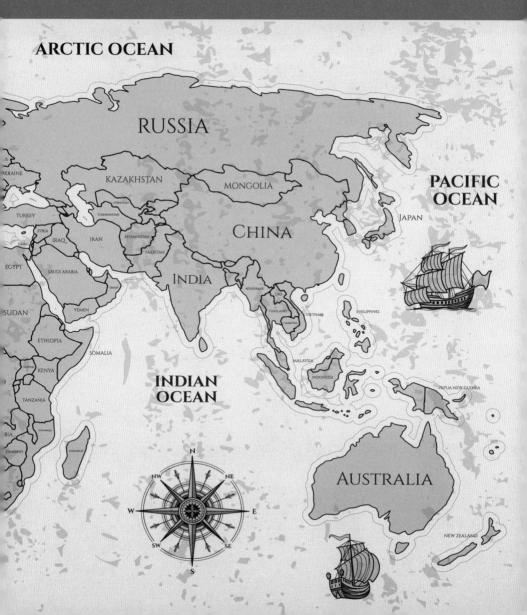

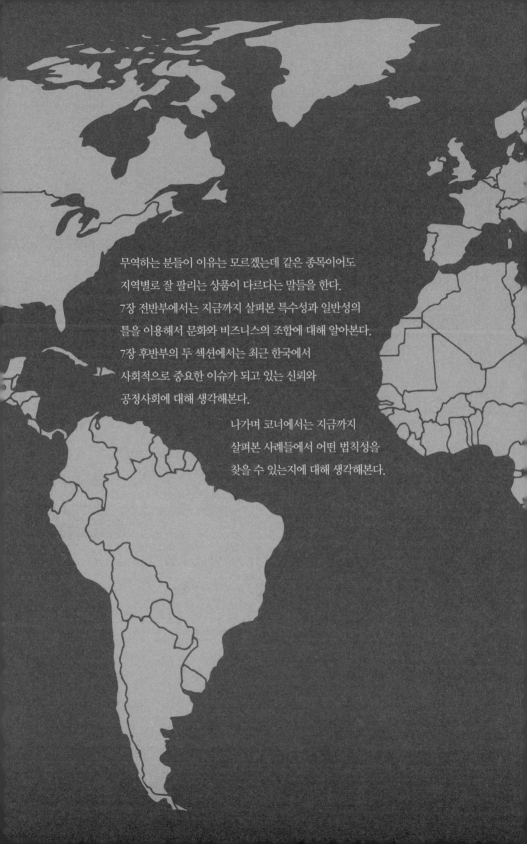

무역하는 분들이 이유는 모르겠는데 같은 종목이어도
지역별로 잘 팔리는 상품이 다르다는 말들을 한다.
7장 전반부에서는 지금까지 살펴본 특수성과 일반성의
틀을 이용해서 문화와 비즈니스의 조합에 대해 알아본다.
7장 후반부의 두 섹션에서는 최근 한국에서
사회적으로 중요한 이슈가 되고 있는 신뢰와
공정사회에 대해 생각해본다.

나가며 코너에서는 지금까지
살펴본 사례들에서 어떤 법칙성을
찾을 수 있는지에 대해 생각해본다.

7장

문화와
비즈니스의 조합

1. 문화가 유사하면 무역과 비즈니스는 잘될까?

1978년 중국 정부는 장기간의 경제침체를 극복하고자 개방정책을 내세우면서 경제개혁의 신호탄을 쏘아 올렸다. 개혁에는 무엇보다도 자본이 필요하였기에 적극적으로 외국인 직접투자 유치정책을 폈다. 지금이야 중국이 세계의 공장이자 미국에 버금가는 대규모 시장이라서 매력적인 투자처이지만 당시엔 그렇지 않았다. 이제 막 시장경제로의 걸음마를 띠기 시작한 중국에 위험 부담을 고려하지 않고 겁 없이 투자하려는 투자자를 찾기는 쉽지 않았다.

이때 중국에 대한 직접투자를 주도한 것이 화교[169] 자본이다. 초기에는 홍콩, 마카오, 대만 및 동남아 등의 화교자본이 전체 외국인 투자의 약 60%를 차지하였다.[170] 화교는 중국을 떠나 다른 나라

169] 2011년~2013년 전 세계 화교의 총수는 약 4,600만 명 정도로 추산되며, 이 밖에 홍콩과 마카오 약 650만, 대만 약 2,100만 등 약 2,750만 명을 포함하면 중국 대륙 이외의 지역에서 생활하고 있는 전체 화교 인구는 약 7,400만 명에 이른다. 임채완, 여병창, 리단, 최승현, 《화교 디아스포라의 집단적 기억과 재영토화》, 2014, p.28., 김주아, "화교·화인 디아스포라와 신이민", 〈中國硏究〉 74, 2018, p.229.에서 재인용.
170] 2008년 말 현재 중국이 유치한 외국 자본 6,598억 달러의 60% 이상이 화교자본이며, 55만 개 외자 기업의 70%가 화교기업이다. 광동성은 개혁 이후 1,200억 달러에 달하는 화교

에 거주하는 사람들로서 세계에 약 4천만 명 이상 되는 것으로 추산되고 있으며, 특히 중국의 광둥(廣東), 광시(廣西), 푸젠(福建) 및 하이난(海南) 등 중국 동남 해안의 화난(華南) 지역 출신들이 대부분이다.[171]

그렇다면 왜 화교들은 대규모로 중국에 투자했을까? 같은 민족이니까 민족애를 발휘하여 중국 투자를 감행했을까? 비즈니스의 세계에서 자본과 노동으로 대표되는 생산요소와 재화 및 서비스는 이익의 논리에 따라 움직인다. 같은 민족이라는 민족애도 영향을 미칠 수 있겠지만, 이익을 우선하여 고려하지 않으면 자본주의 경제에서 비즈니스는 성공하기 어렵다.

그런데 다른 나라 사람들이 그다지 관심을 두지 않는 상황에서 화교들만 중국에 관심을 두고 대규모 투자를 감행했다면, 비즈니스에서의 이익과 관련하여 다른 나라 사람들은 모르고 그들만이 공유하는 독특한 고려요인이 있는 모양이라고 생각하는 것이 합리적이다. 그 요인은 여러 측면에서 찾을 수 있지만, 문화적 측면이 주요한 요인일 것으로 생각할 수 있다.

자본을 유치했고, 푸젠성의 3만 개 이상 외자 기업 중 화교 기업이 70%를 차지한다. 김창도, "화상네트워크, 모국과 상생 −자본·인맥·기술 갖춘 화상들, '귀하신 몸'−", Chindia Journal, 2009.12, p.49.

171】2012년 현재 특히 광둥 출신 화교는 약 2,000만 명으로 전체 화교의 절반을 차지하고, 푸젠 출신 화교는 약 1,000만 명으로 전체 화교의 35% 정도를 차지하여, 광둥과 푸젠 출신 화교가 전체의 85%를 차지하는 셈이다. "광둥과 푸젠 3,000만 화교, 중국을 일으켜 세우다", 〈프레시안〉, https://www.pressian.com/pages/articles/130771.

2부에서 보았듯이 사람들의 행동은 여러 가지 요인들의 영향을 받는다. 특정한 지리적 위치에서 특정한 기후와 지형이라는 같은 자연환경 속에서 살아가다 보면, 암묵적으로 체화된 삶의 행동 방식이 생겨나기 마련이다. 때로는 역사적 우연에 의해 새로운 삶의 양태들이 나타나기도 한다. 이러한 것들이 세대를 이어 전해지고 변형되면서, 다른 지역과는 다른 독특한 하나의 행동양식으로 자리 잡게 된 것이 문화이다. 따라서 역사적 산물이자 일종의 집단적 유전자라고 볼 수 있는 문화가 냉정한 비즈니스 세계에서 의사결정을 할 때 영향을 미친다는 것이 매우 놀랄 만한 일은 아니다.

비즈니스를 무역으로 좁혀서 생각해보자. 문화는 경제활동, 그 중에서도 특히 무역활동과 관련이 있을까? 있다면 어떠한 영향을 미칠까? 정치학자 새뮤얼 헌팅턴은 자신의 명저 《문명의 충돌과 세계 질서의 재편(The Clash of Civilization and the Remaking of World Order)》[172]에서 무역형태가 문화형태에 의하여 결정적으로 영향을 받을 것이라고 주장하였다. 비즈니스를 하는 사람들은 문화를 공유하기 때문에 쉽게 이해하고 신뢰할 수 있는 사람들과 거래를 한다는 것이다. 따라서 국경을 넘어서는 경제협력이 문화적 공통점에 뿌리를 둘 수도 있다.

이런 주장을 검증하려면 문화를 측정 가능한 변수로 정의해야 한다. 손쉽게 떠오르는 방안의 하나는 종교이다. 문화는 종종 종교권

172] 새뮤얼 헌팅턴 저, 이희재 역, 《문명의 충돌》, 김영사, 2016.

과 결합하여 동의어로 사용되기도 한다. 기독교 문화권, 이슬람 문화권 및 불교 문화권 등이 대표적이다. 하지만 이러한 종교들은 빨라야 기원 전후에 발원되었지만, 문화는 그보다 훨씬 전부터 존재했으니까 종교권과 문화권을 같은 것으로 보는 데에는 한계가 있다. 또 같은 종교를 갖는 나라나 지역들 사이에도 문화가 다른 경우가 적지 않다. 문화는 먹고 사는 문제를 비롯한 삶의 기본양식을 포함하는 것이니까 종교가 같아도 삶의 양태는 나라나 지역에 따라 다를 수 있기 때문이다.

세계 최대의 이슬람 국가인 인도네시아만 해도 중동의 여러 나라처럼 이슬람문화권에 속해서 이슬람 계율에 따른 음식이 흔하지만, 지역마다 음식문화가 다르다. 자바섬에서는 이슬람교, 힌두교, 불교 및 기독교 음식문화가 모조리 뒤섞여 있지만 그래도 이슬람권의 음식문화가 강세를 보인다. 그렇지만, 발리섬은 힌두교 신자들이 인구의 태반을 차지하기에 소고기를 금기시하고, 서티모르 지역처럼 기독교 신자가 많은 지역에서는 소고기든 돼지고기든 가리지 않고 먹는다.[173] 종교를 문화의 측정변수로 사용하기 어렵다는 예이다.

그렇다면 무엇으로 문화를 측정할 수 있을까? 문화적 차이와 같은 개념을 직접 측정할 수 없으니까 이 개념과 상관이 있을 듯해

---

173) https://namu.wiki/w/%EC%9D%B8%EB%8F%84%EB%84%A4%EC%8B%9C%EC%95%84%20%EC%9A%94%EB%A6%AC.

보이는 변인을 이용해서 측정하는데, 이런 변인을 대리변인이라 한다. 최근 다수의 경제학 연구에서는 유전적 거리를 국가 간의 문화적 차이에 대한 대리변인으로 이용하곤 한다. 예를 들어 스폴라올과 와츠아그(Spolaore and Wacziarg, 2009)는 165개의 유전적 거리 지표들을 상정해서 연구를 수행했는데, 두 개의 인구집단이 같은 조상에서 갈라진 것으로 추정되는 시간을 유전적 거리로 간주하였다. 보다 최근까지 공통의 조상을 공유할수록 암묵적 믿음, 관습, 습관, 편견 및 전통 등과 같이 여러 세대에 걸쳐 전수되어 내려오는 광범위한 영역의 문화적 특성이 달라질 수 있는 시간이 적다고 본 것이다.[174] 보다 최근까지 조상이 같았을수록 유전적 거리가 짧다는 것이고 문화적으로 유사할 것이라는 생각이다.

스폴라올과 와츠아그의 주장이 맞는지 2000년 자료를 이용해서 172개 나라 사이의 유전적 거리와 무역 규모 간의 관계를 실증 분석한 펜소르 등(Fensore, Legge & Schmid, 2022)의 연구 결과를 보면, 문화적으로 멀리 떨어져 있는 나라들 사이에서보다는 유사한 문화적 특성을 공유하는 나라들 사이에 무역이 많이 일어나는 경향을 보였다.[175]

즉, 172개 국가에서 두 나라씩 묶은 29,412개 국가쌍들을 양국의

174] Enrico Spolaore & Romain Wacziarg, "The diffusion of development", The Quarterly Journal of Economics, 124(2), May 2009, pp.469~529.

175] 이하 이에 대해서는 Irene Fensore, Stefan Legge, and Lukas Schmid, "Ancestry and international trade", Journal of Comparative Economics, 50, 2022, pp.33~51. 참조.

유전적 거리에 따라 백분위 수로 분류해서, 유전적 거리와 무역과의 관계를 살펴보았는데, 유전적 거리가 가까울수록 양국 간 무역 발생 가능성이 커지고, 양국 간 무역액이 많아지는 관계를 보여주었다. 문화적으로 유사한 나라들일수록 무역량은 많아지고 문화적으로 차이가 나는 나라들일수록 무역량은 줄어든다는 얘기다.

국가 간 무역은 거리가 가까울수록 커지는 경향이 있다. 이를 중력효과라 하는데,[176] 일반적으로 유전적 거리가 가까운 나라가 지리상으로도 가까운 나라일 수 있다. 따라서 유전적 거리와 무역과의 관계에서 두 나라의 거리가 무역에 미치는 영향을 배제하면, 유전적 거리와 무역과의 관계를 더욱 깔끔하게 알아볼 수 있다. 놀랍게도 중력효과를 배제했더니 유전적 거리가 무역에 미치는 영향은 더 뚜렷하게 나타났다.

유전적 거리, 즉 문화적 차이가 크면 무역이 적게 일어나는 이유로 경제학자들은 두 가지를 들고 있다. 첫 번째 이유는 문화적 특성과 같은 비공식적 제도들이 거래비용과 정보비용을 발생시키기 때문에 문화적 차이가 암묵적 장벽이 된다는 점이다. 즉, 문화적 차이가 크면 다른 문화적 환경을 이해하고 계약을 체결하기까지 많은 시간과 노력이 필요하기에 무역에 부정적 영향을 미친다는 얘기다.

---

176) Steven Brakman, Harry Garretsen, and Charles van Marrewijk, The New Introduction to Geographical Economics, 2nd ed., 2009, ch.1 A first look at geography, trade and development. 참조.

이를 다른 각도에서 보면, 다른 나라에 살더라도 유사한 문화적 특성을 가진 사람들의 네트워크는 무역을 촉진하기 마련이라고 추론할 수 있다. 대표적으로, 세계에서 가장 큰 초국적 네트워크인 중화(화교) 네트워크는 쌍무적 무역에 긍정적 영향을 미치는 것으로 나타났다.[177] 특히 중국의 경제개혁 초기에 화교자본이 중국에 대한 외국인 직접투자의 대종을 이룬 이유 중 하나가 이와 밀접한 관련을 맺는다. 아무래도 자신들이나 아버지 혹은 할아버지가 살았던 지역이다 보니 문화적으로 친숙해서 거래비용이나 정보비용을 줄일 수 있고, 결과적으로 비즈니스에 훨씬 유리할 수 있었을 것이다.

중국은 하나의 나라지만 워낙 땅덩어리가 넓다 보니 지역 간 문화적 격차도 큰 편이다. 중국 정부가 초기에 외국인 투자를 끌어들이고자 선정한 경제특구가 선전, 주하이, 산터우 및 샤먼 등이었는데, 이 도시들은 대개 화교들의 출신지였던 화난 지역의 도시들이다. 그러니까 유사한 문화적 배경을 가진 화교들이기 때문에 암묵적 장벽이 낮아서 진출하기 쉬웠다고 볼 수 있다.

중국 경제가 본격적으로 성장하고 경제의 중심이 화난 지역에서 상하이와 저장성 등 양쯔강 삼각주나 베이징 지역으로 북상하면서 화교들의 역할이 점차 줄어든 것도 어찌 보면 당연한 일이다. 중국의 경제 규모가 크게 확대되고 경제구조가 고도화됨에 따라 동남

177] James E. Rauch and Vitor Trindade, "Ethnic Chinese networks in international trade," Review of Economics and Statistics, 84(1), 2002, pp.116~130.

아 화교들의 투자 여력과 산업기반을 크게 뛰어넘게 되었다는 점이 근본적인 이유가 되겠지만, 상하이, 저장성 및 베이징과 같은 새로운 중심지는 화교들의 문화적 배경과 다른 지역이어서 이들이 비즈니스 하기에 어려웠기 때문이었던 측면도 있다고 볼 수 있다.

문화적 차이가 크면 무역이 적게 일어나는 두 번째 이유는 신뢰이다. 신뢰는 경제 관계를 결정하는 데 있어 중요한 요소이다. 사회적 규범과 같은 비공식 제도가 개인 간의 경제적 교류를 규제하는 사회에서 신뢰는 특히 중요하며, 무역 관계도 예외가 아니다.[178] 종교적, 유전적, 그리고 물리적 유사성과 갈등의 역사로 측정되는 문화적 측면이 유럽의 여러 나라에서 양국 간 신뢰에 영향을 미치고, 이 신뢰가 무역에 영향을 미친다고 알려져 있다.

그러나 문화와 무역 간의 관계는 통계분석 결과가 시사하는 것보다 복잡할 수 있다. 문화적 차이가 무역에 영향을 미치는 것이 아니라, 거꾸로 무역이 문화적 차이를 우호적인 방향으로 변화시킬 수도 있다. 무역은 문화적으로 다양한 주체들 사이의 신뢰를 증진하거나 새로이 신뢰를 형성하게 하는 매개체 역할을 할 수도 있다.[179] 더욱이 문화적 차이는 무역의 비용이 아니라 무역의 이점으로도 작용할 수 있다. 공식적인 제도의 차이가 비교우위의 원천이

178] Luigi Guiso, Paola Sapienza, and Luigi Zingales, "Cultural biases in economic exchange?" The Quarterly Journal of Economics, 124(3), 2009, pp.1095~1131.
179] Tabellini, Guido, "Presidential address: Institutions and culture." The Journal of the European Economic Association, 6(2~3), April~May 2008, pp.255~294.

될 수 있는 것처럼 문화 차이가 비교우위의 원천이 될 수도 있다.

문화적 차이가 생각하는 것만큼 무역에 엄청난 장벽이 되지 못하는 이유는 국가들이 이러한 장벽을 극복하기 위해 적극적으로 협력하기 때문이기도 하다. 상호 '자유무역협정'과 같은 공식 제도가 문화적 거리나 다양한 국내 기관들이 만들어내는 암묵적인 무역 비용을 보상할 수 있다. 다른 국가들보다 양호한 무역조건을 제공함으로써 문화적 차이가 유발하는 불이익을 상쇄할 수 있기 때문이다.

한국이 최초의 자유무역협정을 맺은 칠레와의 관계가 대표적 사례에 속한다. 칠레는 지리적으로 볼 때 지구의 거의 반대쪽에 위치하므로 한국과 유전적으로 섞이거나 생활권에서 겹치지 않는다. 문화적으로 차이가 크다. 게다가 식생도 크게 다르고 산출물이 출하되는 시기도 반대여서 상호 경쟁적이라기보다는 보완적이다. 차이가 서로에게 방해가 되는 것이 아니라 이익이 되니까 무역을 하는 데 긍정적으로 작용할 수 있다. 정책을 집행하는 사람들의 입장으로는 정책 추진에 따른 부담도 줄어들게 되니 반대할 이유도 별로 없다.

문화는 일반적으로는 서로 유사한 나라에서 무역을 촉진하는 방향으로 작용하지만, 때로는 문화의 차이가 오히려 무역을 촉진하는 방향으로 작용할 수도 있어서 양면성이 있다.

2. 인도인은 모텔업, 한국인은 세탁업 :
동업문화 대 벤처문화

미국 뉴욕항은 바로 앞 리버티섬의 자유의 여신상으로 유명하다. 원래 프랑스가 미국의 독립 100주년을 기념하여 보내온 선물이었지만, 이제는 아메리칸 드림의 상징으로 더 잘 알려져 있다. 종교의 자유와 새로운 삶의 기회를 찾아 나선 유럽인들이 처음 아메리카대륙에 발을 들여놓은 이후, 뉴욕항은 이민자들에게 미국으로의 출입구와도 같았다. 초기 이민자들은 뉴욕항에 내리는 배 위에서 간단한 입국 절차만 마치면 입국이 허락되고 미국에서 새로운 삶의 기회를 얻을 수 있었기 때문이다.

땅덩어리는 넓고 규제도 별로 없는 상황에서 새로운 삶을 갈망하는 이민자들이 넘쳐나다 보니 미국은 이민자들의 천국이 되었다. 이민도 처음에는 종교의 자유를 갈망하던 영국이나 독일과 네덜란드로부터의 필그림, 그리고 대기근의 공포에서 벗어나려는 아일랜드인과 같은 유럽인들이 주종을 이루었다. 이후 노예무역으로 아프리카인들도 다수 이주하였을 뿐만 아니라 중국을 비롯한 아시아와 중남미 등 세계 여러 지역 중 오지 않은 곳이 없을 정도로 다양해졌다.

그러다 보니 미국은 가히 세계 최대의 이민 국가가 되었다. 이러한 추세는 최근에도 이어져서 2014년 현재 미국 거주민 중 약 4,200만 명이 미국 밖에서 출생하였고, 이는 전체 인구 3억 2천만 명의 약 13%에 해당할 정도다.[180] 워낙 다양한 인종들이 섞여 살다 보니 흔히 인종의 용광로라는 멜팅폿(melting pot)으로 불리기도 한다. 미국이라는 하나의 용광로에 들어가서 섞이면 서로 구분할 수 없게 된다는 얘기이다. 얼핏 이주민들은 자신들의 모국의 배경과 상관없이 살아갈 것이라는 인상을 받는다.

그러나 속을 자세히 들여다보면 그렇지 않은 면도 많다. 모국이 어디냐에 따라 미국에 정착한 이후 먹고 살아가는 직종이 차이가 난다고들 말한다. 예를 들면, 중국계는 중식당, 한국계는 세탁소, 인도계는 모텔, 베트남계는 네일살롱, 그리고 캄보디아계는 도넛 가게라고 한다.[181]

중식당은 미국에 약 5만 개 정도로 추산되는데, 이탈리아 식당을 제치고 미국인들이 가장 많이 찾는 음식점이 되었을 뿐만 아

180) Sandra L. Colby and Jennifer M. Ortman, "Projections of the Size and Composition of the U.S. Population: 2014 to 2060", U.S. Department of Commerce, U.S. CENSUS BUREAU, March 2015, http://www.census.gov/content/dam/Census/library/publications/2015/demo/p25-1143.pdf.

181) 이하 출신국과 미국에서의 직종에 관한 내용은 주로 "미국 이민자들의 국적별 직업", 〈미래한국〉, 2015.8.28. http://www.futurekorea.co.kr/news/articleView.html?idxno=30026.을 참조하였음.

니라 중국계 이민자 250만 명의 약 3분의 1이 중식당과 관련된 비즈니스로 먹고산다. 세탁소는 '한국계 미국인 세탁소협회'(korean American Dry Cleaners Association)의 통계에 의하면, 1980~1990년대 뉴욕의 세탁소 3,000여 개 중 80%가 한국인이 경영하고 있었다고 할 정도이다.[182] 그 밖의 샌프란시스코, 시카고, LA, 달라스 및 시애틀 등 한인들이 다수 거주하는 미국의 주요 도시에서도 별반 차이가 없다.

모텔업은 'Comfort Inn'이나 'Sleep Inn' 등과 같은 미국 여관과 모텔의 약 50%가 인도 이민자 소유이고, 네일살롱의 경우 미국 전체 종사자의 43%가 베트남 이민자이며, 도넛 가게의 경우 캘리포니아에서는 약 80%가 캄보디아 출신 이민자들의 소유라고 한다.[183]

이처럼 이주민들이 자신들의 모국이 어디냐에 따라 특정 직종에 몰리는 현상을 어떻게 이해할 수 있을까? 소득수준이나 경제발전 단계에 따른 일반적인 틀로 설명할 수 있을까? 모국의 독특한 문화적 특성과 연관하여 이해할 수 있다면 그것은 무엇일까?

출신 국가에 따라 몰리는 직종이 다르게 된 이유 중의 하나는 초기 이주민들이 정착한 직종이 이후 이주민들에게 그대로 전수되는 경향이 강하다는 것이다. 중식당의 기원으로는 아래 설명이 널리 알려져 있다. 미국의 남북전쟁이 끝난 후 1865년 캘리포니아주와

182] 中國 新華網, http://kr.xinhuanet.com/2016-04/19/c_135293328.htm.에서 재인용.
183] "미국 이민자들의 국적별 직업", 〈미래한국〉, 2015.8.28. http://www.futurekorea.co.kr/news/articleView.html?idxno=30026.

미국 동부를 잇는 대륙횡단 철도 공사에 약 1만 2,000명의 중국인 노동자들이 투입되었는데, 이들을 대상으로 시작됐던 중국 음식점에서 비롯되었다는 설이다.[184] 이후 중식당들이 우후죽순처럼 생겨났고, 최근에는 가업으로 대를 이어 중식당을 하는 후세들이 늘어나면서 이러한 추세는 더욱 강화되고 있다.

한국인들이 미국에서 처음 세탁소를 운영하게 된 것은 비교적 적은 자본으로 시작할 수 있는 데다가, 한국 사람들의 뛰어난 손작업 능력을 발휘할 수 있는 옷 수선 가격이 매우 높다는 점이 이점으로 작용하였다고 한다. 인도인들은 1970년대 대거 미국으로 이주하기 시작하였는데, 초기에 시골에 있는 저가 모텔을 인수하고 대가족제도의 이점을 살려 가족들이 갖가지 허드렛일도 하여 운영비도 줄이면서 낮은 숙박료로 운영한 것이 계기가 되었다고 한다.

베트남인과 캄보디아인의 경우에는 1970년대 중반 전쟁을 피해 미국에 처음 이주한 사람들이 우연한 기회에 각각 네일살롱과 도넛 가게를 연 이후 이런 가게들이 급속히 확산된 것으로 알려져 있다. 항간에 퍼진 얘기에 따르면, 1975년 사이공 함락 후 20명의 베트남 여성들이 새크라멘토의 난민 수용소에 도착했는데, 이때 이들의 딱한 사정을 들은 여배우 티피 헤드런이 이들의 손재주를 고려하여 먹고 살길을 터주고자 손톱 미용기술을 배우도록 도와준

184] "미국 이민자들의 국적별 직업", 〈미래한국〉, 2015.8.28. http://www.futurekorea.co.kr/news/articleView.html?idxno=30026.

것이 계기가 되었다고 한다.[185]

캄보디아인의 경우에는 1975년 폴 포트가 이끄는 크메르루주가 정권을 장악한 후 대규모 학살을 자행함에 따라 부인과 3명의 자녀를 이끌고 피난길에 오른 사람이 캘리포니아에 정착하여 주유소에서 일하다가 그 옆의 24시간 운영하는 도넛 가게에 관심을 보이면서 스스로 도넛 가게를 열고 체인사업으로 확장한 것이 계기였다고 전해진다.

이들의 정착 과정에서 드러나는 특징은 처음에 도착한 이민자들이 개척한 사업을 뒤에 오는 이민자들에게 소개하는 과정이 계속 반복되어 전개되었다는 점이다. 초기 이민자들은 대부분 영어가 서툴고 미국 사정도 어두울 뿐만 아니라 아는 사람도 별로 없다 보니 자신과 같은 모국어를 쓰는 먼저 온 이주민들에게 의지하고 그 영향을 크게 받을 수밖에 없었다. 그러다 보니 4장에서 설명한 일종의 누적적 인과가 작동한 것이다. 아울러 세탁업이나 네일살롱에서 잘 나타나듯이 한국인이나 베트남인 모두 자신들의 손재주를 살리는 쪽으로 특화하였다는 점도 특징이라면 특징으로 볼 수 있다.

그렇지만 사업 분야를 정하는 것이 그리 간단하지만은 않다. 사업은 본래 투자자의 자본 여력과 그에 따른 수익에 의하여 결정된다고 볼 수 있기 때문이다. 투자금이 많을수록 투자이득도 많은 만

185] 이하 직종 정착 과정에 대해서는 "미국 이민자들의 국적별 직업", 〈미래한국〉, 2015.8. 28. http://www.futurekorea.co.kr/news/articleView.html?idxno=30026.를 참조하였음.

큼 자금만 충분하다면 크게 투자하여 많이 버는 것이 당연한 이치이다.

그런 면에서 베트남이나 캄보디아 사람들이 종사하는 직종은 충분히 이해가 간다. 이들은 대개 전쟁을 겪고 불가피하게 이주한 경우라서 자금 여력이 별로 없었기 때문에 투자 부담이 적은 분야에 종사할 수밖에 없었다. 중국인의 경우에는 수요처가 명확한 상황에서 자금 여력이 많지는 않았다는 점을 고려하면 비교적 합리적인 선택이었을 것으로 보인다.

하지만 자금 여력의 측면에서 보면 한국과 인도 사람들이 종사하는 직종은 이 경향에서 벗어난다. 지난 수십 년간 한국의 소득수준이 인도보다 높았다. 따라서 개인적으로는 한국인들이 인도인들보다 투자 여력이 많을 것으로 볼 수 있다. 그럼에도 불구하고 한국인은 필요한 자본 규모가 작은 세탁업에 종사하고 있고, 인도인들은 필요한 자본 규모가 큰 모텔업에 종사하고 있다. 다른 조건이 비슷하다면 한국인들이 투자 규모가 더 커서 수익도 더 높게 될 사업에 종사하는 것이 합리적이지 않을까?

통계만 놓고 볼 때 개인 수준에서는 한국인들이 인도인들보다 투자 여력이 크다. 그런데 세탁소보다 자본 규모가 큰 모텔업의 투자자금을 혼자만의 자본으로 조달하기는 쉽지 않다. 그러니까 개인 수준에서 투자 여력이 한국인보다 작을 것으로 생각되는 인도인들이 모텔업에 종사하는 것은 개인의 투자 여력이 아닌 다른 이유가 있는 것 같다. 한국과 인도의 동업에 대한 제도와 태도에서의 차이, 그리고 벤처에 적합한 한국인의 기질 등을 그 이유로 생각해 볼 수 있을 것 같다. 좀 더 자세히 알아보자.

먼저 한국과 인도의 동업에 대한 제도와 태도의 차이에 대해 알아보자. 인도인들이 한국인들보다 자금이 더 많이 필요한 모텔업에 종사하게 된 데는 인도인들의 가족 구성이 한몫을 단단히 한 것으로 보인다. 핵가족으로 구성된 한국인들과는 달리 인도인들은 대가족으로 이루어져 있어서, 가족 구성원들이 자금을 모아 큰 규모의 투자를 할 수 있다. 하지만 개개인의 자금 규모가 크지 않아서 이것만으로는 부족한 경우가 태반이다. 따라서 외부인들과의 동업이 어느 정도 불가피해 보이는데, 실제로도 여러 사람이 함께 자금을 조달하는 경우가 많은 것으로 알려져 있다.

한국인보다 인도인이 동업을 더 잘한다는 것인데, 그 이유는 두 나라 사람들이 동업에 대해 보여주는 태도와 관련이 깊을 것으로 생각된다. 동업의 성공 조건은 개인 사업의 성공 조건과 다르다. 동업을 하면 자금도 더 많이 조달할 수 있고 각자의 장점을 살려 서로 보완한다면 혼자서 사업을 하는 경우보다 못할 이유가 없다. 하지만 동업이 성공하려면 무엇보다도 동업자에 대한 신뢰가 중요하다. 특히 각자가 사업에 기여한 만큼 그에 상응하는 대가가 배분된다는 것이 전제되어야 한다. 이 전제가 충족되지 못하면, 동업자 사이에 신뢰가 깨지게 되고 사업은 혼자 하는 것보다 못하게 되기 쉽다.

동업을 결정하려면 신뢰가 담보되어야 하는데, 특정 개인의 신뢰에 관한 정보는 상당 부분 직접적인 경험을 통해 형성되고 강화된다. 하지만 동업을 하겠다는 결정을 해야 하는 시점에는 상대의 신뢰에 대한 직접적인 정보가 없는 경우가 많을 수 있다. 그 대신 각자가 이전에 동업을 성공한 경험이 있는지, 주변에서 비슷한 시기에 동업의 성공 사례들이 얼마나 많은지, 동업을 장려하는 제도적 장치들이 있는지, 그리고 역사적으로 동업이 성공한 누적된 경험들이 있는지에 이르기까지 다양한 요인들의 영향을 받기 쉽다. 즉, 자기가 속한 문화권의 제도와 그 문화권에서 암묵적으로 공유되는 동업에 대한 태도의 영향을 받는다.

한국은 상대적으로 동업에 대한 태도가 별로 긍정적이지 않다. 한국에는 현재 성공한 기업이나 비즈니스 중에서 동업을 통한 사례는 찾기가 그다지 쉽지 않다. 역사를 되짚어 보아도 동업을 해서 사업에 성공했다는 사례가 드물다. 한국은 비즈니스를 장려하는 문화나 자본주의의 경험 역시 비교적 짧다. 조선시대만 해도 '사농공상(士農工商)'이라는 신분 질서가 유지되었다. 공업과 상업, 즉 비즈니스 관련 직종이 다른 직종에 비하여 천시되었으며, 자연히 비즈니스의 경험이 축적되기 어려웠다. 혼자 하는 것보다도 어려운 동업 경험은 더 적을 수밖에 없다. 동업을 고무하고 장려하는 제도나 사회적 분위기도 찾기 어렵다. 넓은 의미에서 동업을 장려하는 문화가 정착되었다고 보기 어렵다.

반면에 인도는 동업에 대해 긍정적인 경험을 가졌을 가능성이 크다. 인도는 18세기 말에 이미 영국 동인도회사의 주도 아래 자본주의 시장경제체제가 이식되기 시작하였으며, 19세기 말에 식민지로 전락하면서 이 체제는 더욱 확대되고 강화되었다. 한국이 19세기에 자본주의 맹아가 내부에서 자발적으로 나타났다고 하여도 시장경제체제의 도입 시기나 규모에서 인도가 앞서고 있음을 부인하기 어렵다. 인도에서 오랫동안 비즈니스의 경험이 쌓이고, 비즈니스의 형태로서 동업도 성공의 경험이 누적될 수 있는 시간이 충분하지 않았을까 추론해 볼 수 있다.

둘째, 한국인이 동업을 적게 하는 것은 한국인들의 강한 벤처 기질과 연관되었을 수 있다. 벤처기업은 초창기에 작은 아이디어를 기초로 사업을 벌이는 경우가 많아서 혼자서도 비즈니스를 할 수 있다. 세계 여러 나라 중에서 벤처 기질이 강한 대표적인 나라가 이스라엘이라고 하는데, 거기서는 두 사람만 모여도 곧 두 개의 기업이 탄생한다는 말이 나올 정도이다.

실제로 얼마나 많이 벤처기업을 창업하는지와는 별도일 수도 있지만, 한국인의 벤처 기질도 그에 못지않다. 한국인의 벤처 기질을 살펴보는 방법의 하나가 글로벌기업가정신연구협회(GERA)가 발표하는 '글로벌 기업가정신 모니터(GEM)' 결과이다.[186] 이 협회는 매년 주요국의 기업가정신을 전문가와 일반인을 대상으로 조사하는데, 2021년 한국의 순위는 조사 대상 50개국 중 6위를 기록하며, 2019년 15위, 2020년 9위 대비 2년 연속 상승한 것으로 나타나는

186] 이 협회의 연구 결과에 관하여는 https://www.gemconsortium.org. 참조.

등 상당히 높은 편이다.[187]

이 중 '일반성인 대상 조사'(APS : Adult Population Survey)는 창업의 사회적 가치, 창업에 대한 개인적 인식 및 창업활동 상태를 구성하는 주요 지표별 지수 등이 포함되어, 일반인들의 벤처 기질을 살펴보는 데 유용하다. 특히 '실패에 대한 두려움'은 2020년에 전체 국가 중 가장 낮은 43위를 기록하여 창업 실패에 대한 두려움이 가장 적었고,[188] 2021년 역시 전체에서 두 번째로 적었다.[189] 물론 이러한 결과는 벤처 창업이 실패할 경우 의지할 수 있는 사회적 안전망과 안전한 직장 확보의 가능성, 벤처 창업을 지원하는 법적·제도적 장치의 존재, 그리고 벤처에 대한 사회적 인식과 문화 등 폭넓은 벤처생태계에 의존하기 때문에 단순히 개인들의 기질만으로 평가하기에 부족한 면은 있다. 그렇지만, 여러 나라의 상대적 비교를 통하여 한국의 벤처 기질을 파악하는 데에는 도움이 되지 않을까 한다.

사실 한국은 1990년대 말부터 2000년대 초에 걸친 벤처 붐 시기에 벤처 열기가 한껏 고조되었다. 일본의 '창업벤처국민포럼'이

187] "케이(K)-기업가정신 지수 2년 연속 상승해 세계 6위 달성", 중소벤처기업부 〈보도자료〉, 2022년 2월 14일, file:///C:/Users/trade6/Downloads/R2202502.pdf.

188] Global Entrepreneur Monitor, GEM Results: NES-NECI 2020, file:///C:/Users/trade6/Downloads/210430E2.pdf., "2020년 글로벌 기업가정신 모니터(GEM) 결과 발표", 〈시사매거진 2580〉, 2021.05.06. 23:06, http://www.sisam2580.com/news/articleView.html?idxno=218832.

189] "케이(K)-기업가정신 지수 2년 연속 상승해 세계 6위 달성", 중소벤처기업부 〈보도자료〉, 2022년 2월 14일, file:///C:/Users/trade6/Downloads/R2202502.pdf.

2000년 11월 미국, 영국, 프랑스, 독일, 한국 및 일본 등 6개국 젊은이(18~25세) 각 500명을 대상으로 시행한 설문조사 결과, '창업의욕이 있다'고 대답한 응답자 비율은 한국이 71%로 가장 높았다.[190]

이후 벤처 열풍이 '닷컴 버블' 붕괴로 확연히 줄어든 이후 최근까지 벤처 창업에 대한 두려움이 적지 않게 높았고, 기업가정신 또한 위험회피적 경향이 강하였다. 하지만 이후 관련된 제약이 어느 정도 해소되면서 최근에는 이전의 수준을 회복해가는 것이 아닌가 싶다.

게다가 우리나라 사람들의 기질이 벤처비즈니스 성공에 필요한 기업가정신으로 이어질 수도 있다.[191] 한국인의 '빨리빨리 하는 습성'은 벤처 비즈니스에 부합하는 기질이다. 벤처기업에게는 순발력과 기동력이 필수적이기 때문이다. 비슷한 이유로 흔히 부정적으로 말하는 냄비 근성도 벤처기업에게는 긍정적으로 작용할 수도 있다. 내외 환경의 변화에 민감하고 신속하게 대응하는 것 역시 벤처기업의 생존에 필요하기 때문이다.

이 사례는 한국이 경제발전 단계가 앞서고 소득수준도 높지만, 시장경제체제의 도입과 운용 경험이 비교적 짧다는 역사적 요인과 함께, 혼자 하는 성향이 강한 문화적 특성으로 인하여 일부 유형의

190】 "한국인 벤처정신 세계최고…젊은이 71% "창업의욕", 〈동아일보〉, 입력 2001-03-15 18:43 업데이트 2009-09-21 02:31., https://www.donga.com/news/Inter/article/all/20010315/7663000/1.
191】 이하 한국인의 벤처 기질에 대해서는 이광형·이민화, 《21세기 벤처대국을 향하여》, 김영사, 2001.을 참조하였음.

비즈니스의 활성화는 오히려 뒤처질 수 있음을 시사한다. 하지만 최근처럼 4차 산업혁명과 함께 급변하는 경제환경에서, 스스로 자유롭게 개성을 살리면서 순발력을 발휘할 뿐만 아니라 다양한 분야를 개척하는 벤처와 같은 비즈니스에는 오히려 적합할 수도 있음을 보여준다.

3. 일본이 사회주의, 중국이 자본주의 길을 갔다면?

20세기 중반 이데올로기 차이로 세계가 첨예하게 맞서던 냉전 시대의 얘기이다. 2차 대전 중 중국에서 국민당 정부는 미국의 지원을 받으며 자본주의 체제를 근간으로 내세운 데 반해, 공산당은 종주국인 소련의 지원 아래 사회주의 체제를 기치로 내걸었다. 1949년 마오쩌둥이 주도한 공산당이 당시 국제적으로 중국을 대표하던 장제스의 국민당 정부를 몰아내고 본토를 장악하였다. 중국이 사회주의의 길로 들어섰다.

일본은 2차 대전의 패전국임에도 불구하고 아시아에서 공산주의의 확산을 저지하려는 미국의 전폭적 지원 아래 자본주의 체제를 확고히 하고 정치적 안정을 이루게 되었다. 군국주의 아래에서 일본공산당 등 다수의 사회주의 세력들이 크게 확대되었음을 고려하면, 미국의 지원 아래서 발 빠르게 정치적 안정을 이룬 것으로 평가된다. 곧이어 한국전쟁이 발발하여 후방 보급기지로서 역할을 하면서 경제적 번영의 기회까지 얻게 되었고, 그 기반 위에서 자본주의 체제를 안정적으로 유지하고 발전시킬 수 있었다.

곰곰이 생각해보면, **두 나라의 정치적 행보가 각자의 문화적 특**

성이나 국민의 행동 방식에 부합하는지는 의문이다. 우리나라 사람들에게 '비단 장수 왕서방'으로 널리 알려져 있듯이, 중국 사람들은 상술에는 일가견이 있다고 평가된다. 사회주의보다는 개인의 이득을 매개로 한 비즈니스에 어울리는 자본주의 체제가 더 부합한다는 말이다.

일본이 2차 세계대전 중에 보여준 행동 방식은 전체주의 문화의 특성을 유감없이 드러내 주었기에 자본주의보다는 사회주의에 가깝다고 볼 수 있다. 무모한 가미카제 자살 공격이나 패전의 문턱에서 집단자살과 같은 옥쇄를 강행하는 등 광기에 가까운 전체주의 성향을 종종 드러냈다. 게다가 일본에서는 전후 좌파 폭력단체인 적군파[192]가 악명을 떨치기도 하였으며, 공산주의 노선을 추종하는 총평(일본노동조합총평의회)이 한동안 노동조합운동을 주도하기도 하였다.

역사에서 가정은 의미가 없다고 한다. 하지만 중국이 자본주의를 도입하고 일본이 사회주의를 도입했다면 동북아시아의 정치지형과 경제 구도가 어떻게 변했을까 상상해 보는 것은 아주 흥미로운 일이다. 우리보다 자본주의적 마인드가 강한 중국 사람들이 진즉에 시장경제를 도입하여 경제발전을 했다면, 광범위한 생산 기

---

[192] 1969년 발족해 1970년대 활동한 일본의 좌파 테러단체로서, 일체의 기존체제를 파괴한다는 폭력제일주의를 주장하였으며, 1970년 일본항공(JAL) 여객기를 납치해 북한에 망명한 '요도호 사건'으로 세계에 널리 알려진 바 있다. 〈네이버 지식백과사전〉 https:// terms.naver. com/entry.naver?docId=71444&cid=43667&categoryId=43667.

반과 넓은 시장을 바탕으로 급속한 경제성장이 가능하였을 것이기 때문이다. 마찬가지로 전체주의적 성향의 일본이 자본주의가 아닌 사회주의 체제를 선택했다면 2차 대전 이후 한국의 정치지형을 위협하지 않았을까 하는 생각도 든다.

이제 상상을 잠시 묻어두고 그동안의 사정을 살펴보자. 중국이 시장경제체제를 도입하고 세계의 공장으로 변모하기 시작한 것은 1978년 개혁과 개방을 골자로 한 '4대 근대화' 정책이 발표된 이후부터이다. 한국이 세계 자유무역질서에 편승하여 수출지향적 공업화를 시작한 것이 1960년대 초이니, 시기적으로 볼 때 양국이 본격적인 경제성장을 시작한 것은 약 20년의 시차가 있다.

한국의 경제성장 초기에 중국은 아직 본격적인 경제성장에 돌입하기 전이고 세계시장에 등장하기 전이었다. 그래서 한국은 강력한 경쟁자 없이 수출시장을 개척하는 데 유리했을 것으로 보인다. 게다가 한국은 일본이라는 경제 강국과 교류하여 수출시장을 확보하고 원자재나 부품을 원활하게 조달할 수 있었는데, 이것도 한국이 경제성장을 촉진하는 데 긍정적으로 작용했다. 중국은 한국보다 약 20년 늦게 본격적인 경제성장을 시작했는데 경제성장을 시작한 지 40년이 지난 지금, 세계 곳곳에서 세계 최고의 경제 강국으로 부상할 날도 멀지 않았다는 전망이 줄을 잇고 있다.

이제 다시 상상해 보자. 만약 1960년대 경제발전 단계상 한국과 큰 차이가 없고 수출입 품목도 상당히 경쟁적 관계였을 중국이 한국과 같은 시점에서 수출시장을 개척하고 경제를 성장시켜야 했다면 지금 한국은 어떻게 되었을까? 우리 한국이 설 땅이 그만큼 좁아질 수도 있었을 것이고, 경쟁에 밀렸다면 거대 경제국인 중국에 종속되어 하청기지로 전락했을 가능성도 배제하기 어려웠을 것 같다. 2020년 우리 역사상 최고라는 세계 10대 경제 강국의 지위는 어찌 되었을까?

　이 사례는 한 나라의 사회경제 체제가 자국의 문화적 특성에 항상 부합하는 것은 아님을 보여준다. 체제의 우월성을 판단하기 어렵기에 '체제가 문화적 특성에 부합하는 게 바람직한가?'라는 질문은 답하기 쉽지 않다. 그렇지만 문화적 특성에 부합하는 체제가 정립된다면, 거기 사는 사람들도 제약 없이 자신들의 성향에 걸맞게 역량을 발휘하고 체제의 활성화도 더욱 촉진하지 않았을까 싶기도 하다.

4. 문화적 특성으로 본 일본 사회의 현재와 미래

일본193]은 우리에게 복잡한 감정을 안기는 나라이다. 한때 식민 지배의 쓰라린 아픔을 안겨주었으면서도 인접한 선진국이었기에 경제발전 과정에서 앞선 제도와 기술을 도입하고 상품을 벤치마킹하는 데 도움을 받기도 하였다. 30여 년전만 해도 국제회의나 상담 같은 데 참석하면 우리는 통상 그들의 정보력과 역량을 한 수 위로 인정하고 배우는 자세였다. 일본의 정치와 경제체제는 합리적으로 정비되어 있고 사회 전체가 보이지 않는 콘트롤 타워가 있는 듯 톱니바퀴처럼 치밀하게 맞물려 들어가는 것 같아서, 좀체 빈틈을 찾기 어려웠다.

그러던 일본이 최근 들어서 예전 같지 못하다는 얘기가 곳곳에서 들리고 있다. 경제가 수십 년간 제자리걸음을 하는 가운데, 글로벌 금융위기 등을 겪으면서도 적절한 대응도 하지 못하고, 미래에 대한 뚜렷한 비전조차 제시하지 못한 채 갈피를 잡지 못하는 모습이다.

193] 일본인과 일본 사회 전반에 관하여 관심이 있는 독자는 외국인 국제정치경제 전문가가 장기간 일본에서 거주하며 내부인이자 외부인으로서 분석한 태가트 머피 R. 저, 윤영수, 박경환 역, 《일본의 굴레 : 헤이안 시대에서 아베 정권까지》, 글항아리, 2021.을 참조하면 도움이 됨.

최근에는 한국에 대하여 반도체를 비롯한 각종 주력상품의 생산과 수출에 필수적인 소재와 부품의 수출을 중단하는 등 자유무역의 기본 질서마저 저버리는 행동을 해서, 한국 경제의 빠른 추격으로 인한 위기의식과 초조감이 반영된 것이 아닌가 하는 생각마저 들게 한다. 급기야 코로나 유행기에는 환자 수 집계를 우체국에서 수기로 받아 팩스로 취합한다는 뉴스가 나오면서, 국제적으로 디지털 후진국의 오명까지 뒤집어썼다. 한마디로 사회경제체제가 활력이 떨어지고 전반적으로 불안정해 보인다.

이러한 현상들을 어떻게 볼 수 있을까? 물론 경제적 요인들이 크게 작용하겠지만 우리가 이 책에서 제시하는 문화적 특성으로 설명할 수 있는 여지는 없을까? 그렇게 볼 때 일본의 미래는 어떻게 될 것인가? 이러한 질문에 답해보자.[194]

일본은 20세기에 오랫동안 강대국이었다. 일본은 이미 19세기 후반 서구문물을 적극적으로 받아들여 국력을 급속히 키우면서, 19세기 말에는 청나라를, 20세기 초에는 러시아를 상대로 전쟁에서 승리하여 아시아에서의 주도권을 확보하였다. 20세기 중반에는 진주만 습격을 통하여 세계 최강국이었던 미국에 전쟁을 선포하고 독일과 함께 제2차 세계대전을 주도하였다. 당시 세계 최대의 전함을 만들고 전투기와 잠수함 등 온갖 무기를 자체적으로 생산하였

194] 한국과 일본의 차이에 관하여 관심이 있는 독자는 한민, 《선을 넘는 한국인 선을 긋는 일본인 : 심리학의 눈으로 보는 두 나라 이야기》, 부키, 2002.를 읽어보면 도움이 됨.

을 뿐만 아니라 그 수준에서도 미국에 크게 밀리지 않았다. 전쟁이라는 것이 어지간한 군사력뿐만 아니라 경제력이 더욱 중요한 역할을 하는 만큼 이미 20세기 전반기에도 세계의 주요 강국의 하나이었다.

제2차 세계대전 후에는 패전국임에도 불구하고 한국전쟁의 특수와 동서냉전의 수혜국으로서 무너졌던 산업기반을 신속하게 복구하면서 1950년대부터 고도성장에 돌입하였다. 그 결과 아래 〈그림 Ⅶ-1〉에서 보는 바와 같이, 2010년에 급성장한 중국에 자리를 넘길 때까지 일본은 미국에 이어 세계 2대 경제 강국의 지위를 오랫동안 굳건하게 지켰다. 하지만 1980년대 이래 일본의 국내총생산은 30년이 지나도록 거의 변화가 없다. 미국이나 중국과의 격차가 갈수록 크게 벌어지고 있을 뿐만 아니라 이제는 독일로부터도 쫓기는 형국이다.

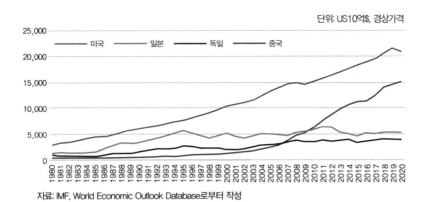

단위: US10억$, 경상가격

자료: IMF, World Economic Outlook Database로부터 작성

〈그림 Ⅶ-1〉 세계 4대 경제 강국의 국내총생산(GDP) 추이(1980~2020)

경제학계에서는 이러한 현상을 간단히 말해 소위 '잃어버린 30년'이라고 부른다. 1980년대 말 거품경제가 붕괴하여 부동산을 비롯한 자산가격이 급격히 하락하면서 경제침체가 장기화하기 시작하였는데, 당시 이를 '잃어버린 10년'으로 불렀다. 그러던 것이 그 이후에도 개선의 기미를 보이지 않은 채 이어지다 보니 '잃어버린 10년'이 세 번째에 이르고 있기 때문이다. 그간 아베노믹스 등 정권이 바뀔 때마다 여러 가지 정책을 추진하였으나 백약이 무효였다.

이제 경제적 요인을 제쳐두고 문화적 측면에서 살펴보자. 2장에서 노키아 사례를 다룰 때 보았듯이, 국가의 문화는 기업의 성과에 지대한 영향을 미친다. 일본의 문화 역시 일본 기업의 경영성과에 큰 영향을 미칠 뿐만 아니라 나라 전체의 경제 성과에도 결정적 역할을 한다고 볼 수 있다. 흔히 한국의 삼성과 일본의 소니를 비교하는데, 한때 세계 최고의 전자업체였던 소니는 꼼꼼함을 무기로 아날로그 시대에는 세계를 제패하였으나 속도를 중시하는 디지털 시대에는 삼성에 뒤질 수밖에 없었다.[195]

일본이 뒤처지게 된 것은 일본의 문화적 특성 중 다음 세 가지와 관련이 깊어 보인다. 첫째, 장인문화와의 관련성을 짚어보자. 일본에서는 한 분야에 특화하여 꼼꼼하게 세부적인 부분까지 연구하여 최고의 제품을 만들어내는 소위 장인문화가 깊이 뿌리를 내리

---

195) "노키아 '국민성' 때문에 흥하고 무너졌다", 〈매일경제〉, 2014.5.23. https://www.mk.co.kr/news/business/view/2014/05/799709.

고 있다. 끊임없이 기술과 노하우를 개발할 뿐만 아니라 대를 이어서 가업을 승계하고 전수하는 것을 미덕으로 간주한다. 최고의 명문대학을 졸업한 전도유망한 젊은이가 부친이 죽자 남들이 부러워하는 직장을 내팽개치고 가업을 이어 우동집이나 초밥집을 한다는 얘기가 심심치 않게 들린다.

세계 장수기업협회 에노키앙(Les Henokiens)은 설립한 지 200년 이상이고 창립자 후손들이 대주주로서 경영에 참여해야만 회원이 되는데, 전세계 회원기업 5,586개 중 일본 기업이 3,146개로서 전체의 절반이 넘는다고 한다.[196] 일본 기업의 장인정신이 얼마나 특별한 것인가를 잘 드러내 보이는 사례이다.

장인정신은 식당뿐만 아니라 큰 기업에서도 회사원들이 자신들의 분야에 집중하게 만드는 요인으로 작용하기도 한다. 그러나 도제 형식의 엄격한 조직에서 개인의 창의성보다는 기존의 것들을 따라 하는 성향이 강하고, 오랫동안 한 분야에 집착하다 보니 개방적이기보다는 폐쇄적인 성격이 강하여 새로운 것들을 받아들이기 쉽지 않을 수 있다. 그래서 장인정신은 우동이나 초밥, 아날로그형 전자산업과 같은 단순하고 비교적 변화가 적은 전통산업에서는 더할 나위 없는 전문성으로 뛰어난 성과를 거두지만, 산업과 기술이 빠르게 변화하고 다양한 기술이 서로 어우러져 융합되는 디지털시

196] 최승일·김동일, "글로벌 기업사례를 통해 본 장수요인 분석", The Journal of Digital Policy & Management, 11(12), 2013, p.239.

대에는 오히려 뒤떨어지기 쉽다.

둘째, 5장에서 살펴본 바 있는, 일본인들이 속에 가진 생각을 겉으로 잘 표현하지 않는 '혼네와 다테마에' 문화도 디지털시대에서는 경제발전에 도움이 되지 않을 수 있다. 직설적으로 표현을 하지 않다 보니 상대방이 무슨 생각을 하는지 알 수 없어서 합리적이고 효과적인 판단에 이르기 쉽지 않고, 의사결정 또한 신속하게 이루어지기 어렵다. 빠르게 변화하는 기술과 산업의 발전을 따라가기 쉽지 않다는 얘기이다. 게다가 앞에서도 살펴보았듯이, 이는 고맥락문화의 전형적 특성으로서 불명확한 책임과 권한으로 인해 사회경제적 비용이 클 것이기에 경제성장에 걸림돌이 될 수도 있다.

셋째, 정치적으로는 전체주의와도 맥락이 닿는 것으로서, 개인보다는 집단의 조화와 화합 및 질서를 중시하는 소위 '화(和)'문화도 걸림돌이 될 가능성이 크다. 신기술의 융합 속에서 산업의 경계가 모호해지는 디지털시대와 4차 산업혁명 시대에 대응하기 위해서는 다양한 의견들이 분출되고 그 가운데서 혁신적 아이디어가 도출되어야 한다. 하지만 이러한 문화에서는 대세에 추종할 뿐 새롭거나 독창적인 아이디어를 기대하기 어렵다.

그러다 보니 일본은 종종 혁신성이 높지 않다고 비판을 받는다. 김청택 교수가 세계 82개국의 창조성과 혁신성을 비교한 연구에 의하면,[197] 일본은 창조성이 세계 30위이고, 미국의 코넬대학 등이

197] 김청택, "동아시아의 창조성", 〈아시아리뷰〉, 4(2), 2015, pp.31~49.

발표하는 2013년 국제혁신성지수(Global Innovation Index)는 22위로서, 세계적 경제 강국으로서의 위상을 고려해볼 때 턱없이 낮은 편이다. 물론 한국도 일본보다 크게 높지는 않지만 말이다.

이렇게 보면 지금까지 일본 경제의 번영을 가져왔던 일본문화의 특성은 실리콘밸리에서와 같이 창의력과 독립적 사고를 요구하는 흐름에는 부합하지 않을뿐더러, 향후의 빠른 기술 발전과 융합을 바탕으로 한 디지털화와 4차 산업혁명의 시대에는 그다지 긍정적 역할을 미치기 어려움을 시사한다. 일본 경제의 미래를 장밋빛으로 전망하기 어려운 이유이다.

5. 한국, 신뢰 사회로의 여정은 자연스러운가?

6장 '6. 한국에서 신뢰사회의 어제와 오늘'에서 살펴본 바와 같이 한국 사회에서는 예전에 경험하지 못했고 예상하지 못했던 일들이 나타나고 있다. 여의도의 무인 꽃 가게는 수년째 그 자리에서 여전히 운영되고 있다. 수익률이 얼마나 높은지 알 수는 없지만 적어도 수지타산이 맞으니까 유지되었을 것이기에, 이제 한국에서 신뢰에 바탕을 둔 비즈니스는 나름 정착하는 것으로 볼 수도 있다.

정말 우리는 신뢰 사회로의 여정에 자연스럽게 들어선 것일까? 아니면 여의도 무인 꽃가게는 일시적인 현상일 뿐이고 신뢰 사회는 여전히 먼 미래의 신기루 같은 것일까? 만약 신뢰 사회로의 여정에 자연스럽게 들어선 것이라면 그 근거는 무엇인가?

최근 한국 사회에서 일어나는 현상들은 확실히 이전과는 다르다. 앞서 언급한 바와 같이, 분실된 물건을 찾으러 갔더니 떨어진 자리에 그냥 있어서 쉽게 찾았다거나 누군가가 경찰서에 신고하고 가져다 놓아서 어렵지 않게 찾을 수 있었다는 얘기는 흔하다. 처음 간 식당에서 식사를 마치고 계산을 하려고 했는데 카드와 핸드폰을 사무실에 두고 나와서 곤란해할 때 주인이 계좌번호를 알려주며 나중에 입금해 달라고 했다는 얘기도 드물지 않게 듣는다. 심지어 지하철 안에서 1만 원짜리 무선이어폰을 파는 상인이 현금이 없다는 구매자에게 물건값을 나중에 온라인으로 입금해달라며 명함을 주었다는 얘기마저 들린다.[198]

신뢰 사회로의 이행은 금융제도에서도 자리를 잡아가고 있다. 과거에는 담보가 없으면 은행 문턱도 넘기 어려웠으나 이제는 거의 모든 금융권에서 신용만으로 대출을 받을 수 있게 되었다. 돈을 빌려서 생활하지 않을 수 없는 사람의 입장으로는 급전이 필요해서 높은 금리의 사채를 써야만 했던 시절을 생각하면, 가히 혁명적 변화라 하지 않을 수 없다. 최근에는 부동산 열풍 속에서 급여와 신용을 기반으로 한 마이너스통장, 줄여서 소위 '마통'이 젊은이들 사이에 가장 뜨거운 용어로서 자리 잡기도 했다.

나아가 인공지능을 비롯한 첨단기술을 활용하여 신용에 기반을 둔 금융상품에 특화하는 핀테크 기업들이 속속 등장하며 시중은행과 같은 전통적 금융기관들의 아성을 뒤흔들고 있다. 신용을 매개로 하여, 당장 돈이 없으나 자금이 필요한 수요자와 마땅한 투자처가 없어서 고민하는 자금의 공급자 사이를 원활하게 연결해주고 있기 때문이다. 아직 금융거래 규모 자체는 작지만, 시장가치는 규모가 훨씬 큰 시중은행과 견줄 정도로 급속히 커지고 있다. 그만큼

198】 "신뢰사회로 가는 두 이정표", 〈내일신문〉, 2021.04.08. https://blog.naver.com/hudys/222302933380.

미래의 발전 가능성이 크다는 얘기다. 신뢰 사회는 피할 수 없는 미래라고 생각하기에 가능한 일이다.

또한, 개인과 기업의 신용 자료를 기반으로 하는 신용정보 기업들이 우후죽순처럼 등장하여 성업하고 있다. 신용이 돈이 되는 사회가 도래하였다. 개인들은 신용기록의 중요성을 인식하고 자신의 신용기록이 나빠지지 않도록 하기 위하여 신용 거래에 빈틈을 보이지 않으려고 온갖 신경을 다 쓰고 있다.

이런 사회적 변화를 돌이키기는 어려운 것 같다. 신뢰가 경제발전과 밀접한 관련이 있기 때문이다. 경제발전 과정은 불필요한 비용을 줄여서 효율성을 높여가는 과정이다. 사회적으로 신용이 확립되어 있지 않으면 불확실성이 커지고 그로 인해 거래마다 불확실성을 제거하는 데 정보 취득의 비용과 시간이 든다. 경제발전에 걸림돌이 될 수밖에 없으며 그로 인하여 경제발전이 지체될 수밖에 없다. 따라서 경제가 발전할수록 사회적 자본이자 공공 인프라로서 신뢰의 중요성이 커질 수밖에 없다.

게다가 **경제발전 단계가 높아질수록 사람들 사이의 거래 관계가 확대되고 복잡해진다.** 사람들은 사회적으로 그리고 경제적으로 복잡한 거미줄처럼 연결되어 있어서 어느 한 사람이 신뢰를 깨뜨리면 연쇄적으로 수많은 사람에게 영향을 미치게 된다. 신뢰를 저버리는 행동의 사회적 비용도 커지고 개인 차원에서 문제를 해결하기도 어렵게 된다. 여기에 소셜네트워크가 발달하여 특정인의 신뢰 훼손 행동에 대한 정보가 빠르게 다른 사람들에게 전달됨으로써 손쉽게 신뢰를 저버리기도 여의치 않다.

이뿐만 아니라, 신뢰는 공공의 이기로서 특정인을 그 이익으로부터 배척하거나 차별하지 않는다. 사회적 신뢰가 증진됨으로써 어떤 사람이 비용을 줄이고 이득을 본다고 해서 다른 사람이 불이익을 당할 이유가 없으며, 신뢰의 전체적 이득이 줄어들지도 않는다. 오히려 신뢰 증진을 통해 어떤 사람이 얻은 이득이 사회·경제적 환류 과정을 통해 자신에게도 유·무형의 이득을 가져다줄 수도 있다. 따라서 신뢰의 증진을 사회 구성원들이 마다할 이유가 없으며, 이득 배분의 불평등이 발생할 유인도 적어서 구성원들 사이에 갈등을 유발할 소지도 적다.

한국은 그간 세계에서 가장 빠른 경제성장을 이룩한 나라의 하나가 되었다. 한국전쟁 직후 세계 최빈국에서 이제 세계 상위 10위권의 국가로 발돋움하였다. 그간 경제발전 과정에서 신뢰의 증진이 끊임없이 요구되었고, 신뢰의 증진을 통하여 경제는 발전해 왔다. 따라서 지금 우리가 보고 있는 신뢰 사회의 모습은 발전된 경제의 자연스러운 또 다른 자화상이라고 볼 수 있다.

6. 한국, 배고픈 것은 참아도 배 아픈 것은 못 참는다 :
공정사회로의 험난한 여정

최근 한국에서 공정성만큼 사람들의 이목을 끄는 단어도 드물 것이다. 10년 전에도 한국 사람들은 미국 사람들보다 훨씬 더 공정성에 민감했던 것으로 보인다. 2012년 세계적 언론인 〈월스트리트 저널(The Wall Street Journal)〉은 하버드대학교 마이클 샌델(M. J. Sandel) 교수의 《정의란 무엇인가》라는 책이 한국에서 인기몰이를 하는 현상을 다루면서, 한국 사람들이 공정에 대해 아주 높은 관심을 보이는 것을 흥미 있게 다룬 바 있다.[199] 샌델 교수의 책은 2012년 6월 기준으로 미국에서 10만 부 정도 팔렸는데, 놀랍게도 한국에서는 130만 부가 팔렸다. 한국의 인구가 미국의 1/7임을 고려하면 미국에서 900만 부가 팔리는 셈이다. 게다가 한국에서 열린 강연회에 사람들이 넘쳐났다. 월스트리트 저널이 관심을 가질 만한 사건이었다.

199] http://online.wsj.com/article/SB100014240527023035064045774458415738955 70.html?mod=WSJ_hp_us_mostpop_read., 이와 관련하여 "정의란 무엇인가? 왜 우리나라에서만 인기일까", 〈미디어오늘〉, 2012.06.08. 01:12 http://www.mediatoday.co.kr/news/article View.html?idxno=103011.에서 재인용.

이 기사에서 우리의 관심을 끈 부분은 기사에 인용된 설문조사 결과였다. 미국과 한국에서 자국 사회가 공정하다고 생각하는지를 물었을 때, 미국에서는 38%가 미국 사회가 불공정하다고 답한 반면, 한국에서는 74%가 한국 사회가 불공정하다고 답했다고 한다. 또 사회경제적 불공정을 정부가 나서서 치유해야 한다는 주장에 대해 동의하는지를 물었을 때, 동의한다는 답을 한 비율이 한국은 93%로 미국의 56%보다 훨씬 더 높았다고 기술했다. **한국 사람들이 공정에 대해 훨씬 더 민감하며, 한국에서는 공정을 개인 차원의 문제가 아니라 사회적 차원의 문제로 인식하는 것으로 보인다.** 한국이 세계 10위의 경제 대국이라는 점을 고려하면, 한국과 미국의 경제 수준의 차이로 설명하기는 어려운 결과라고 볼 수 있다.

공정성에 대해 알아보자. 흔히 **공정성은 절차 공정성과 분배 공정성의 두 가지로 나눈다. 공정성과 평등이 같은 개념은 아니지만, 절차 공정성은 종종 기회의 평등으로 받아들여지고, 분배 공정성은 결과의 평등으로 받아들여진다.** 공정성과 평등 간의 관계는 재미있는 주제이지만 이 책에서는 다루지 않는다. 입학이나 취업과 관련된 사안에서 공정성이 거론될 때는 절차 공정성을 말하는데, 기회의 평등이 지켜지지 않았다는 의미로 많이 사용된다. 성과급이나 임금 등과 관련된 사안에서 공정성이 거론될 때는 분배 공정성을 말하는데, 결과의 평등이 지켜지지 않았다는 의미로 많이 사용된다. 한국에서는 두 가지 공정성 모두 사람들의 관심 대상이 되고 있고, 공정성이 지켜지지 않았을 때 사람들은 강한 분노를 느끼기도 한다.

절차 공정성과 관련된 문제들은 기회의 평등이 담보될 수 있게 관련 규정을 만들거나 약자층에게 교육이나 취업 기회를 제공하는 등의 방안으로 어느 정도는 해결책을 도출해낼 수 있는 것처럼 보인다. 그러나 분배 공정성과 관련된 문제들은 관련된 요인들이 너무 많고 복잡하게 연관되어 있어서 해결책을 찾기가 쉽지 않다. 세대 간 갈등, 집합주의 문화에서 개인주의 문화로의 변화, 그리고 정부의 역할에 대한 생각의 차이 등이 분배 공정성과 얽혀 있다.

최근 사회적으로 이슈가 되었던 신참 직원들의 급여 인상 요구 문제를 들어보자. 이는 세대 간의 분배 공정성의 문제이다. 고참 직원들은 자기들이 신참이었던 당시 규정 때문에 조직에 이바지한 바가 컸음에도 불구하고 충분히 보상받지 못하였으니 그때 규정에 맞게 고참이 된 지금 이전에 못 받은 몫까지 포함해서 받는 것을 당연한 것으로 생각한다. 그렇지만 과거에 사용되던 규정에 얽매일 필요가 없는 젊은 세대들은 지금 조직에 기여한 만큼 대우를 받는 게 당연하다고 생각한다. 노력과 성과에 대한 보상이 시차를 두고 이루어졌던 평가시스템이 오랫동안 사용되어온 데다가, 과거와는 달리 평생직장이라는 개념이 퇴색하고 수시로 직장을 옮기는 직장문화가 결합하면서 나타난 갈등이다.

어떤 재벌회사에서는 어느 계열사에 속했느냐에 따라 연말 성과급의 차이가 심해서 성과급을 적게 받은 계열사 직원들의 불만이 크다는 보도도 있었다. 개인의 성과가 자신이 노력한 정도에 의해서만 평가받는 것이 아니라 자신이 속한 집단의 성과에 연동된다는 것이 공정하지 않다고 생각할 수 있기 때문이다.

분배 공정성 문제를 해결하는 것이 어려운 이유 중의 하나는 사람들이 상대 비교에 민감하다는 점도 있다. 경제발전 수준이 낮은 사회에서는 생물학적 생존을 해결하는 것이 최우선이지만, 그 수준을 넘어서게 되면 자기와 비슷하다고 생각하는 사람과의 상대적 비교가 아주 큰 영향을 미친다. 집단의 동질성이 강하면 평등의식이 강하기 마련인데, 상대적인 비교가 결부되면 소득이 증가한다고 해도 공정의 문제는 사라지지 않는다. 배고픈 것은 참아도 배아픈 것은 못 참는다는 얘기다.

공정성의 문제는 개인주의-집합주의 문화특성과도 관련이 있는 것으로 보인다. 이 둘 간의 관계에 대해서는 지금도 다양한 연구들이 수행되고 있으니, 여기서는 개념 정의를 토대로 둘 간의 관계에 대해 알아보자. 개인주의는 자율성을 중시하고 개인이 우선이라고 생각하는 문화이다. 따라서 기회는 능력에 의해 주어져야 하고, 분배는 개인이 기여한 정도에 상응하게 정해져야 한다고 본다. 따라서 이 기본 원칙이 지켜지지 않았다고 판단할 수 있는 상황이 발생하게 되면, 개인의 안정과 집단의 안정성이 위협받을 수 있다. 예를 들어, 미국 대학교에서 신입생을 선발할 때 사회적 약자를 우대하는 정책이 있는데, 사회적 약자층에 속하지 않은 사람들은 이 정책 때문에 역차별을 당한다고 생각하기도 한다.

개인보다 집단을 우선으로 생각하는 집합주의 문화에서는 사정이 조금 더 복잡하다. 5장에서 한일 월드컵 사례를 다룰 때 잠시 언급되었듯이, 집합주의 문화에서는 같은 집단에 속한 사람을 더 좋게 판단하는 내집단 편향을 보여주기도 하는데, 이는 절차 공정성과 분배 공정성 모두에 위협이 될 수 있다. 자녀 입시와 관련해서 사회적으로 성공한 계층에 속한 사람들이 보여준 행동 중에는 같은 집단에 속한 사람에 대해 내집단 편향을 보여주는 것으로 해석될 수 있는 정황들이 있어서 사람들의 분노를 샀다.

분배 공정성의 문제는 아주 복잡하다. 집합주의에서는 집단을 우선으로 생각하기 때문에 평가와 분배가 다 어렵다. 같은 집단에 속해도 개인의 성과에는 차이가 있기 쉬운데, 어디까지를 집단의 성과로 보고 어디부터를 개인의 성과로 봐야 하는지 기준을 잡기 어렵다. 같은 집단에 속해 있으니까 분배도 공평해야 한다는 집단 성원들의 암묵적인 기대도 무시하기 어렵다. 집합주의 문화에서는 무임승차의 문제도 있을 수 있다.

경제학에 균형점으로 일컬어지는 것으로 '파레토 최적(Pareto optimum)'이 있다. 어느 한 사람의 이익을 침해하지 않고는 다른 사람의 이익을 증대시킬 수 없는, 그래서 이해관계자들에게 적어도 불이익을 주지 않는 최적의 상태를 말한다. 공정의 문제는 이익의 기준조차 마련하기 어렵다는 점에서 균형점을 찾기가 쉽지 않다. 사람마다 욕망의 종류와 정도, 그리고 노력의 정도와 보상에 대한 평가에 차이가 있기에 공동의 기준을 만드는 것 자체가 어렵다. 한국에서 사회적 합의를 통하여 공정의 기준을 마련하고 실현하는 데 시간이 적게 걸리기를 기원한다.

지리의 이해 —————————————————

나가며

특수성의 기저요인과
지역 차이의 유관성에 대해 생각해보기

이 책을 시작하면서 지역 차이에 관한 연구는 많이 보고되었으나 다양한 현상들을 설명해 주는 틀이 없는 것 같다고 평가했었다. 그래서 이 책의 1부에서는 특수성의 기저요인들을 자연지리 요인, 인문지리 요인, 그리고 문화특성의 세 가지로 나누고, 2부에서 세 개의 장에 걸쳐 여러 가지 현상들을 이 세 가지 기저요인과 연관 지어서 서술했다. 이제 이 책을 마무리하는 시점이 되었으니 완벽하지는 않으나 지역에서 나타나는 현상들을 이해하는 데 도움이 될 만한 틀을 하나 제안하려고 한다.

2부에서 기저요인 유형별로 그 기저요인과 밀접하게 연관된 것으로 보이는 현상들을 서술하는 작업을 하면서, 계속 머릿속에 맴돈 질문은 "이 기저요인들은 모든 행동에 똑같은 정도로 영향을 미칠까, 아니면 특정한 행동에서의 차이에는 특정한 기저요인이 더 밀접하게 영향을 미치는 것일까?"라는 질문이었다.

사람의 행동을 이해할 때 행동의 동기를 고려하는 것이 유용하듯이 지역별 차이를 이해할 때도 특정 행동의 동기를 고려하는 것이

유용하리라고 우리는 생각했다. 그리고 우리는 집단이나 해외지역 사람들의 동기도 기본적으로는 개인의 동기와 크게 다르지 않으리라 생각했다. 개인의 동기에 관해서 많은 이론이 제안되었는데, 우리는 오래전에 제안되었고 계속 수정이론이 나오기는 하지만 매슬로의 욕구위계 이론이 도움이 되리라고 판단했다. 그래서 책을 마무리하는 의미에서 매슬로의 이론을 이용하여 기저요인과 특정 행동 사이에 유관성이 있는지 정리해보기로 한다.

매슬로의 욕구위계이론에 대해 알아본 다음, 특수성의 기저요인으로서 자연지리 요인, 인문지리 요인 및 문화특성 요인이 특수성을 보이는 특정 행동과 어떻게 관련될 수 있는지에 대해 알아보기로 한다.

1) 매슬로의 이론[200]

미국의 심리학자 매슬로(Abraham H. Maslow)는 1943년에 욕구위계
(hierarchy of needs)이론을 제안하였다. 그는 인간의 동기를 '생리적
욕구', '안전 욕구', '애정과 사회적 소속 욕구', '존중(존경) 욕구', 그
리고 '자아실현 욕구'라는 5가지 유형으로 나누고 이들이 위계적이
라고 제안하였다. 그러니까 〈그림 Ⅶ-2〉에서 아래에 있는 생리적
욕구가 충족되어야 그 바로 위에 있는 안전 욕구를 충족시키려고
동기화된다고 가정하여, 하위욕구가 충족되어야 상위욕구로의 동
기가 작동한다고 본 것이다. 또 생리적 욕구, 안전 욕구, 애정과 사
회적 소속 욕구, 그리고 존경 욕구는 해당 욕구가 충족되면 그 욕
구를 충족시키려는 동기가 감소하는 결핍동기이지만, 자아실현 욕
구는 해당 욕구가 충족되면 오히려 그 욕구를 충족시키려는 동기
가 증가하는 성장욕구라고 구분하였다.

　　매슬로의 모형은 이후 수정을 하게 되었는데, 하위욕구가 완전히
충족되어야 상위욕구가 작동한다는 엄격한 위계적인 작동 방식에
대한 가정을 완화하고, 욕구를 8단계로 확장하였다.[201] 그러나 아

200] https://en.wikipedia.org/wiki/Maslow%27s_hierarchy_of_needs, https:// www.
simply- psychology.org/maslow.html 및 https://terms.naver.com/entry.naver?
docld=2070231&cid =41991&categoryld=41991. 등을 참조하였음.
201] 8단계 모형은 1단계에서 4단계까지는 5단계 모형과 같으나, 5단계 이후에서는 3가지
욕구가 추가되고 욕구의 순서가 바뀌었다. 5단계 인지적 욕구, 6단계 심미적 욕구, 7단계 자
아실현 욕구, 그리고 8단계 자기초월적 욕구로 조정되었다.

직도 5단계 모형이 널리 사용되고 있으므로 여기서는 5단계 모형
에 대해 알아본다.

〈그림 VII-2〉 매슬로의 5단계 욕구 모형

(1) 생리적 욕구

생리적 욕구는 인간의 생존을 위한 생물학적 욕구이다. 생리적 욕
구는 배고픔이나 갈증과 같은 갈망을 충족시키려는 욕구로, 공기,
물, 음식, 성관계, 수면, 의복 및 주거 등이 그 대상이 된다. 매슬로
에 따르면, 인간은 상위수준의 욕구를 추구하기 전에 우선 생리적
욕구가 충족되어야 한다.

(2) 안전 욕구

개인의 생리적 요구가 충족되면 안전에 대한 욕구가 추구된다. 사
람들은 그들의 삶에서 질서와 예측 가능성, 그리고 통제를 원하며,
두려움이나 혼란스러움이 아닌 평정심과 질서를 유지하고자 한다.

안전 욕구는 전쟁이나 자연재해, 가정 폭력 및 유아 학대 등에서 벗어나고자 하는 개인의 물리적·정서적 욕구로 뿐만 아니라 경제 위기나 실업 등으로부터 사회보장제도를 통해 보호받고자 하는 사회적 안전 욕구로도 나타난다. 안전에 위협을 느낀 사람들이 불확실한 것보다는 확실한 것, 낯선 것보다는 익숙한 것, 그리고 불안정한 것보다는 안정적인 것을 선호하는 경향이 이러한 욕구와 관련된다.

(3) 애정과 사회적 소속 욕구

생리적 욕구와 안전 욕구가 충족되면 대인관계에서의 애정과 집단에서의 소속감에 대한 욕구가 나타난다. 이는 사회에서 조직을 이루고 그곳에 소속되어 함께 하려는 성향으로서, 집단 내의 구성원들과 상호 작용을 통하여 원활한 인간관계를 유지하고자 하는 욕구이다. 소속감은 타인과 편안함을 느끼고 유대감을 갖는 것이며, 이는 수용, 존중 및 사랑을 받는 데서 비롯된다. 집단의 범주는 좁게는 가족에서부터 친구, 직장, 종교단체, 전문조직 및 온라인 커뮤니티에 이르기까지 다양하다.

(4) 존중의 욕구

존중의 욕구는 자아 가치, 성취감, 그리고 존경을 포함한다. 존중은 타인으로부터 가치 있는 존재로 인정받고자 하는 인간의 전형적인 욕구를 나타낸다. 매슬로는 존중을 '낮은 수준'과 '높은 수준'

의 두 가지로 구분한다. 낮은 수준의 존중은 다른 사람들로부터 받는 평판, 관심, 인정 및 명성을 포함한다. 높은 수준의 존중은 스스로에 대한 존중을 뜻하는데, 능력, 지배력, 자신감, 독립성 및 자유에 대한 욕구와 관련된다. 두 수준의 존중은 분리되기보다는 상호 밀접하게 연관되어 있다.

(5) 자아실현 욕구

매슬로의 5단계 위계 구조에서 가장 높은 수준에 위치하며, 사람마다 타고난 능력이나 성장 잠재력을 실현하려는 욕구라고 할 수 있다. 자아실현 욕구는 자신의 역량을 최고로 발휘하여 궁극적으로 자신을 완성함으로써 모든 잠재력을 실현하려는 욕구이다. 매슬로는 하위욕구들이 충족된 후에야 자아실현 욕구가 나타난다고 보았다.

자아실현의 욕구는 사람마다 다르며 구체적이다. 예를 들어, 어떤 사람은 이상적인 부모가 되는 것일 수 있고, 어떤 사람은 경제, 학문, 운동, 예술 및 발명 등 다양한 분야에서 뛰어난 성취를 얻는 것일 수 있다.

2) 특수성의 기저 요인과 지역 차이의 유관성

이제 특수성의 기저 요인과 지역 차이에서 나타나는 특정 행동 유형 간에 유관성이 있는 경우, 매슬로의 욕구위계이론이 유관성에 대한 적절한 설명 틀이 될 수 있는지 알아보자.

<표 Ⅶ-1> 2부에서 다룬 특수성 현상들에서 나타난 매슬로의
욕구 단계와 지역차 기저요인 간의 유관성

	생리	안전	애정과 소속	존중
자연지리 (지리, 기후, 식생)	+++	++		
인문지리 (역사, 제도)		+	++	+
문화특성		+	++	++

※ 주 : +는 관련성의 정도

(1) 기저요인과 특수성 현상 간의 유관성

2부에서 다룬 현상들을 매슬로의 욕구 수준으로 정리한 다음 각각
의 현상들이 어떤 기저요인과 관련되어 있는지, 즉 유관성이 있는
지 정리한 결과가 〈표 Ⅶ-1〉이다.

생리적 욕구와 관련된 대표적인 현상이 3장에서 다룬 식문화이
었는데, 대부분 그 지역의 식생과 관련이 많았다. 생리적인 욕구와
관련된 현상들은 대부분 자연지리 요인에서 비롯된 것으로 일반화
할 수 있을 것으로 보인다.

안전 욕구와 관련된 행동들은 주로 3장에 있었는데, 주로 기후나
지형 등과 관련이 있었다. 4장에 있는 총기 소유 문화도 안전 욕구
와 관련된 행동인데, 이것은 자연지리 요인 외에 제도와 문화의 영
향도 있는 것으로 생각했다.

애정과 소속 욕구에 해당하는 행동으로 도시 형태, 입양 및 사교
문화 등을 꼽을 수 있는데, 인문지리 요인과 문화요인이 관련된 것
으로 보인다.

존중 욕구에 해당하는 것으로 책에서 다룬 것 중에서 기부문화와 결혼문화 등을 들 수 있는데, 인문지리 요인과 문화요인이 관련된 것으로 보인다.

2부에서 다룬 현상 중에 자아실현에 해당하는 현상은 없었다.

이 유관표는 우리 책에서 다룬 행동들을 토대로 작성한 것이어서 학술적인 자료가 될 수는 없다. 그렇지만 행동 유형과 특수성 기저요인들 상호 간의 유관성은 어느 정도 있는 것으로 볼 수 있다. 그럼 이 유관성이 어느 정도 타당한 관련성을 갖는지 생각해 볼 필요가 있다. 그에 관하여 서술해 본다.

(2) 기저요인과 특수성 현상 간의 유관성에 대한 해석

행동 유형과 특수성 기저요인들 상호 간의 유관성은 매슬로의 욕구 이론으로 설명할 수 있을 것으로 보인다. 매슬로의 욕구위계이론은 인간이 행동하는 동기가 다양하고 상당한 정도의 위계를 띠고 하위욕구에서 상위욕구로 이행한다고 보는 이론이다. '생리적 욕구'나 '안전 욕구'는 생존과 직결되는 욕구이어서 욕구의 존재 자체는 지역이 다르거나 시간이 흐른다고 해서 변할 수 없으며, 경제 발전 단계가 낮아 절대빈곤에 처해 있다고 해도 충족되어야 하는 기초적인 욕구이다. 그러다 보니 그 욕구를 충족시키는 구체적인 대상이 상당 부분 특정 지역의 자연지리 요인에 의해 결정될 것으로 보인다.

'애정과 사회적 소속 욕구', '존중 욕구', 그리고 '자아실현 욕구'

는 성격이 좀 다르다. 이들 욕구는 먹고 사는 문제가 해결되지 않은 상황에서는 드러나기 쉽지 않다. 하지만 **경제발전 단계가 일정 수준에 도달해서 먹고 사는 문제가 어느 정도 해결되면 존중 욕구나 자아실현 욕구는 강하게 표출될 가능성이 있다.** 아울러 나라나 지역에 따라 역사나 문화특성이 다르기에, '애정과 사회적 소속 욕구', '존중 욕구' 및 '자아실현 욕구'를 충족시켜주는 대상이나 활동 역시 지역이나 시대에 따라 다를 수 있다. 나라마다 애정 표현 방식이 다른 것이 한 예이다.

문화특성과 관련해서 생각해보면 **개인주의 문화와 집합주의 문화에 속한 사람들 간에 사회적 소속 욕구나 존중 욕구의 정도나 대상이 다를 수 있다.** 집합주의 문화와 비교하여 개인주의 문화에서는 소속에 대한 욕구는 약하지만, 자아실현의 욕구는 더 강하다고 볼 수 있다. 반면에 집합주의 문화에서는 개인주의 문화보다 다른 사람들로부터의 받는 존중 욕구가 강할 수도 있을 것으로 예상할 수 있다. 인정받고 싶은 욕구와 관계된 행동의 뇌과학적 근거를 밝히고, 한국인과 미국인의 차이에 관한 연구는 이를 지지해준다.[202]

이제 이 유관표를 우리가 어떻게 활용할 수 있을지에 대해 생각해보는 것으로 책을 마무리하자. 2부를 시작하면서 우리는 어느 정

---

[202] 김학진, 《이타주의자의 은밀한 뇌구조: 인간의 선량함, 그 지속가능성에 대한 뇌과학자의 질문》, 갈매나무, 2022.를 참고하였음.

보가 연관성이 있는 정보인지 판단하기 어려울 때는 유사한 사례가 있는지 찾아보고, 유사한 사례가 없는 경우 상대적으로 정보를 얻는 비용이 적은 정보를 찾아보는 것이 현실적인 방안이 될 수 있다고 제안했다. 그러니까 자연지리 요인, 인문지리 요인, 그리고 마지막으로 문화특성 요인을 특수성의 원인으로 탐색해보자는 것이었다. 이제 특수성의 기저요인과 지역 차이에서 나타나는 특정 행동 유형 간에 유관성이 있을 수 있다는 것을 알게 되었으니, 이를 좀 더 효율적으로 탐색할 수 있는 실마리로 사용할 수 있다고 생각한다.

앞의 유관표의 가로축과 세로축을 자리바꿈하고 유관표에 없던 자아실현 욕구를 추가하면 〈표 Ⅶ-2〉와 같은 행동이해요령표를 만들어 볼 수 있다. 우리가 어떤 지역을 방문해서 생소한 행동을 관찰하게 되었다고 해보자. 그럼 그 행동이 어떤 욕구와 관련된 행동인지 물어보고, 그 유형을 파악한 다음 이 요령표를 참고해서

〈표 Ⅶ-2〉 매슬로의 욕구와 특수성 기저요인 간의
유관성에 기초한 '행동이해요령'

	자연지리요인 (지리, 기후, 식생)	인문지리요인 (역사, 제도)	문화특성
자아실현 욕구			+++
존중 욕구		+	++
애정과 소속 욕구		++	++
안전 욕구	++	+	
생리적 욕구	+++		

※ 주 : +는 관련성의 정도

327

그 행동의 기저 요인이 될 만한 특성을 찾아보는 것이다. 예를 들어, 식사하는 방식이 다르다면 그 행동은 생리적 욕구의 충족과 밀접한 관련이 있을 것이므로, 기후나 식생의 차이에 주목해 보면 그 문화와 행동을 이해하는 데 도움이 될 수 있을 것이다.

이를 그림으로 그려보면 〈그림 Ⅶ-3〉과 같다. 이런 방식으로 행동 유형과 특수성 기저요인 상호 간의 유관성을 이용하면, 장님 코끼리 더듬는 듯한 무모한 시행착오를 범하지 않고 익숙하지 않은 지역에서 사람들이 보여주는 낯선 행동을 효율적으로 이해할 수 있을 것으로 기대해본다.

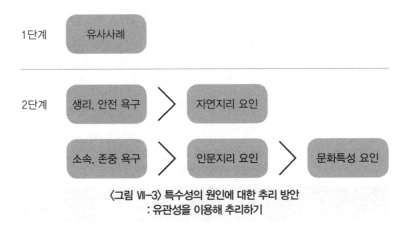

〈그림 Ⅶ-3〉 특수성의 원인에 대한 추리 방안
: 유관성을 이용해 추리하기

참고문헌

※신문기사와 인터넷 사이트 등 미출간 자료는 각주 참조

통계

- 통계청, 국가통계포탈(KOSIS)
- IMF, World Economic Outlook Database.
- The World Bank, World Development Indicators.

2장

- Geert Hofstede · Gert Hofstede · Michael Minkov 공저, 차재호 · 나은영 공역 (2014), 《세계의 문화와 조직: 정신의 소프트웨어(Cultures and Organizations, 3rd ed.), 학지사.
- 리처드 니스벳 저, 최인철 역(2004), 《생각의 지도》, 김영사.
- 민상희(2020), "베트남의 문화가치와 의사소통방식 – 홉스테드의 문화차원과 홀 의 문화요인을 중심으로 –", 〈베트남연구〉, 18(1), 3~32.
- 마틴 J. 개논 지음. 최윤희 옮김(2003), 《세계 문화 이해》, 커뮤니케이션북스.
- 에드워드 홀 저, 최효선 역(2013), 《문화를 넘어서》, 한길사.
- 에드워드 홀 저, 최효선 역(2013), 《생명의 춤》, 한길사.
- 에드워드 홀 저, 최효선 역(2013), 《숨겨진 차원》, 한길사.
- 에드워드 홀 저, 최효선 역(2013), 《침묵의 언어》, 한길사.
- 클로테르 라파이유 저, 김상철 · 김정수 역(2007), 《컬처코드》, 리더스북.
- 팀 마샬 저 김미선 역(2016), 《지리의 힘》, 사이.
- 폰스 트로페나스, 찰스 햄든터너 저, 포스코경영연구소 역(2014), 《글로벌 문화경 영》, 가산출판사.

3장

- 대한전기협회(1994), "베트남의 남과 북", 〈전기저널〉, 대한전기협회, 215, 76~78.
- 박규태(2016), "일본 신도(神道)와 도교- 천황 및 이세신궁과의 연관성을 중심으로", 〈종교연구〉 76(1), 23~52.
- 박수철(2018), "신사(神社)와 '야오요로즈가미'(八百万神)의 나라 일본", 〈일본비평〉 18호, 서울대학교 일본연구소, 212~229.
- 양둥핑 저, 장영권 역(2008), 《중국의 두 얼굴 : 영원한 라이벌, 베이징 VS 상하이 두 도시 이야기》, 펜타그램.
- 이승은, 윤민희(2014), "한식 젓가락의 문화적 특성에 관한 연구", 〈한국디자인문화학회지〉, 20(4), 484~491.
- 이중환, 《택리지》, 안대회·이승용 외 옮김(2018), 《완역정본 택리지》, Humanist.
- 이훈희 외 8인(2016), 《세계의 음식문화》, 지구문화.
- 장래혁(2015), "젓가락과 두뇌발달", 〈브레인〉, 54, 한국뇌과학연구원, 21.
- 陳榴, 이기연(번역)(1996), "中國의 地域文化 形成과 差異", 〈地域社會〉, 23, 한국지역사회연구소, 78~84.

4장

- 손영호(2009), 《미국의 총기 문화》, 살림.
- 시오노 나나미 지음, 김석희 옮김(2009), 《로마 멸망 이후의 지중해 세계》(상), 한길사.
- 시오노 나나미 지음, 김석희 옮김(2009), 《로마 멸망 이후의 지중해 세계》(하), 한길사.
- 아리사 H. 오 지음, 이은진 옮김(2019), 《왜 그 아이들은 한국을 떠나지 않을 수 없었나》, 뿌리의 집.
- 제러미 리프킨 지음, 이원기 옮김(2009), 《유러피언 드림》, 민음사.
- 피터 드러커 지음, 이재규 옮김(2004), 《미래사회를 이끌어가는 기업가 정신 (Innovation and Entrepreneurship)》, 한국경제신문사.
- 폴 크루그먼 지음, 이윤 역해(2017), 《폴 크루그먼의 지리경제학》, 창해.

- 후루가와 마사히로 지음, 김효진 옮김(2020), 《노예선의 세계사》, 에이케이커뮤니케이션즈.
- Kane, S.(1993), "The movement of children for international adoption: an epidemiological perspective", Social Science Journal 30(4), 323~339.
- Selman, Peter(2006), "Trends in intercountry adoption: Analysis of data from 20 receiving countries, 1998–2004", Journal of Population Research, 23(2), 183~204.

5장

- 최아룡(2011), 《우리 몸 문화 탐사기 : 한국인들만의 독특한 몸 사용 매뉴얼을 찾아 떠나는 여행》, 신인문사.

6장

- 김도영(2016), "'깨끗한 인도' 비전으로 경제 발전 5년간 1억1000만 개 화장실 신설", CHINDIA Plus, 112, 58~59.
- 김도영(2006), "카스트가 비즈니스와 연관이 있는가?", Chindia Journal, 1, 52~53.
- 김명환(2008.11), "70억이 매년 60kg씩 먹는 식량", 〈나라경제〉, KDI경제정보센터, 68~69.
- 김준범, 김진규, 김태완, 박상훈, 박준영, 홍선화, 김옥진(2014), "반려동물에 대한 20대의 인식 조사 연구," 〈한국동물매개심리치료학회지〉, 3(1), 45~62.
- 리보중 지음, 이화승 옮김(2017), 《조총과 장부》, 글항아리.
- 월러슈타인 저 김광식 역(1985), 《세계체제론》, 학민사.
- 안용근(1999), "한국의 개고기 식용의 역사와 문화", 〈한국식품영양학회지〉, 12(4), 387~396.
- 양수진(2020), "반려견에 대한 보호자의 관계 인식과 관계 인식이 반려견 전문품 구매의도에 미치는 영향", 〈소비문화연구〉, 23(3), 87~109.

- 이광수, 김경학, 백좌흠(1998), "인도의 근대 사회 변화와 카스트 성격의 전환: 카스트의 계급으로의 전환", 〈인도연구〉, 3, 169~238.
- 李啓煌(2010), "한국과 일본학계의 임진왜란 원인론에 대하여", 〈제2기 한일역사 공동연구보고서〉 제2권, 58~87.
- 재레드 다이아몬드 지음, 김진준 옮김(2013), 《총, 균, 쇠》, 문학사상.
- 정하영 (2004), "문화학: 중국의 "꽌시"문화에 대한 시론", 〈중국학연구〉, 27, 355~379.
- 현대경제연구원(2014), "선진국 진입, 사회확충 자본이 결정한다", 〈VIP 리포트〉, 14(2) (통권 553호).
- Hirschman, Elizabeth C.(1994), "Consumers and their animal companions," Journal of Consumer Research, 20(4), 616~632.
- Knack, S. & P. Keefer(1997). Does Social Capital Have an Economic Payoff? Quarterly Journal of Economics, 112, 1251~1288.

7장

- 김광수(2005), "신뢰, 윤리와 경제발전", 〈신뢰연구〉, 15, 3~40.
- 김시윤(2009), "신뢰, 지식 공유 그리고 경제발전", 〈한국비교정부학보〉, 13(2), 227~246.
- 김주아(2018), "화교·화인 디아스포라와 신이민", 〈中國硏究〉, 74, 223~245.
- 김창도(2009), "화상네트워크, 모국과 상생 −자본·인맥·기술 갖춘 화상들, '귀하신 몸'−", Chindia Journal, 48~50.
- 김청택(2015), "동아시아의 창조성", 〈아시아리뷰〉, 4(2), 31~49.
- 김학진(2022), 《이타주의자의 은밀한 뇌구조: 인간의 선량함, 그 지속가능성에 대한 뇌과학자의 질문》, 갈매나무.
- 새뮤얼 헌팅턴 저, 이희재 역(2016), 《문명의 충돌》, 김영사.
- 이광형·이민화(2001), 《21세기 벤처대국을 향하여》, 김영사.
- 최승일·김동일(2013), "글로벌 기업사례를 통해 본 장수요인 분석", The Journal

of Digital Policy & Management, 11(12), 237~243.

– 태가트 머피 R. 저, 윤영수, 박경환 역(2021), 《일본의 굴레 : 헤이안 시대에서 아베 정권까지》, 글항아리.

– 한민(2022), 《선을 넘는 한국인 선을 긋는 일본인 : 심리학의 눈으로 보는 두 나라 이야기》, 부키.

– Brakman, Steven, Harry Garretsen, and Charles van Marrewijk(2009), The New Introduction to Geographical Economics, 2nd ed.

– Chua, Roy Y. J.(2012), "Building effective business relationships in China", MIT Sloan Management Review, 53(4), 27~33.

– Fensore, Irene, Stefan Legge, and Lukas Schmid(2022), Ancestry and international trade, Journal of Comparative Economics, 50, 33~51

– Guiso, Luigi, Paola Sapienza, and Luigi Zingales(2009), "Cultural Biases in Economic Exchange?" The Quarterly Journal of Economics, 124(3), 1095~1131.

– Rauch, James E., and Vitor Trindade(2002), "Ethnic Chinese networks in international trade." Review of Economics and Statistics, 84(1), 116~130.

– Spolaore, Enrico & Romain Wacziarg (2009), "The diffusion of development", The Quarterly Journal of Economics, 124(2), 469~529.

– Swope, Kenneth(2009), A Dragon's Head and a Serpent's Tail: Ming China and the First Great East Asian War, 1592–1598, University of Oklahoma Press.

– Tabellini, Guido(2008), "Presidential address: Institutions and culture." The Journal of the European Economic Association, 6(2~3), 255~294.

– Temple, J. & P. Johnson(1998), "Social capability and economic growth", Quarterly Journal of Economics, 113(3), 965~990.

– Whiteley, Paul F.(2000), "Economic growth and social capital", Political Studies, 48(3), 443~466.

– Zak, P. & S. Knack(2001), "Trust and growth", Economic Journal, 111(470), 295~321.

폴 크루그먼의 지리경제학

"폴 크루그먼의 노벨 경제학상 수상 이론을
일반 독자들에게 소개한 책"

Geography and Trade

폴 크루그먼의
지리경제학

폴 크루그먼 지음 | 이 윤 역해

창해

폴 크루그먼 지음 / 이 윤 역해 / 값 17,000원

폴 크루그먼의
노벨 경제학상 수상 이론을
일반 독자들에게 설명하는 책!

– 국내에 지리경제학을 소개하는 첫 책이자
최적의 입문서라 할 수 있다.

현재 전 세계에서 가장 영향력 있는 대표적 경제학자 중 한 명인 폴 크루그먼은, 국내 일반 독자들에게도 낯설지 않다. 1997년 발생한 아시아 외환위기를 사전에 예측하면서 국내에 널리 알려지게 되었고, 〈뉴욕타임스〉의 고정 칼럼니스트로서 현실 경제 문제에 대한 예리한 진단과 함께 정부 정책에 대한 날선 비판을 하는 그는, 스스로를 '현대적 진보주의자'로 부르며 현실 문제에 적극 발언하는 실천적 지식인이다. 크루그먼은 재화와 노동시장의 불안정성을 전제하며 정부 당국의 일정한 개입을 정당화하는 신케인즈주의자로 분류되고 있다.

크루그먼의 책은 국내에 20여 종 번역되어 있으나 정작 그가 어떤 성과를 인정받아 2008년 노벨 경제학상을 받았는지에 대해서는 국내에 잘 알려지지 않았다. 그의 이론이 규모의 경제와 소비자 선호의 다양성을 바탕으로 무역의 패턴과 경제활동의 지리적 분포를 설명하였다는 게 당시 수상의 이유였고, 그것이 이 책《폴 크루그먼의 지리경제학》의 주제이다.

새우와 고래가 함께 숨 쉬는 바다

지리의 이해
−세계는 어떻게 다르고, 왜 비슷한가?

지은이 | 이 윤, 도경수
펴낸이 | 황인원
펴낸곳 | 도서출판 창해

신고번호 | 제2019−000317호

초판 1쇄 인쇄 | 2022년 07월 22일
초판 1쇄 발행 | 2022년 07월 29일

우편번호 | 04037
주소 | 서울특별시 마포구 양화로 59, 601호(서교동)
전화 | (02)322−3333(代)
팩스 | (02)333−5678
E-mail | dachawon@daum.net

ISBN 979−11−91215−51−9 (03980)

값 · 19,800원

Publishing Club Dachawon(多次元)
창해·다차원북스·나마스테